Intensivkurs Betriebswirtschaftslehre

Herausgegeben von
Professor Dr. Peter Preißler

Grundlagen Kosten- und Leistungsrechnung

Von
Dr. Ulrich Dörrie
und
Prof. Dr. Peter Preißler

8., unwesentlich veränderte Auflage

R. Oldenbourg Verlag München Wien

Bibliografische Information Der Deutschen Bibliothek

Die Deutsche Bibliothek verzeichnet diese Publikation in der Deutschen Nationalbibliografie; detaillierte bibliografische Daten sind im Internet über <http://dnb.ddb.de> abrufbar.

Rosenheimer Straße 145, D-81671 München
Telefon: (089) 45051-0
www.oldenbourg-verlag.de

Gedruckt auf säure- und chlorfreiem Papier
Druck: R. Oldenbourg Graphische Betriebe Druckerei GmbH

ISBN 3-486-27605-0

Inhaltsverzeichnis

Vorwort des Herausgebers

Die Buchreihe »Intensivkurs« will den Bedürfnissen von Praxis und Theorie gleichermaßen gerecht werden. Es soll vorhandenes Wissen intensiviert und aktiviert sowie neues Wissen vermittelt werden auf der Basis intensiven Selbststudiums.

Die Autoren dieser Reihe sind Garanten für dieses hohe Anforderungsziel. Sie berücksichtigen in ihren Beiträgen die neuesten wissenschaftlichen Erkenntnisse, orientieren sich aber vor allem an den Bedürfnissen und Anforderungen der Wirtschaftspraxis.

Die Zielgruppe, die in einem didaktisch bewährten Konzept (erprobt in Seminaren und Vorträgen für die Praxis, in entwickelten Schulungsprogrammen, in Vorlesungen usw.) angesprochen werden soll, setzt sich sowohl aus Praktikern als auch aus Studierenden der Wirtschaftswissenschaften zusammen.

Das didaktische Grundkonzept baut auf der Erkenntnis auf, daß durch Wechsel zwischen zielorientierter Lehrstoffvermittlung und darauf aufbauenden Tests, Aufgaben und Übungen (vor allem auf der Grundlage des Multiple Choice-Verfahrens) in verhältnismäßig kurzer Zeit auch komplexe Wissensgebiete vermittelt werden können. Deshalb erfolgte die Aufgliederung der dem speziellen Informationsbedürfnis des angesprochenen Leserkreises angepaßten Lehrinhalte in Lehrabschnitte.

Die ebenfalls nach Lehrabschnitten unterteilten Tests, Übungen und Aufgaben dienen sowohl der Wissensvermittlung als auch der Lernerfolgskontrolle. Abstrakte Sachverhalte werden durch Beispiele aus der betrieblichen Praxis verdeutlicht und durch ergänzende Abbildungen die Gesamtzusammenhänge veranschaulicht.

Die mittlerweile 8. Auflage dieses Buches, aber auch die anderen Bände dieser Reihe zeigen, daß das didaktische Konzept von den Lesern positiv aufgenommen wurde. In der neuen Auflage wurden die Zahlenangaben aktualisiert und in den Abschnitten zur Bewertung der Materialkosten, beim Betriebsabrechnungsbogen und in der Zuschlagskalkulation Überarbeitungen und Ergänzungen vorgenommen.

Peter R. Preißler

Eingangstest

Eines der wesentlichen Grundprinzipien der Kostenrechnung, die *Erfolgskontrolle,* soll auch in diesem Buch Anwendung finden. Deshalb ist im folgenden ein Test abgedruckt, der den *erreichbaren Wissensstand* nach Durcharbeiten des Textes widerspiegelt.

Wenn Sie also die folgenden Fragen mit Leichtigkeit und auch richtig (vgl. Lösung auf S. 204) beantworten können, so ist Ihnen das Kostenrechnungsgrundwissen bereits geläufig; Sie können den Ausführungen dann jedoch die entsprechenden Zusammenhänge und ausführlichen Begründungen entnehmen. Fehlt es an Wissen oder bestehen Unsicherheiten, empfiehlt sich ein intensives Durcharbeiten dieses Buches einschließlich der zu jedem Abschnitt beigefügten Fragen zur Lernerfolgskontrolle.

1. Die Kosten- und Leistungsrechnung	ja	nein
– ist Bestandteil des Rechnungswesens		
– kann auch als Aufwands- und Ertragsrechnung bezeichnet werden		
– umfaßt Betriebsabrechnung und Kalkulation		
– wird auch als internes Rechnungswesen bezeichnet		
– ist auf Industrie- und Handelsbetriebe beschränkt		

2. Ein Kostenstellenausgleich ist vorzunehmen:	ja	nein
– bei wechselseitigem Leistungsaustausch zwischen verschiedenen Hauptkostenstellen		
– wenn eine Kostenstelle einseitig Leistungen für eine andere Stelle erbringt		
– immer dann, wenn mit Kostenplätzen gearbeitet wird		
– bei wechselseitigem Leistungsaustausch zwischen zwei Hilfskostenstellen		
– wenn sich fixe und variable Kosten nicht trennen lassen		

3. Die verrechneten Gemeinkosten für Verwaltung und Vertrieb sind zu errechnen auf Basis der:

	ja	nein
– Ist-Herstellkosten	X	
– Soll-Herstellkosten		X
– Ist-Selbstkosten	X	
– Soll-Selbstkosten		X
– Fertigungslöhne		X
– Materialgemeinkosten		X

4. Nennen Sie drei Hauptbestandteile des traditionell gegliederten Rechnungswesens!

1. KLR
2. Buchführung u. Bilanzierung
3. Geschäftsvorfälle

5. Zu den kalkulatorischen Kosten gehören

	ja	nein
– kalkulatorischer Gewinn		X
– kalkulatorische Abschreibungen	X	
– alle Zusatzkosten	X	
– kalkulatorische Miete		X
– Zusatzleistungen		X

6. Kosten und Aufwand einer Periode

	ja	nein
– sind bei der Divisionskalkulation identisch	X	
– sind Begriffe des Rechnungswesens	X	
– haben als Schnittmenge Grundkosten bzw. Zweckaufwand		X
– ergeben zusammen das Betriebsergebnis	X	X
– werden immer in Geldeinheiten angegeben		X

7. Kostenstellen

	ja	nein
– sind abgegrenzte Bereiche, in denen Kosten anfallen	X	
– können in Kostenstellenbereiche unterteilt werden	X	
– sind immer kalkulatorisch selbständig		X
– sind grundsätzlich als Verantwortungsbereiche zu gestalten		X
– können nach Produkten oder Produktgruppen gegliedert sein	X	
– werden bei Einführung der Plankostenrechnung überflüssig		X
– sind in jedem BAB enthalten	X	
– sind auf industrielle Betriebe beschränkt		X

8. Ausgaben einer früheren Periode können jetzt

	ja	nein
– zu Abschreibungen führen	X	
– neutralen Aufwand bewirken		X
– zu Grundkosten führen		X
– direkt kalkulatorische Kosten bewirken	X	
– zu einer Auszahlung führen		X

9. Gemeinkosten	ja	nein
– können Sondereinzelkosten enthalten		X
– werden in Kostenarten untergliedert	X	
– können kalkulatorische Kosten sein	X	
– können zum Teil den Kostenstellen direkt zugerechnet werden		X
– sind in der Divisionskalkulation widersinnig		X

3/5

10. Der Verkaufspreis einer Ware beträgt € 1.050,––, der Kalkulationszuschlag 250 %. Wie hoch sind Bezugspreis, Handelsspanne und Kalkulationsfaktor?

Bezugspreis 300,– → $\frac{100 \cdot 1050}{350}$

Handelsspanne 71,43 % → $\frac{750 \cdot 100}{1050}$ 3/3

Kalkulationsfaktor 3,5 → $\frac{1050}{300}$

31/50 ≙ 62 %

Die Lösungen zum Eingangstest finden Sie auf Seite 204 f.

Erster Lehrabschnitt: Notwendigkeit, Ziele und Aufgaben der Kosten- und Leistungsrechnung

1.1 Notwendigkeit einer aussagefähigen Kosten- und Leistungsrechnung

Das *komplexe Geschehen* und die ständig zu beobachtenden vielschichtigen Veränderungen in den Betrieben vollziehen sich nicht von selbst, sondern sind durch betriebliche Entscheidungen gezielt herbeigeführt. Aber auch diese Entscheidungen als bewußte Willensakte werden nicht autonom oder rein intuitiv gefällt, sondern basieren auf betrieblichen oder außerbetrieblichen Erfahrungen der *Entscheidungsträger (Führungskräfte)* sowie auf den jeweils betrieblich bereitgestellten Informationen über den Entscheidungsgegenstand.

Wenn jedoch – wie jedermann weiß – in den Betrieben gute und schlechte, also erfolgreiche und weniger erfolgreiche Entscheidungen zu finden sind, dann kann dies jeweils seine Ursache einerseits in der *Führungsqualität* des Entscheiders und/oder andererseits in der Güte der zur Verfügung stehenden *Informationen* haben. Um es deutlicher zu sagen: Erfahrungen und Intuition eines bewährten Mitarbeiters reichen dann für gute Entscheidungen nicht aus, wenn die bereitgestellten Informationen (ständig) fehlerhaft oder unvollständig sind.

Aufgabe der *Betriebswirtschaftslehre* ist es nun, die Qualität der betrieblichen Entscheidungen zu verbessern. Als Teil der Betriebswirtschaftslehre obliegt es besonders der *Kosten- und Leistungsrechnung (KLR),* innerhalb des *Betrieblichen Rechnungswesens,* welches wiederum zum betrieblichen Informationssystem gehört, spezifische Führungsinformationen zu liefern, die – mit einer *Wertdimension* versehen – verschiedenste Tatbestände vergleichbar darstellen.

Eben die Vergleichbarkeit ist für die Erfüllung der betrieblichen Zielsetzungen unerläßlich. Geht man davon aus, daß die grundlegende Zielsetzung der *Betriebe* in der *Sicherung ihres Überlebens* besteht und daß dazu die Unternehmen *verkaufsfähige (absetzbare) Leistungen* (Sachleistungen und/oder Dienstleistungen) erzeugen müssen, so zeigt sich die Notwendigkeit der *Optimierung des Prozesses der Leistungserstellung und -verwertung* bzw. des damit verbundenen Güter- und Werteumlaufs im Unternehmen.

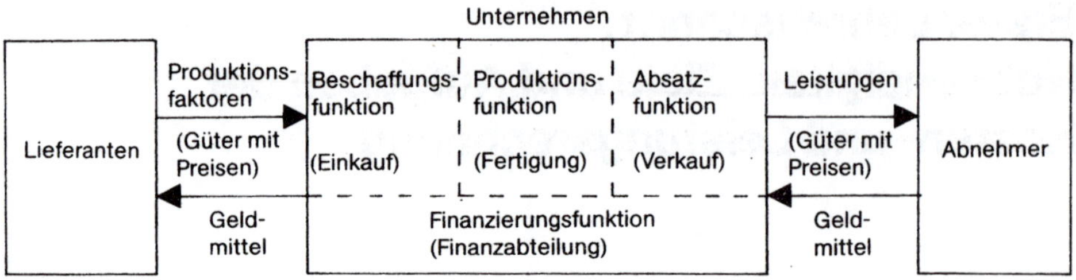

Abb. 1: Güter- und Werteumlauf im Unternehmen

Das stark vereinfachte Modell in Abbildung 1 zeigt den *Güter- und Werteumlauf* im Unternehmen, der leistungswirtschaftlich mit der Versorgung des Betriebes mit *Produktionsfaktoren* (materielle und immaterielle Güter einschließlich menschlicher Arbeit) durch die *Beschaffungsabteilung* beginnt, sich in der *Produktion (Fertigung)* fortsetzt und durch den *Verkauf* der Leistungen an die Abnehmer endet. Gegenläufig dazu bewegt sich der Strom der Finanzmittel durch den Betrieb: Die von den Abnehmern bezahlten Preise müssen langfristig mindestens die für die Produktionsfaktoren zu zahlenden Beträge decken.

Anhand des Modells in Abbildung 1 kann auch erläutert werden, weshalb sich die Kostenrechnung vor mehr als 100 Jahren gerade in Betrieben des aufstrebenden Maschinenbaus zu entwickeln begann. Weil für die meist in Einzel- oder Kleinserienfertigung erzeugten Produkte kein Marktpreis vorhanden war, mußten innerbetriebliche *Orientierungshilfen* geschaffen werden, um zu exakten Preisvorstellungen zu gelangen. Noch heute liegt in der Preiskalkulation betrieblicher Leistungen eine der Hauptzielsetzungen der Kosten- und Leistungsrechnung.

Die Notwendigkeit einer aussagefähigen betrieblichen Kostenrechnung gründet also auf dem *Informationsbedarf der Träger des betrieblichen Willensbildungsprozesses.* Weil die früher gegebene Möglichkeit, sich durch ständige Inaugenscheinnahme des Betriebes zu unterrichten, heute nur noch in Kleinbetrieben praktikabel ist, müssen die betrieblichen Vorgänge der Sach- und Finanzsphäre in Zahlen der Kosten- und Leistungsrechnung abgebildet werden, so daß der Informationsempfänger sich aufgrund der erhaltenen Informationen genauso verhält (bzw. entscheidet), als würde er die zugrundeliegende Realität vor Augen geführt bekommen.

1.2 Ziele und Aufgaben der Kosten- und Leistungsrechnung

Bisher wurde festgestellt, daß die Kosten- und Leistungsrechnung die im Unternehmen auftretenden *Leistungs- und Geldströme,* die durch den Prozeß der betrieblichen Leistungserstellung und -verwertung entstehen, mengen- und wertmäßig erfassen, überwachen und in die richtigen Bahnen lenken soll. Um dieses *Globalziel* zu verfolgen, muß die Kosten- und Leistungsrechnung generell in der Lage sein, entsprechende Daten zu erfassen, aufzubereiten und zu verarbeiten; Abbildung 2 soll dies verdeutlichen.

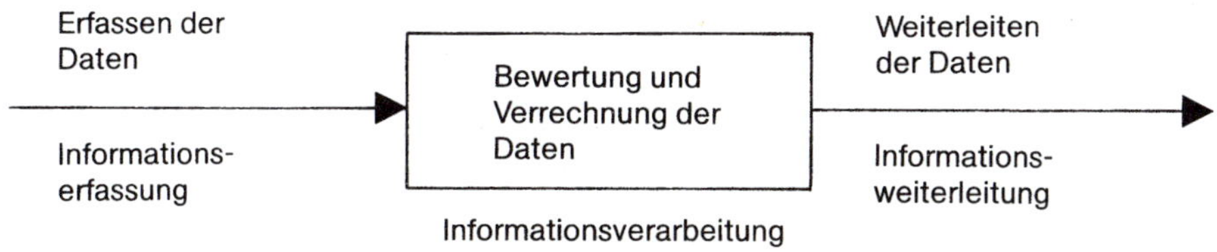

Abb. 2: Allgemeine Aufgaben der Kostenrechnung

Neben dem Globalziel gibt es eine Vielzahl spezieller Aufgaben für die Kosten- und Leistungsrechnung. Die Vielzahl dieser Einzelaufgaben läßt sich am besten verdeutlichen, wenn man die *Kostenrechnung* wiederum als ein *Informationssubsystem des Betrieblichen Rechnungswesens* auffaßt, dessen Hauptaufgabe darin besteht, für betriebliche Entscheidungsprozesse *Planungsinformationen, Vorgabeinformationen, Istwertinformationen und Kontrollinformationen* zu liefern (vgl. Abb. 3).

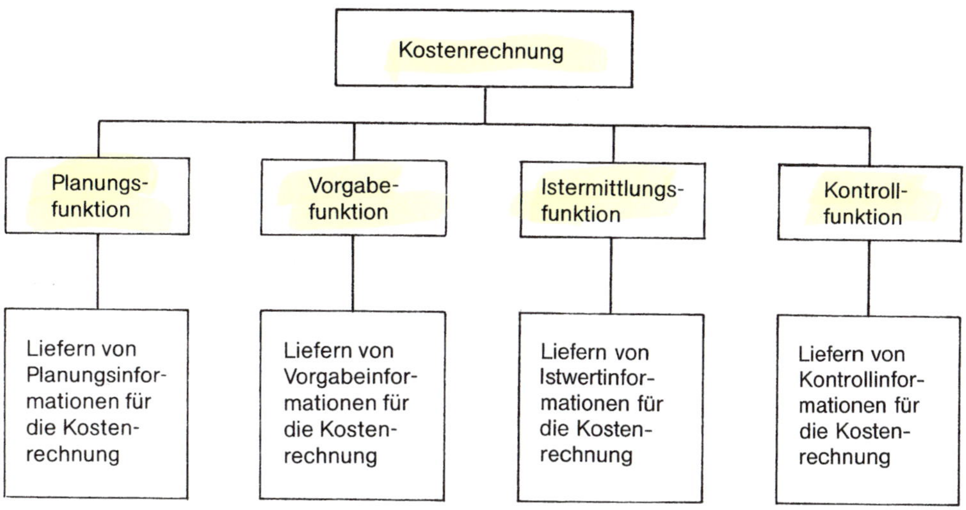

Abb. 3: Grundfunktionen (Hauptaufgaben der Kosten- und Leistungsrechnung)

Sämtliche Einzelziele und Detailaufgaben der Kostenrechnung lassen sich diesen Grundfunktionen zuordnen; die Übersicht in Abbildung 4 enthält dazu einen umfangreichen Katalog, in welchem die Planungs- und Vorgabefunktion, die in enger Verbindung miteinander stehen, zusammengefaßt sind.

Grundfunktion	Ziele
Planungs- und Vorgabefunktion	**Hauptziele:** – Betriebsdisposition und Betriebspolitik – Planung des optimalen Fertigungsprogramms (Sortimentspolitik) – Planung des Fertigungsprozesses (Fertigungstiefe, Arbeitsverteilung, Maschinenbelegung, Lagerhaltung, Losgröße) – Kapazitätsplanung (Mehrschichtbetrieb, Überstunden, Kapazitätsausweitung) – Sollgrößen für die Kostenvorgabe – Einsatz der Werbung (Werbemittel, Werbeträger) und Wahl des Absatzverfahrens (Vertriebsorganisation, Vertriebswege) **Nebenziele:** – Eigenerstellung und Fremdbezug – Investitionspolitik – Gestaltung der Beschaffungsverfahren (z. B. Beschaffungswege)
Istermittlungsfunktion	**Hauptziele:** – Erfolgsermittlung – Gesamterfolg – Stückerfolg – Erfolge der Gruppen, Bereiche, Kostenträger und Kostenstellen – Preisentscheidungen – vollkostendeckende Angebotspreisermittlung – Preisuntergrenzen **Nebenziele:** – Wahl des Fertigungsverfahrens – Eigen- oder Fremdfertigung – Preisobergrenze für Beschaffungsgüter – Verrechnungspreise – Bemessung von Lizenzgebühren – Prüfung von Investitionsvorhaben – Inventurwerte für Handelsbilanz – Inventurwerte für Steuerbilanz – Wertverluste bei Schadensersatzforderungen – Feststellen des Versicherungswertes beim Abschluß von Versicherungsverträgen – Beantwortung von Behördenanfragen – Daten für Betriebsvergleiche
Kontrollfunktion	**Hauptziele:** – Kontrolle des Betriebsgebarens – Kostenanalyse – Finden von Ansatzpunkten zur Kostensenkung – Preiskontrolle – Überprüfung von Investitionsvorhaben – Überprüfung von Losgrößen in Beschaffung und Fertigung **Nebenziele:** – Beurteilung, ob Lohnerhöhungen für das Unternehmen tragbar sind – Überprüfung der Vertretertätigkeit

Abb. 4: Zielkatalog der Kosten- und Leistungsrechnung

In Abbildung 4 wird versucht, mögliche Aufgaben und Ziele der Kostenrechnung den am Ablauf betrieblicher *Entscheidungsprozesse* ausgerichteten Grundfunktionen zuzuordnen. Ein solcher Entscheidungsprozeß beginnt mit der *Planung*, d. h. es wird versucht, aus betrieblichen Zielen und Möglichkeiten *Alternativen* für die zukünftige Entwicklung abzuleiten. Die Alternativen sind zu bewerten, und es ist die *Alternative auszuwählen*, die den höchsten Zielerfüllungsgrad verspricht. Im nächsten Schritt wird die gewählte Alternative in *Vorgabeinformationen* für die davon betroffenen ausführenden Organe umgesetzt. Nach der *Realisation* erfolgt eine *Isterfassung*, die die Grundlage für den anschließenden *Kontrollprozeß* bildet, in dem Vorgabe (Soll) und Ergebnis (Ist) verglichen und mögliche Abweichungen analysiert werden. Die Ergebnisse der *Abweichungsanalyse* stellen dann wiederum Informationen für den nächsten Planungsprozeß dar.

Neben unternehmens*internen* Aufgaben gibt es eine Reihe von notwendigen *externen* Aufgaben, die durch eine Kostenrechnung in der Praxis erfüllt werden müssen. Zum großen Teil beruhen diese externen Aufgaben auf gesetzlichen Vorschriften; aber auch eine Reihe anderer externer Stellen erwartet Informationen durch die KLR:

- Gesellschafter
- Aufsichtsrat
- Gläubiger (Lieferanten, Kreditgeber, Banken)
- Belegschaft (meistens über den Betriebsrat)
- Finanzbehörden (Feststellen der Steuerlast)
- Öffentlichkeit (z. B. Presseveröffentlichung)
- Statistische Landesämter
- Bei der Bearbeitung öffentlicher Aufträge und Beantragung von Subventionen usw.
- Kartellamt (z. B. bei Firmenzusammenschlüssen)
- Betriebsvergleiche.

1.3 Neue Anforderungen an die Kostenrechnung

In den letzten Jahren hat sich nicht nur der Anforderungskatalog an die externen Aufgaben des Rechnungswesens (und damit auch der Kostenrechnung) erweitert, sondern auch die internen Anforderungen sind zweifelsohne höher geworden. Man kann allgemein sagen, daß sich die Anforderungen und Aufgaben an das Rechnungswesen im Zeitablauf sehr stark verändert haben. Stand ursprünglich die Vor- und Nachkalkulation der Produkte im Vordergrund, so ist es heute vor allem die *Informationserarbeitung für unternehmerische Entscheidungen.*

Nicht zuletzt aufgrund sich verschärfender Wettbewerbsverhältnisse muß die KLR eine wesentlich detailliertere Kontrolle und Steuerung des Unternehmensprozesses ermöglichen. Auch an die *Flexibilität und Schnelligkeit der Kostenrechnung* werden deshalb heute erhöhte Anforderungen gestellt.

Diente früher die Kostenrechnung hauptsächlich dazu, für bestimmte Abrechnungszeiträume festzustellen, was geschehen war, so steht heute im Mittelpunkt der Kostenrechnung die Notwendigkeit, Informationen für Planungen und zukünftige Entscheidungen zur Verfügung zu stellen. Neben Ermittlung und Kontrolle der Kosten und des Erfolges (Ermittlungs- und Kontrollfunktion) wird die Planungs- und Vorgabefunktion der Kostenrechnung immer bedeutsamer. In der traditionellen Kostenrechnung wurde diese Funktion meist vernachlässigt; man beschränkte sich auf Darstellungsinformationen und Kontrollinformationen. Die Notwendigkeit sowohl der Planung als auch der Vorgabe ist heute aber unbestritten. Es entsteht deshalb früher oder später in jedem Unternehmen die Forderung an die Kostenrechnung, durch einen *Ausbau zur Planungsrechnung* ausreichende Informationen für den betrieblichen Entscheidungsprozeß zu liefern. Kurzfristige Dispositionen allein sind heute nicht mehr ausreichend. Erst durch eine bewußte Zielsetzung durch ein auf Planung aufgebautes Kostenrechnungssystem wird eine wirkungsvolle Kostensteuerung ermöglicht; wobei hier unter Planung nicht eine spekulative Voraussage der Zukunft zu verstehen ist, sondern vielmehr die Notwendigkeit, durch aktives Handeln in der Gegenwart mit festgelegten Zielsetzungen die zukünftige Lage des Unternehmens zu beeinflussen.

Der aufgestellte Plan wird zur zahlenmäßigen Willenserklärung des Unternehmens über das Betriebsgeschehen der Zukunft.

Mit dieser *erweiterten Aufgabenstellung* der Kostenrechnung entfällt auch ein häufig gebrauchtes Argument der Praxis, das gegen die Einführung einer Kostenrechnung verwendet wird. Man sagt vielfach, die Kosten- und Leistungsrechnung sei unnütz, weil sie ohnehin nur »historische Zahlen« liefere. Dieser Einwand trifft nur noch dann zu, wenn sich die Kostenrechnung darin erschöpft, Vergangenes zu beschreiben. Wenn sie jedoch – und dies sollte Zielsetzung jeder Kostenrechnung sein – Mittelpunkt und wichtigste Informationsquelle des betrieblichen Planungs- und Entscheidungsprozesses wird, dann entfällt dieses häufig gegen die Kostenrechnung vorgebrachte Argument.

Entsprechend den spezifischen Aufgaben und den durch die Kostenrechnung beabsichtigten Zwecken fallen die Informationsaufgaben der Kostenrechnung unterschiedlich aus. Deshalb kann eine Kosten- und Leistungsrechnung danach beurteilt werden, inwieweit sie ausreichende Informationen zur Erreichung der von der Unternehmung verfolgten Zwecke und Ziele zur Verfügung stellt.

In Einzelfällen wird ein einfaches Kostenrechnungsverfahren einen ausreichenden Erkenntniswert haben. Man denke nur an die Fälle, wo staatlicherseits die Preise vorgeschrieben werden, an Kartellregelungen usw. Hier würde die Preisfindung, sonst meist eine besonders wichtige Aufgabe der Kostenrechnung, weitgehend entfallen.

Unabhängig von den unterschiedlichen Informationsaufgaben hat jede Kostenrechnung einem mehr oder weniger großen *Katalog von Anforderungen* gerecht zu werden:

- Objektivität
- Normalität
- Aktualität
- Genauigkeit
- Vollständigkeit
- Stetigkeit
- Einheitlichkeit
- Geschlossenheit
- Vergleichbarkeit
- Übersichtlichkeit
- Unmittelbarkeit
- Belegbarkeit
- Wirtschaftlichkeit.

Objektivität, Normalität, Aktualität und Genauigkeit sind *Hauptanforderungen* an die Kostenrechnung. Dabei ist unter *Objektivität* das Ausschalten extremer betriebsspezifischer Einflußgrößen und eine Ausrichtung an branchenüblichen Verhältnissen zur verstehen (z. B. muß für eine geschenkte Maschine in der Kostenrechnung ein objektiver Wert erscheinen); *Normalität* bedeutet, daß außergewöhnliche Schwankungen im Wertverzehr ausgeglichen werden müssen. Die weiterhin genannten Kriterien sind allerdings zum Teil konkurrierend, d. h. die Verfolgung des einen Ziels kann das Erreichen anderer behindern (z. B. ist hohe Aktualität regelmäßig nur bei geringerer Genauigkeit möglich).

Da die Kostenrechnung die *Wirtschaftlichkeit* des Unternehmens kontrolliert, ist es zwingend, daß sie ebenfalls wirtschaftlichen Gesichtspunkten gerecht wird. Daher muß immer danach gefragt werden, ob der Erkenntniswert neuer zusätzlicher Kosteninformationen die zusätzlichen Kosten für die Informationsgewinnung rechtfertigt (Kosten-Nutzenanalyse der Informationserarbeitung).

In gleichem Maße, wie die Anforderungen an Aussagefähigkeit und Informationsgehalt der Kostenrechnung bei der Unterstützung von Entscheidungsprozessen gestiegen sind, sind auch die Anforderungen an die *Qualifikation der Mitarbeiter* in der Kostenrechnung ständig angewachsen. So wird von einem Mitarbeiter in der Kostenrechnung heute verlangt, daß er Entscheidungsgrundlagen für die Unternehmensleitung selbständig erarbeiten kann.

Zwar erkennen immer mehr Unternehmen immer deutlicher, daß die Kostenrechnung, überhaupt das gesamte Betriebliche Rechnungswesen, eine unentbehrliche Informationsquelle für den unternehmerischen Entscheidungsprozeß ist; man darf sich aber durch diese positive Entwicklung nicht darüber hinwegtäuschen lassen, daß in sehr vielen, insbesondere *kleinen und mittleren Unternehmen* die *Kostenrechnung* immer noch sehr stark *vernachlässigt* ist. Wenn man empirische Untersuchungen heranzieht, so sieht man, daß sehr viele Unternehmen auch heute noch nicht einmal die Grundzüge einer Kostenrechnung aufzuweisen haben. Diese Untersuchungen zeigen auch sehr deutlich, daß in vielen Unternehmen immer noch die Buchhaltung die einzige Informationsquelle ist.

Auch in jenen Unternehmen, die bereits eine Kostenrechnung haben, können deutliche *Mängel im Kostenrechnungssystem* festgestellt werden. Es folgen Untersuchungsergebnisse einer Befragung von 15 vergleichbaren Unternehmen in der Kunststoffbranche über Kostenrechnungsfragen: neun Unternehmen waren nicht in der Lage, bestimmte Artikel, die sie produzierten, überhaupt zu kalkulieren (sie hatten keinerlei Kalkulationsunterlagen). Die verbleibenden sechs Unternehmen versuchten dann, sechs Artikel nach ihren Kalkulationsrichtlinien (allerdings mit gleichen Mengen und gleichen Kalkulationssätzen) durchzukalkulieren. Die unterschiedliche Betrachtungsweise der einzelnen Unternehmen zu Fragen wie kalkulatorischen Zinsen, kalkulatorischen Abschreibungen und überhaupt Fragen des Kalkulationsschemas ergab zum Teil unvorstellbare Abweichungen (vgl. Abbildung 5).

Betrieb → Artikel ↓	1	2	3	4	5	6
A	1.341	–.–	1.200	1.200	900	1.342
B	3.017	–.–	3.906	1.500	2.390	3.037
C	776	340	550	530	600	1.094
D	5.442	5.600	6.460	5.540	5.900	7.482
E	9.335	9.000	12.200	13.800	15.266	20.107
F	9.853	10.000	12.000	13.200	16.202	21.091

Abb. 5: Unterschiedliche Kalkulationen in der Praxis

1.4 Übungen und Testaufgaben zum ersten Lehrabschnitt

1. Kosteninformationen müssen folgenden Kriterien genügen

	ja	nein
– Objektivität	X	
– Wirtschaftlichkeit	X	
– Vollständigkeit	X	
– Legalität		X
– Bilanzwahrheit		X

5/5

2. Der betriebliche Güter- und Werteumlauf

	ja	nein
– soll durch Kosten- und Leistungsinformationen optimiert werden	X	
– besteht aus einem leistungswirtschaftlichen und einem gegenläufigen finanzwirtschaftlichen Strom	X	
– ist ein selbststeuernder Prozeß		X
– ist im Zeitablauf Veränderungen unterworfen	X	
– wird allein durch die Finanzierungsfunktion gelenkt		X

5/5

3. Nennen Sie sechs unternehmensexterne Stellen (Institutionen), die Informationen aus der Kosten- und Leistungsrechnung erhalten!

(1) Stat. Landesbehörde/-ämter (2) Aufsichtsrat

(3) Finanzamt/-behörde (4) Gläubiger 6/6

(5) Gesellschafter (6) Belegschaft

4. Nennen Sie je zwei spezielle Ziele der Kostenrechnung im

– Beschaffungsbereich ______

______

– Fertigungsbereich ______ 6/6

______

– Absatzbereich ______

______

5. Wo liegen die Grenzen für die Informationsgewinnung durch die Kostenrechnung?

0,5

6. Erläutern Sie vier Grundfunktionen der Kostenrechnung!

Planungsfkt.: Liefern Planungsinfos für Kostenrechnung
Vorgabefkt.: -"- Vorgabeinfos -"-
Istermittlungsfkt.: -"- Istwertinfos -"-
Kontrollfkt.: -"- Kontrollinfos -"-

4/8

7. Erläutern Sie vier Kriterien, denen die Kosten- und Leistungsrechnung gerecht werden muß!

Objektivität
Normalität
Aktualität
Genauigkeit

418

Die Lösungen zu den Aufgaben zum ersten Lehrabschnitt finden Sie auf Seite 206 ff.

Zweiter Lehrabschnitt: Einordnung der Kosten- und Leistungsrechnung in die Unternehmensorganisation

Die *Einordnung der Kosten- und Leistungsrechnung* in die Unternehmensorganisation muß deren *speziellem Aufgabenkatalog* gerecht werden. Da die Kosten- und Leistungsrechnung wesentlicher Bestandteil des Betrieblichen Rechnungswesens ist (also des Teils des betrieblichen Informationssystems, in welchem Wertgrößen erfaßt und verarbeitet werden), muß die Frage der Einordnung des Betrieblichen Rechnungswesens in die *Unternehmenshierarchie* von entscheidender Bedeutung auch für die Aussagefähigkeit der Kosten- und Leistungsrechnung sein.

Allgemeine Richtlinien für eine zweckmäßige *Einordnung* gibt es nicht; man muß hier immer auf den *Einzelfall* abstellen. Aber in den letzten Jahren ist ein deutlicher Wandel feststellbar: Weil die Notwendigkeit eines modernen Rechnungswesens, insbesondere einer aussagefähigen Kostenrechnung, nahezu allen Unternehmen bewußt wird, rückt das *Betriebliche Rechnungswesen und damit auch die Kosten- und Leistungsrechnung immer stärker in den Mittelpunkt* des unternehmerischen Interesses. Sehr viele Unternehmen sind dazu übergegangen, den Bereich Administration, dem das Betriebliche Rechnungswesen meist zugeordnet wird, entweder direkt dem Vorstand zu unterstellen oder hierfür sogar einen *eigenen Vorstandsbereich* zu bilden. Waren früher die Werkleiter eines bekannten großen amerikanischen Konzerns, der auch in Deutschland Tochtergesellschaften besitzt, von der Ausbildung her Techniker, so sind diese heute häufig Kaufleute mit dem Ausbildungsschwerpunkt Betriebliches Rechnungswesen.

2.1 Traditionelle Einteilung des Betrieblichen Rechnungswesens

Unabhängig von der Frage, wie das Betriebliche Rechnungswesen innerhalb des Unternehmens eingeordnet ist (hier gibt es, wie gesagt, keine allgemeinen Richtlinien, und die Einordnung wird nach den spezifischen Gegebenheiten des jeweiligen Unternehmens ausfallen), hat sich in der Theorie eine *»traditionelle« Einteilung des Rechnungswesens* herausgebildet (vgl. Abbildung 6), die aber für die Praxis völlig ungeeignet ist. Die Anbindung der Controllerfunktion an die Unternehmensleitung ist notwendig.

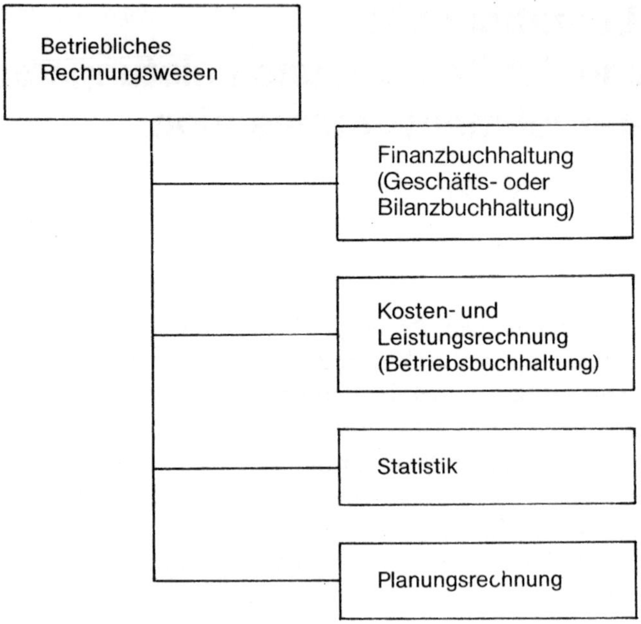

Abb. 6: Traditionelle Einteilung des Betrieblichen Rechnungswesens

Innerhalb des traditionell gegliederten Betrieblichen Rechnungswesens hat die *Finanzbuchhaltung (oder auch Geschäfts- oder Bilanzbuchhaltung* genannt) die Aufgabe, gemäß den Vorschriften des *Handels- und Steuerrechts* die laufenden *Geschäftsvorfälle* (z. B. Kauf von Rohstoffen, Verkauf von Waren) zu erfassen und mindestens einmal jährlich durch eine *Bilanz* sowie *Gewinn- und Verlustrechnung* (zum Teil ergänzt durch einen *Geschäftsbericht)* den Erfolg und die Erfolgsaussichten aufzuzeigen.

Die *Kosten- und Leistungsrechnung* (im Gegensatz zur Finanzbuchhaltung auch als Betriebsbuchhaltung bezeichnet) soll, wie im einzelnen später erörtert wird, die verschiedenen Formen des *betrieblichen Wertverzehrs* erfassen, ihrer Höhe nach bestimmen und direkt oder indirekt den *Leistungen zurechnen.* Dies geschieht in zwei Hauptbereichen, nämlich der *Betriebsabrechnung,* einer zeitraumbezogenen Rechnung, und der *Kalkulation,* einer stück- bzw. auftragsbezogenen Einzelrechnung.

In der *betrieblichen Statistik* werden Informationen des Rechnungswesens gesammelt und durch statische und dynamische Vergleichsrechnungen (Betriebsvergleiche und Zeitvergleiche) aufbereitet.

Die *Planungsrechnung* erfüllt im traditionellen Rechnungswesen die oben geschilderte Planungsfunktion, ist also der Bereich, der aktiv die betriebliche Zukunft gestalten soll.

Wesentlich für die folgenden Ausführungen ist der *Unterschied* zwischen *Buchhaltung und Kostenrechnung:*

1. Die Geschäftsbuchhaltung erfaßt und verbucht (primär) alle Transaktionen der Unternehmung mit Personen oder Geschäftspartnern außerhalb der Unternehmung, während die KLR nur jene Vorgänge erfaßt, die mit der betrieblichen Leistungserstellung in direktem Zusammenhang stehen.
2. Die KLR erfaßt den Wertverzehr (Kosten), der durch die betriebliche Leistungserstellung entsteht, unabhängig davon, ob dieser Wertverbrauch zu Auszahlungen an Personen außerhalb der Unternehmung führt oder nicht. Die Finanzbuchhaltung erfaßt dagegen nur den Wertverbrauch, der zu Ausgaben nach außen führt.

2.2 Neuere Einteilung des Betrieblichen Rechnungswesens

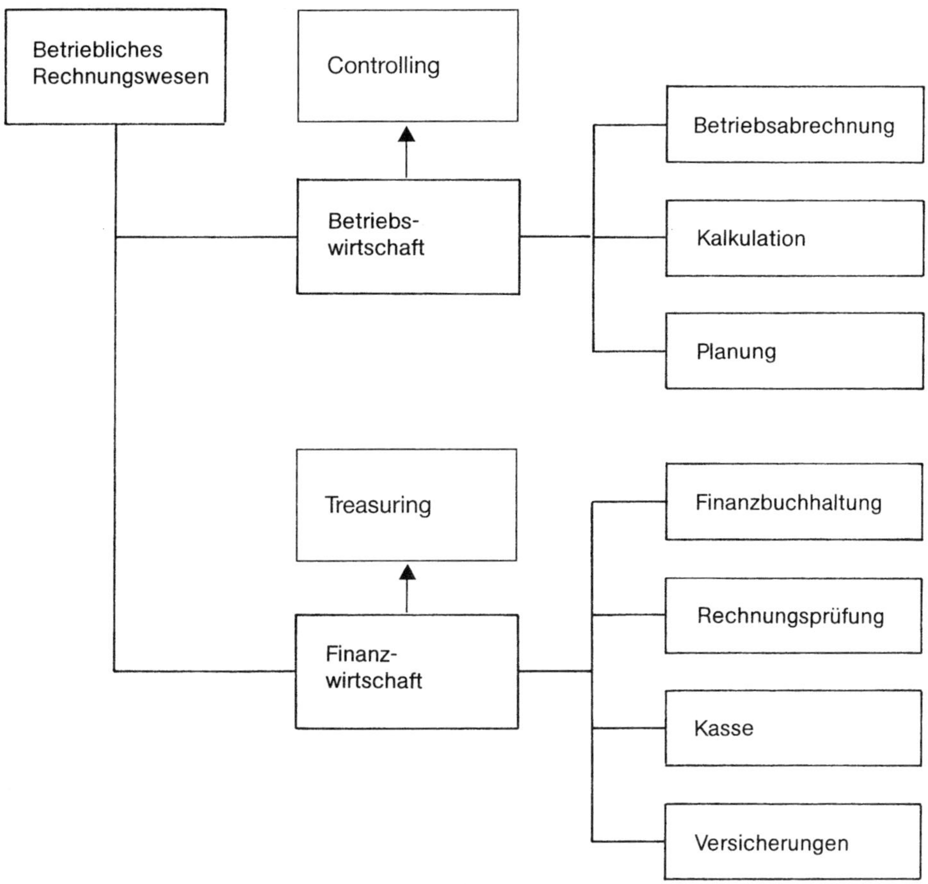

Abb. 7: Neuere Einteilung des Betrieblichen Rechnungswesens

Die traditionelle Einteilung des Betrieblichen Rechnungswesens in Finanzbuchhaltung (Geschäftsbuchhaltung), Kosten- und Leistungsrechnung (Betriebsbuchhaltung), Statistik und Planungsrechnung ist eine Einteilung, die der betrieblichen Praxis sicherlich nicht immer gerecht wird. Wenn man heutige Praxisbeispiele betrachtet, so findet man diese (theoretische) Einteilung nur sehr selten. Viele Unternehmen bevorzugen die in Abbildung 7 wiedergegebene Einteilung.

2.3 Hierarchiestufen im Betrieblichen Rechnungswesen

Die bisherigen Abbildungen verdeutlichen nicht, auf welchen *Hierarchiestufen* Rechnungswesen und Kostenrechnung eingeordnet sind; die entsprechende Information enthält Abbildung 8.

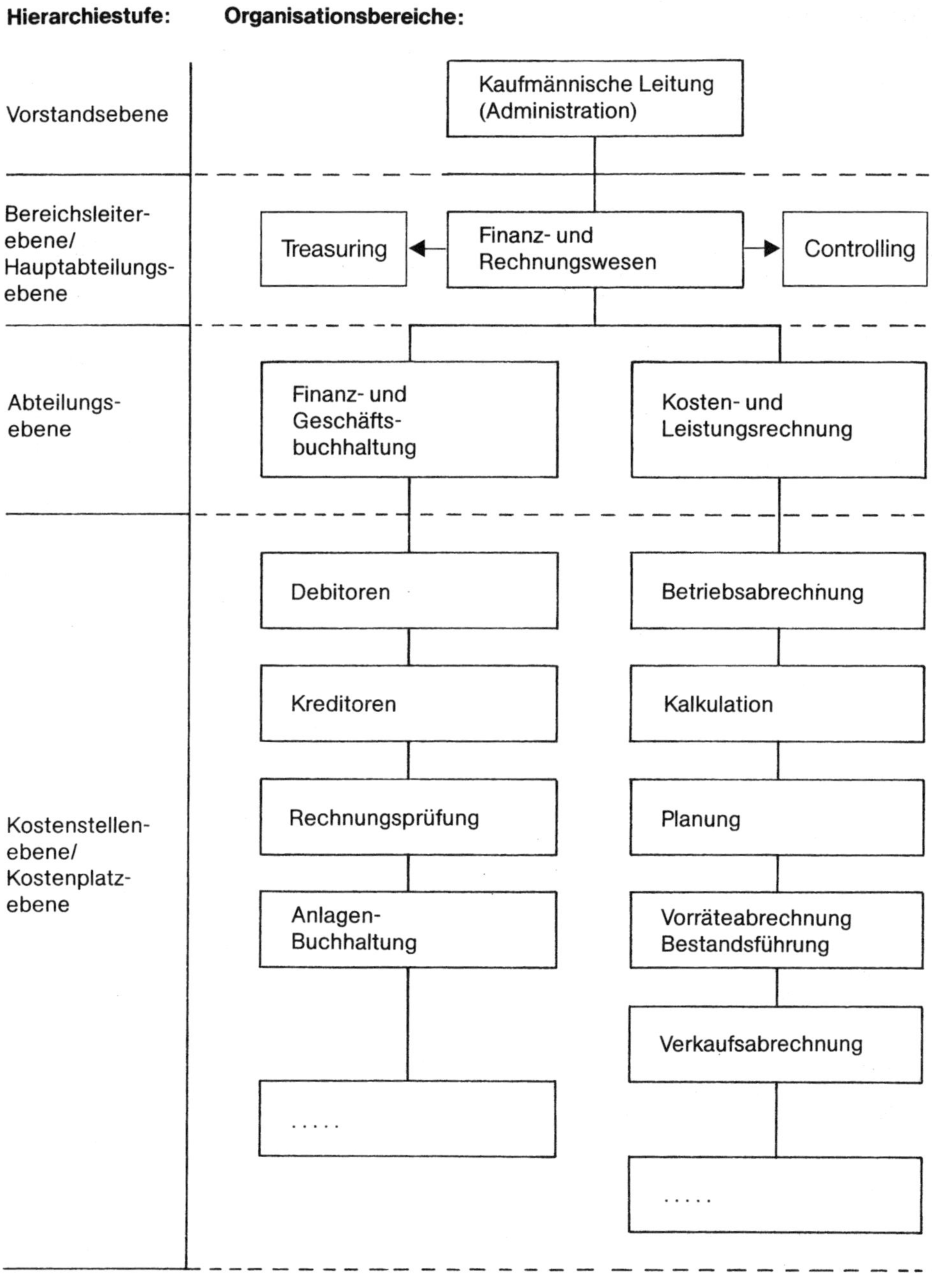

Abb. 8: Hierarchiestufen im Betrieblichen Rechnungswesen

2.4 Übungen und Testaufgaben zum zweiten Lehrabschnitt

1. Zur Geschäftsbuchhaltung zählen regelmäßig

	ja	nein
– Rechnungsprüfung	X	
– Materialabrechnung		X
– Betriebsabrechnung		X
– Kalkulation		X
– Sachkontenbuchhaltung	X	
– Anlagenrechnung	X	
– Finanzen		X
– Steuern		X
– Lohn- und Gehaltsabrechnung		X
– Betriebsbuchhaltung		X

4/10

2. Vervollständigen Sie folgendes Schema zur hierarchischen Einordnung der Kosten- und Leistungsrechnung!

Hierarchiestufe bzw. Ebene	Organisationsebene
(1) Vorstandsebene	kaufm. Leitung
(2) Bereichsleiterebene	Treasuring ← Finanz- u. Rechnungswesen → Controlling
(3) Abteilungsebene	Kosten- und Leistungsrechnung
(4) Kostenstellenebene	

[illegible]

3. Geben Sie eine Definition der KLR!

[illegible]

4. Geben Sie die traditionelle Gliederung des Rechnungswesens wieder!

betr. RW
- Finanzbuchh. (Gesch.- u. Bilanzbuchhaltung)
- KLR (Betriebsbuchh.)
- Statistik
- Planungsrechnung

Die Lösungen zu den Aufgaben zum zweiten Lehrabschnitt finden Sie auf Seite 208 f.

Dritter Lehrabschnitt: Unerläßliche Grundbegriffe der Kosten- und Leistungsrechnung

Vorab: Dies ist ein sehr trockener Lehrabschnitt, der an den Leser große Anforderungen stellt. Es rentiert sich aber, sich diese Grundbegriffe einzuprägen, weil sie auch in der Praxis unerläßlich sind. Es ist gerade dort festzustellen, daß selbst Leute, die glauben, intensive Kostenrechnungskenntnisse zu besitzen, sich mit diesen *Grundbegriffen* immer noch sehr schwer tun. Will man sich aber verständigen, so muß man eine einheitliche Terminologie, auch in der Praxis, verwenden. Vor allem die verschiedenen Inhalte und Zielsetzungen von *Finanzbuchhaltung* auf der einen und *Kostenrechnung* auf der anderen Seite verlangen klare begriffliche Abgrenzungen. Denn obwohl sich Finanzbuchhaltung und Kosten- und Leistungsrechnung gegenseitig bedingen und miteinander sehr eng verknüpft sind, so haben sie doch für die Zahlungs- und Leistungsvorgänge jeweils eine *eigene Terminologie* entwickelt.

Während die Finanzbuchhaltung (Geschäftsbuchhaltung) gesetzliche Grundlagen hat, ist die Kostenrechnung (Betriebsbuchhaltung) ohne gesetzliche Vorschriften (Ausnahme: öffentliche Aufträge, die nach staatlichen Leitsätzen (LSP) zu kalkulieren sind; Subventionen usw.). Die Kostenrechnung kann also im Gegensatz zur Buchhaltung meist völlig frei nach den Bedürfnissen des Unternehmens gestaltet werden.

Man bezeichnet deshalb die *Finanzbuchhaltung* auch als *externe Rechnung*, da sie primär sämtliche Vorgänge zwischen Unternehmung und der Umwelt insbesondere für externe Träger (z. B. Finanzamt) erfaßt. Dagegen kann man die *Kostenrechnung* auch als *interne Rechnung* auffassen, da sie in erster Linie die Vorgänge innerhalb des Unternehmens, und zwar für innerbetriebliche Zielsetzungen, erfaßt. So ist der Kauf von Rohstoffen ein externer Vorgang, der von der Finanzbuchhaltung erfaßt wird, während der Verbrauch von Rohstoffen als interner Vorgang von der Kostenrechnung verarbeitet werden muß. Da der externe Vorgang der Rohstoffbeschaffung zugleich die Grundlage für den kostenrechnerischen Vorgang Rohstoffverbrauch ist, sieht man an diesem Beispiel die enge Verknüpfung von Finanzbuchhaltung und Kostenrechnung. Teilweise überschneiden sich beide Bereiche: Einige Konten (Kosten- und Erlöskonten) werden sowohl in der Finanzbuchhaltung als auch in der Betriebsbuchhaltung benötigt. Auf diese Weise kommt ein großer Teil von *Informationen der Kostenrechnung aus der Finanzbuchhaltung*, und zwar:

- Ein großer Teil der Kostenarten (Kontenklasse 4 alter GKR Kontenrahmen bzw. 6 und 7 neuer IKR Kontenrahmen)
- Bestände und Bestandsveränderungen bei Halb- und Fertigfabrikaten (Kontenklasse 7 alter Kontenrahmen bzw. Kontenklasse 5 neuer Kontenrahmen)
- Verkaufserlöse (Kontenklasse 8 alter und Kontenklasse 5 neuer Kontenrahmen)

Während die Finanzbuchhaltung alle Geschäftsvorfälle für das gesamte Unternehmen aufzeichnet und hierfür die Begriffe *Aufwand und Ertrag* verwendet, wird in der Kosten- und Leistungsrechnung nur der betriebliche Leistungsprozeß mit den Begriffen *Kosten und Leistung* erfaßt.

Der Anteil der Aufwendungen und Erträge, die nicht dem eigentlichen Betriebszweck dienen, wird in der KLR nicht berücksichtigt.

Neben diesen beiden Begriffspaaren sind im folgenden in diesem Abschnitt noch zwei weitere Begriffspaare zu erklären:

- *Auszahlung und Einzahlung*
- *Ausgabe und Einnahme*

Es sind also insgesamt vier Begriffspaare zu erklären, die äußerst unterschiedliche Aspekte haben (vgl. Abb. 9).

Begriffspaare	Aspekt
Auszahlung – Einzahlung	finanzieller Aspekt (Liquidität im engeren Sinn)
Ausgabe – Einnahme	rechtsgeschäftlicher Aspekt (Liquidität im weiteren Sinn)
Aufwand – Ertrag	Erfolgsaspekt (externer Aspekt)
Kosten – Leistung	Leistungs- und Zuordnungsaspekt (interner Aspekt)

Abb. 9: Begriffspaare des Rechnungswesens

Im folgenden sollen die einzelnen Begriffspaare dargestellt und die Unterschiede herausgearbeitet werden.

3.1 Begriffspaar: Auszahlung – Einzahlung

Unter *Auszahlung* ist jeder Vorgang zu verstehen, bei dem Bargeld und/oder Buchgeld das Unternehmen verläßt; d. h. ein Auszahlungsvorgang ist immer mit einer

Verminderung der liquiden Mittel des Unternehmens verknüpft (Verminderung des Kassenbestandes oder des jederzeit verfügbaren Bankguthabens).

Auszahlung = alle Abgänge an Bar- und Buchgeld

Beispiele: Barentnahme, Bartilgung oder Barkauf, Barvorauszahlung.

Der *Einzahlungsbegriff* ist analog zu verstehen. Demnach sind unter Einzahlung alle Vorgänge zu erfassen, bei denen dem Unternehmen *Bargeld oder Buchgeld zugeführt* wird, d. h. es erhöhen sich die Bestände an liquiden Mitteln (Bargeld- und Bankguthabenerhöhungen).

Einzahlung = alle Zugänge an Bar- und Buchgeld

Beispiele: Bareinzahlungen, Barkredite, Barvorauszahlungen und Barverkäufe sowie Bareinlagen.

3.2 Begriffspaar: Ausgabe – Einnahme

Das Begriffspaar *Ausgabe und Einnahme* bezieht sich auf *Rechtsgeschäfte* (z. B. Kaufverträge, Arbeitsverträge) oder hoheitliche Akte (z. B. Steuern, Gebührenforderungen), die im Betrieb direkt oder indirekt Forderungen oder Schulden entstehen lassen. Im Fall der Ausgabe (z. B. Kauf von Waren) entsteht eine Schuld im Sinne einer *Zahlungsverpflichtung*. Diese Zahlungsverpflichtung kann dadurch erfüllt werden, daß die Schuld *bar bezahlt* (also durch eine Auszahlung abgegolten) wird, daß sie durch *Übertragung einer eigenen Forderung* (z. B. eines Besitzwechsels) erlischt oder daß, als 3. Möglichkeit, der *Schuldenbestand* erhöht wird (z. B. durch Inanspruchnahme eines Lieferantenkredits). Allerdings bedeutet die letzte Erfüllungsmöglichkeit des *Schuldenzugangs* nur das *Aufschieben eines Auszahlungsvorgangs oder einer Forderungsübertragung* (im Beispiel des Lieferantenkredits muß die Rechnung später durch Barmittel oder durch Vermögenswerte ausgeglichen werden).

Ausgabe = rechtsgeschäftliches oder hoheitliches Entstehen einer Schuld (Zahlungsverpflichtung), zu erfüllen durch Auszahlung, Forderungsabgang (Minderung des Forderungsbestandes) oder Schuldenzugang (Erhöhung des Schuldenbestandes).

Der Begriff der *Einnahme* kann *analog zum Ausgabenbegriff* definiert werden.

Einnahme = rechtsgeschäftliches oder hoheitliches Entstehen einer Forderung (Zahlungsverpflichtung Dritter), zu erfüllen durch Einzahlung, Schuldenabgang (Minderung des Schuldenbestandes) oder Forderungszugang (Erhöhung des Forderungsbestandes).

Als Beispiel für eine Einnahme soll hier der Fall einer Subvention (Einnahme aufgrund eines hoheitlichen Aktes) erläutert werden:

Aufgrund eines Gesetzes oder einer Verordnung erhält der Betrieb einen Anspruch (Forderungsrecht), und es entsteht beim Staat eine Zahlungsverpflichtung. Die Zahlungsverpflichtung des Staates kann erfüllt werden durch die Übereignung von Bargeld, die Übernahme von Schulden oder das Einräumen eines Forderungsrechtes, wobei letzteres wiederum später im Betrieb zu einem Zugang von Bargeld oder zu einer Schuldenübertragung führt.

3.3 Begriffspaar: Aufwand – Ertrag

Während die bisher erläuterten Begriffspaare *Auszahlung – Einzahlung* und *Ausgabe – Einnahme* zeitpunktbezogene Vorgänge und Größen erfassen, die inhaltlich die betriebliche Liquidität (im engeren und im weiteren Sinn) sowie die betriebliche Versorgung sichern helfen sollen, führt das Begriffspaar *Aufwand – Ertrag* zu einer völlig anderen Betrachtungsebene betrieblichen Wirtschaftens, nämlich zur *Erfassung des zeitraumbezogenen Erfolgs.* Um den *Periodenerfolg* als Differenz zwischen Ertrag und Aufwand zu ermitteln, muß jeweils für einen abgegrenzten Zeitraum festgestellt werden, was im Betrieb an *Wertverzehr (Aufwand)* und an *Wertzugang (Ertrag)* stattgefunden hat. Da die Aufwands- und Ertragsrechnung, die auch als Gewinn- und Verlustrechnung bezeichnet wird, Teil der Geschäftsbuchhaltung ist, bemißt sich der zeitraumbezogen ermittelte Erfolg nach den *Bewertungskriterien des Handels- und Steuerrechts.*

Aufwand = in einer Unternehmung innerhalb einer Abrechnungsperiode nach Handels- und Steuerrecht bewerteter Wertverzehr (Sachgüter, Dienste und öffentliche Abgaben) ohne Objektivierung und Normalisierung und unabhängig davon, ob der Wertverzehr dem Betriebszweck dient oder nicht.

Wesentlicher *Grundsatz* des Handels- und Steuerrechts ist, daß alle *Aufwendungen* sich *auf Ausgaben zurückführen* lassen müssen und daß alle verbrauchswirksamen Ausgaben *periodengerecht zu verteilen* sind.

Ertrag = die von einem Unternehmen innerhalb einer Abrechnungsperiode geschaffenen bzw. zur Verfügung gestellten Sachgüter und Dienste, und zwar unabhängig davon, ob sie dem Betriebszweck dienen oder nicht (der gesamte in Geld bewertete Wertzugang einer Periode).

Die *Bewertung der abgesetzten Leistungen* erfolgt zu *realisierten Marktpreisen*, die noch nicht verkauften *Bestände* werden nach dem *Niederstwertprinzip* bewertet.

3.4 Begriffspaar: Kosten – Leistung

3.4.1 Der Kostenbegriff

Die Rechenelemente der Kostenrechnung sind die Kategorien Kosten und Leistung.

Kosten = Durch die Erstellung und Verwertung betrieblicher Leistungen bewirkter, in Geldeinheiten ausgedrückter Verbrauch an Gütern und Dienstleistungen sowie öffentliche Abgaben.

Demnach ist der *Kostenbegriff* durch vier Merkmale definiert:
- Es muß ein *mengenmäßiger* Verbrauch (Verzehr) an Gütern und/oder Dienstleistungen vorliegen.
- Dieser Verzehr an Gütern oder Dienstleistungen muß *bewertet* werden.
- Der bewertete Verzehr muß erfolgen, um eine *betriebliche Leistung* zu erzeugen.
- Die *betriebliche Leistung* muß direkt oder indirekt für die *Verwertung am Markt* bestimmt sein.

Nur wenn alle diese vier Merkmale gegeben sind, handelt es sich um Kosten; ein Beispiel soll das verdeutlichen:

Verbrennen in einem Industrieunternehmen sämtliche Roh-, Hilfs- und Betriebsstoffe, so handelt es sich zwar hier um einen Verzehr, aber dieser Verzehr erfolgt nicht, um eine betriebliche Leistung zu erzeugen.

Ein anderes Beispiel soll ebenfalls verdeutlichen, daß beim Kostenbegriff nicht nur ein mengenmäßiger Verbrauch erfolgen muß, sondern daß dieser Verzehr auch bewertet werden muß (vgl. Abbildung 10).

Periode		1	2	3	4
Menge (kg) Zeit (Std.)	Material Arbeit	10 20	12 20	8 18	4,5 16
Preis je Einheit (€/kg) Preis je Einheit (€/Std.)	Material Arbeit	5 10	5 12	6 13	7 14
Kosten (Menge x Preis) für Kosten (Zeit x Preis) für	Material Arbeit	50 200	60 240	48 224	31,5 224
Gesamtkosten		250	300	272	255,5

Abb. 10: Mengen- (Zeit-) und Wertextension des Kostenbegriffs

Wird in Abbildung 10 versucht festzustellen, in welcher Periode am günstigsten gearbeitet wurde, so zeigt die 4. Periode das beste Mengenverhältnis (nur 4,5 kg Material und 16 Arbeitsstunden wurden verbraucht). Preislich war aber sicherlich nicht die 4., sondern die 1. Periode am günstigsten (Materialpreis 5,-- € pro Kilo; Lohn 10,-- € pro Stunde). Kostenmäßig ist ebenfalls in der 1. Periode mit 250,-- € am günstigsten gewirtschaftet worden. Dieses einfache Beispiel verdeutlicht somit, daß die Kosten sich aus zwei voneinander unabhängigen Komponenten zusammensetzen, nämlich einer Mengen- (bzw. Zeit-) und einer Wertkomponente.

3.4.2 Der Leistungsbegriff

Die *Leistung* als das Pendant zu den Kosten ist das *Ergebnis der betrieblichen Tätigkeit,* die sich in der Leistungserstellung von Sachgütern und Dienstleistungen niederschlägt.

Leistung = von einem Unternehmen geschaffene bzw. zur Verfügung gestellte Problemlösungen (Sachgüter und Dienstleistungen), deren Erzeugung dem Betriebszweck entspricht und die zu Markt- oder Verrechnungspreisen bewertet werden.

Leistung sind demnach die mit Hilfe der Produktionsfaktoren erstellten Sachgüter oder bereitgestellten Dienstleistungen (= das bewertete Ergebnis des betrieblichen Leistungserstellungsprozesses). Hierbei ist unter Leistung all das zu verstehen, was im Unternehmen erzeugt wird bzw. wofür letztlich gearbeitet wurde: beispielsweise Bier in der Brauerei, Essen und Getränke im Restaurant, Fräsmaschine in der Maschinenfabrik. Hierbei ist zu unterscheiden zwischen Absatzleistungen und Eigenleistungen.

Absatzleistungen sind für den Markt bestimmte Leistungen (z. B. erstellte Maschinen beim Produktionsbetrieb, verkaufte Waren beim Handelsbetrieb, Gutachten beim Berater).

Bei der Absatzleistung ist zu unterscheiden zwischen den absatzbestimmten Leistungen, die verkauft werden und dadurch zu *Erlösen* (Umsatzertrag) führen, und jenen absatzbestimmten Leistungen, die nicht sofort verkauft werden können, sondern erst auf *Lager* gehen und zu einer *Erhöhung der Bestände* an Halb- und Fertigerzeugnissen führen.

Eigenleistungen sind für das eigene Unternehmen bestimmte Leistungen, die im eigenen Unternehmen erstellt werden (z. B. selbst erstellte Maschinen und Anlagen, selbst durchgeführte Reparaturen, Wartungsarbeiten, Marketing-Konzept der eigenen Marketing-Abteilung usw.).

3.5 Beziehungen zwischen Aufwand und Kosten

Wenn man sich die Definition für *Aufwand und Kosten* vor Augen führt, sieht man, daß *beide Begriffe* Wertverzehr *erfassen*, der im Unternehmen entstanden ist. Der Unterschied liegt darin, daß der *Wertverzehr* zum einen nach den *Vorschriften des Handels- und Steuerrechts* erfaßt und bewertet wird (Aufwand) und zum anderen nach dem Kriterium der *Verbesserung der Entscheidungsqualität* im Unternehmen erfaßt und bewertet wird (Kosten). Auch wenn diese beiden Aspekte wesensverschieden sind, läßt sich doch in manchen Bereichen eine *Überschneidung* im Sinne einer Gleichbehandlung verschiedener Verzehrsarten in der Aufwands- und Kostenrechnung feststellen.

Da nun eine *Aufwandsrechnung im Betrieb* durchgeführt werden *muß*, stellt sich die Frage, inwieweit die damit betrieblich zur Verfügung stehenden Informationen auch für die Kostenrechnung genutzt werden können. Mit anderen Worten: die Summe der ermittelten *Aufwendungen* im Betrieb ist *aufzuteilen* in solche Aufwendungen, die in die *Kostenrechnung übernommen* werden können *(Zweckaufwand)*, und solche, die auszugliedern oder *kostenrechnerisch zu neutralisieren* sind *(neutraler Aufwand)*.

Der aus der Aufwandsrechnung in die Kostenrechnung eingehende *Zweckaufwand* (Betriebsaufwand, kostengleicher Aufwand) wird dort als *Grundkosten* (aufwandsgleiche Kosten; Kosten, zugleich Aufwand) bezeichnet. Der durch die Grundkosten nicht abgedeckte Wertverzehr der Kostenrechnung, die *Zusatzkosten (kalkulatorische Kosten)*, muß von diesen autonom, also unabhängig von der Aufwandsrechnung ermittelt werden.

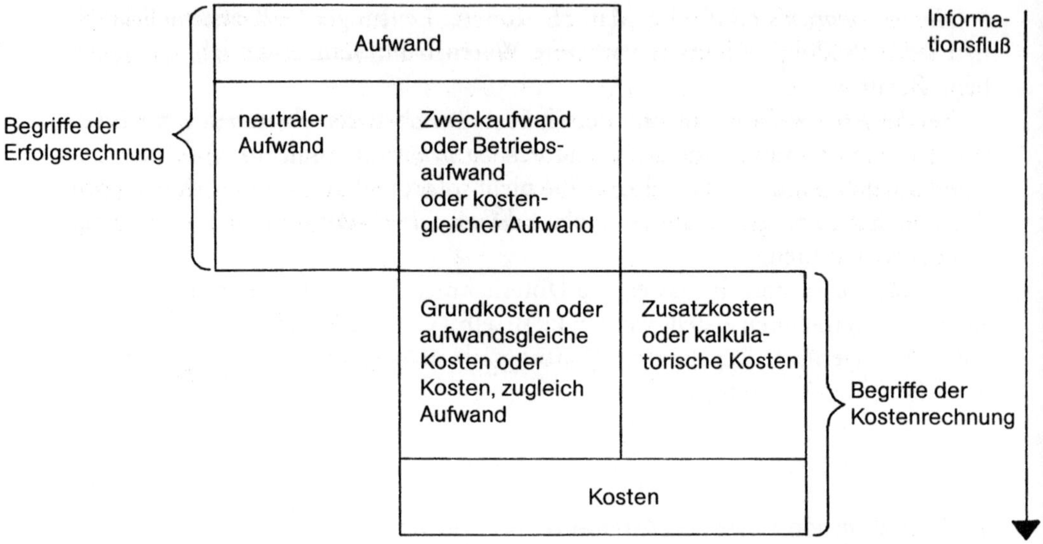

Abb. 11: Beziehung Aufwand – Kosten

Abbildung 11 zeigt den entsprechenden Zusammenhang unter Einbeziehung des Informationsflusses und verdeutlicht, daß im folgenden die Begriffe neutraler Aufwand, Zweckaufwand bzw. Grundkosten und Zusatzkosten näher zu erläutern sind.

3.5.1 Neutraler Aufwand

Neutraler Aufwand ist entweder von den Kosten *wesensverschieden oder verrechnungsmäßig verschieden,* wie die Abbildung 12 zeigt.

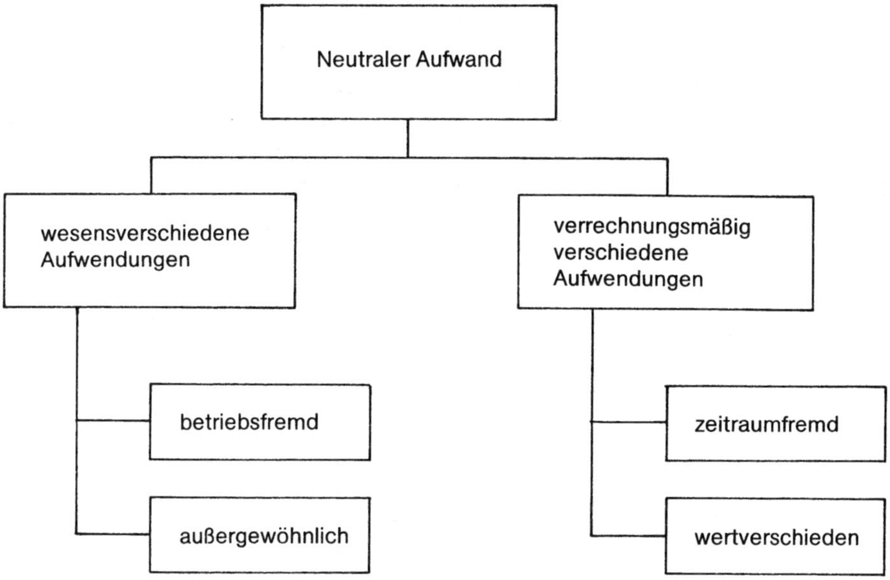

Abb. 12: Neutraler Aufwand

3.5.1.1 Von den Kosten wesensverschiedene Aufwendungen

Die von den Kosten *wesensverschiedenen Aufwendungen* stehen in *keinem Zusammenhang* mit der bezweckten betrieblichen Leistungserstellung; sie entstehen nicht durch den *üblichen betrieblichen Leistungsprozeß* und werden deshalb nur in der Erfolgsrechnung erfaßt. Bei den wesensverschiedenen Aufwendungen sind zwei Gruppen zu unterscheiden:

- betriebsfremde Aufwendungen
- betriebliche außergewöhnliche Aufwendungen

Betriebsfremde Aufwendungen stehen weder direkt noch indirekt in Verbindung mit der Leistungserstellung (werden also weder durch den Betriebszweck verursacht, noch dienen sie ihm mittelbar).

Beispiele: Grundstücke, die der Betrieb nicht benötigt; anonyme Spenden, die ohne Werbewirkung sind; Mietshaus, das nicht betrieblich genutzt wird; Mindererlöse bei Veräußerung betriebsfremder Vermögensteile; Gehalt für den Verwalter von Wertpapieren, die sich im Besitz der Unternehmung befinden.

Betriebliche außergewöhnliche Aufwendungen stehen zwar in mittelbarem oder unmittelbarem Zusammenhang mit der betrieblichen Leistungserstellung (d. h. sie dienen zumindest indirekt dem Betriebszweck), sind aber von so außergewöhnlicher Natur und fallen nur unregelmäßig an, daß sie nicht in die Kosten- und Leistungsrechnung eingehen dürfen (Art, Höhe, Umfang und Zeitraum außergewöhnlich).
Beispiele: Ungewöhnlich hohe Gewährleistungsansprüche; Feuerschäden; Nachzahlung von Gewerbesteuern; Kursverluste an Wertpapieren, die aus Betriebsgründen gekauft wurden; Katastrophenschäden; Abwertungsverluste; Mindererlöse beim Verkauf betrieblicher Anlagen und Wertpapiere.

3.5.1.2 Von den Kosten verrechnungsmäßig verschiedene Aufwendungen

Verrechnungsmäßig von den Kosten *verschiedene Aufwendungen,* auch rechentechnisch bedingte verschiedene Aufwendungen genannt, sind der Ausgleich für Vorgänge, die sowohl in der Kosten- als auch in der Erfolgsrechnung erfaßt werden, jedoch auf unterschiedliche Art und Weise. Hierbei gibt es zwei verschiedene Gruppen:

- zeitraumfremde Aufwendungen
- wertverschiedene Aufwendungen

Zeitraumfremde Aufwendungen (periodenfremde Aufwendungen) liegen vor, wenn Ausgaben in der Aufwandsrechnung anders als in der Kostenrechnung in einer Abrechnungsperiode verteilt werden.
Beispiele: In der Finanzbuchhaltung wird eine Maschine in 5 Jahren steuerlich abgeschrieben; in der Kostenrechnung wird die gleiche Maschine der erwarteten tatsächlichen Nutzungsdauer entsprechend über 10 Jahre hinweg abgeschrieben; es decken sich hier also Aufwand und Kosten der Höhe nach nicht.

Andere Beispiele: Nachzahlung von Kostensteuern früherer Perioden aufgrund einer Betriebsprüfung. Differenz zwischen den effektiv eingetretenen (höheren) Wagnisverlusten und den in der Buchhaltung verrechneten (niedrigeren) Wagnissen.

Wertverschiedene Aufwendungen sind darauf zurückzuführen, daß in der Erfolgsrechnung ein anderer Wertansatz als in der Kostenrechnung gewählt wurde (Erfolgsrechnung = Anschaffungswertrechnung; Kostenrechnung = Tageswertrechnung).

Beispiele: In der Finanzbuchhaltung wird im allgemeinen von den Anschaffungswerten abgeschrieben, in der Kostenrechnung dagegen vom Wiederbeschaffungswert (Prinzip der Substanzerhaltung); d. h. selbst bei gleicher Nutzungsdauer unterscheiden sich kalkulatorische und bilanzielle Abschreibungen; Kosten und Aufwand sind also verschieden hoch. Auch bei den Fremdkapitalzinsen können sich wertverschiedene Aufwendungen bilden, wenn in der Kostenrechnung das betriebsnotwendige Kapital mit einem internen Zinsfuß verzinst wird (kalkulatorische Zinsen), während die Finanzbuchhaltung mit den tatsächlich bezahlten Fremdkapitalzinsen arbeitet.

3.5.2 Zweckaufwand bzw. Grundkosten

Wenn man vom Gesamtaufwand den neutralen Aufwand (= der Aufwand, der nicht gleich Kosten ist) abzieht, so bleibt als *Restgröße* der *Zweckaufwand* (Betriebsaufwand) = *Grundkosten* übrig (vgl. die mengenbezogene Darstellung in Abbildung 13).

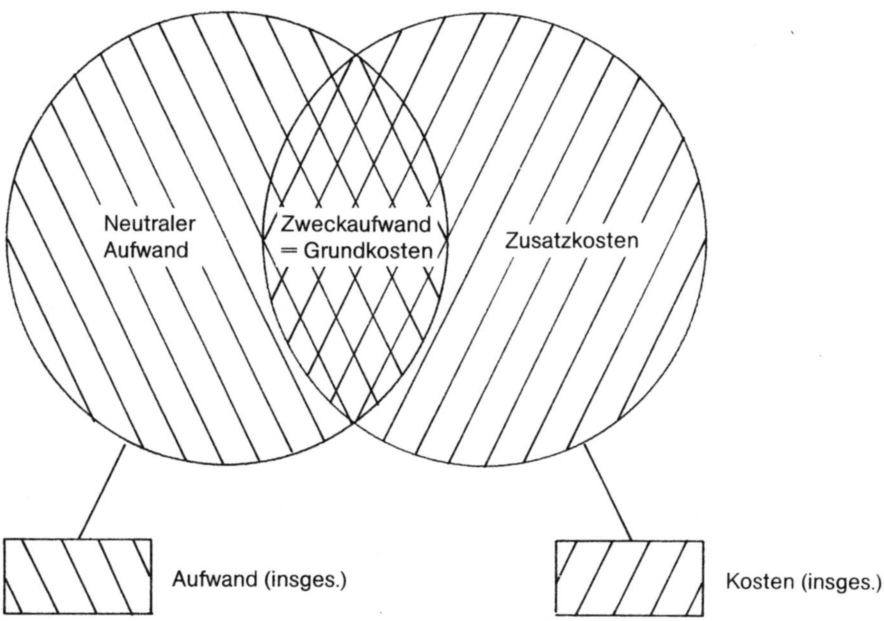

Abb. 13: Mengenbezogene Darstellung von Aufwand und Kosten

Zweckaufwand ist somit der Teil des Aufwands, der bei der üblichen Erfüllung des Betriebszweckes entsteht; er ist *identisch mit den Grundkosten*, den Kosten also, die sich direkt auf Ausgaben zurückführen lassen. Beispiele für Zweckaufwand und Grundkosten sind: Bewerteter Materialverbrauch, Löhne und Gehälter, Gebühren für Strom und Wasser.

3.5.3 Kalkulatorische Kosten (Zusatzkosten)

Es gibt nicht nur Aufwand, dem keine Kosten gegenüberstehen (neutraler Aufwand), sondern auch *Kosten*, denen *kein Aufwand* gegenübersteht, die sogenannten *Zusatzkosten (kalkulatorische Kosten)*. Da den Zusatzkosten keine Ausgaben oder lediglich Ausgaben in anderer Höhe gegenüberstehen, werden diese in der Finanzbuchhaltung nicht erfaßt.

Eine Aufgliederung der Zusatzkosten ist in Abbildung 14 vorgenommen.

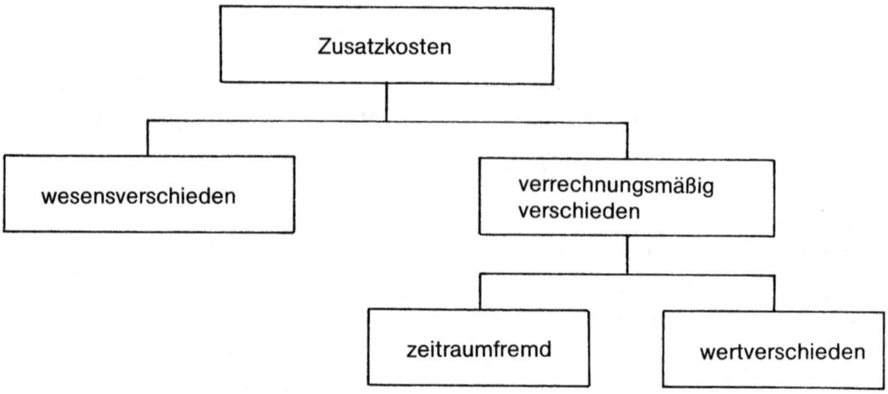

Abb. 14: Zusatzkosten (kalkulatorische Kosten)

3.5.3.1 Von den Aufwendungen wesensverschiedene Zusatzkosten

Die von den Aufwendungen *wesensverschiedenen Zusatzkosten* werden durch den Einsatz von Produktionsfaktoren verursacht, die zu keinen Ausgaben führen, d. h. es entstehen keine Aufwendungen, nur Kosten. Sie sind selbständige Kostenarten in der

Kostenrechnung und werden nur in der Kostenrechnung, nicht in der Erfolgsrechnung erfaßt.

Beispiele: Kalkulatorischer Unternehmerlohn, kalkulatorische Zinsen auf das eingesetzte Eigenkapital und die kalkulatorische Miete. (Die Erläuterung der einzelnen kalkulatorischen Kosten oder Zusatzkosten erfolgt im Abschnitt Kostenartenrechnung).

3.5.3.2 Von den Aufwendungen verrechnungsmäßig verschiedene Zusatzkosten

Verrechnungsmäßig von den Aufwendungen verschiedene Zusatzkosten liegen vor bei leistungsbedingtem Verzehr, der sachlich sowohl in der Finanzbuchhaltung als auch in der Kostenrechnung erfaßt wird, jedoch in beiden Systemen in unterschiedlicher Höhe. Es kann sich hier um zeitraumfremde oder auch um wertverschiedene Zusatzkosten handeln:

Zeitraumfremde Zusatzkosten

Sie entstehen durch unterschiedliche Periodenverteilung in der Kostenrechnung und in der Buchhaltung.

Beispiele: Ansatz einer höheren Abschreibung in der Kostenrechnung als in der Buchhaltung. Eventuell höherer Wagnisansatz in der Kostenrechnung als in der Erfolgsrechnung.

Wertverschiedene (bewertungsbedingte) Zusatzkosten

Wertverschiedene Zusatzkosten entstehen aus dem unterschiedlichen Wertansatz in den beiden Systemen.

Beispiele: Abschreibung in der Kostenrechnung vom Wiederbeschaffungswert, in der Buchhaltung vom Anschaffungswert; unterschiedliche Zinssätze in der Kostenrechnung und in der Erfolgsrechnung.

3.6 Beziehungen zwischen Ertrag und Leistung

Prinzipiell stehen *Ertrag und Leistung* in derselben Beziehung wie Aufwand und Kosten, d. h. aus den Erträgen sind *neutrale Erträge auszugliedern,* und der (verbleibende) *Zweckertrag (Betriebsertrag)* geht in die Leistungsrechnung als *Grundleistung* ein, die dann noch durch *Zusatzleistungen (kalkulatorische Leistungen)* ergänzt werden müßte. Auch wenn derartige kalkulatorische Leistungen durchaus eine theoretisch begründbare Funktion erfüllen können (etwa bei der Feststellung des Abteilungserfolges), muß jedoch darauf hingewiesen werden, daß in der Praxis eine derartige Verrechnung bisher nicht üblich ist.

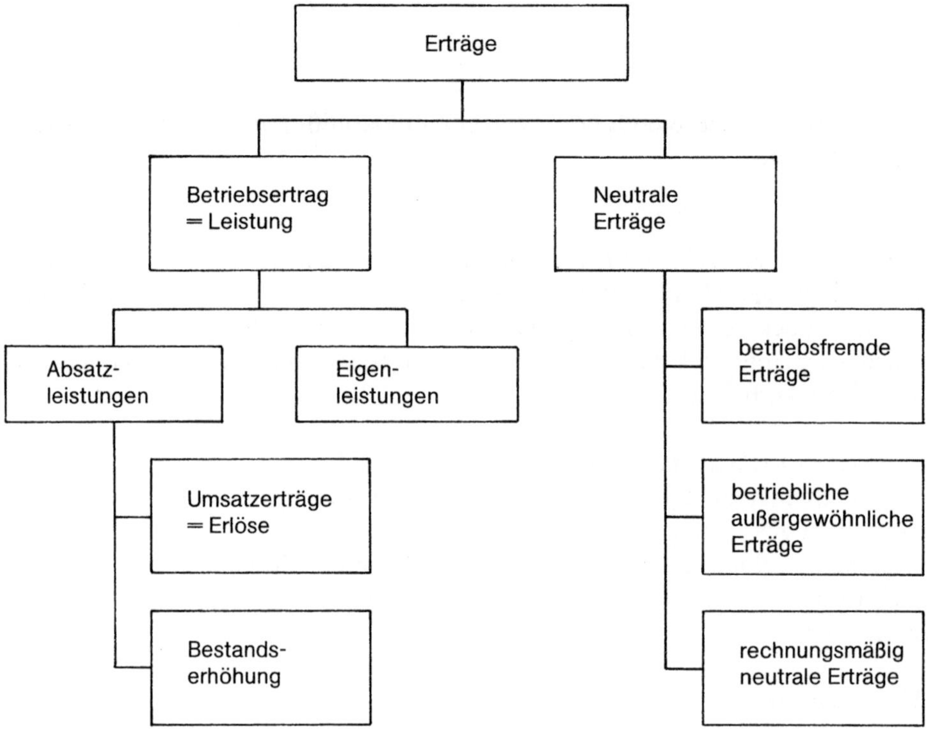

Abb. 15: Erträge

Die übliche Gliederung des Ertrags für Zwecke der Kosten- und Leistungsrechnung ist in Abbildung 15 wiedergegeben. Der Anteil des Ertrags, der dem Prozeß der betrieblichen Leistungserstellung und Verwertung entstammt (Wertzuwachs in Form erstellter Güter und Dienstleistungen), ist der sogenannte *Betriebsertrag*. Der Betriebsertrag entspricht der Betriebsleistung als dem Resultat der betrieblichen Tätigkeit. Betriebserträge können sowohl absatzbestimmte Leistungen wie auch Eigenleistungen sein.

Im Gegensatz dazu ist bei den *neutralen Erträgen* keine Beziehung zur Betriebsleistung vorhanden; es muß getrennt werden zwischen:

- *betriebsfremden Erträgen* (sie entsprechen nicht dem Betriebszweck, z. B. Kursgewinne bei Wertpapieren; Stiftungen und Schenkungen; erhaltene Spenden; Gewinne aus Beteiligung),
- *betrieblichen außerordentlichen Erträgen* (z. B. Anlagenverkäufe über den Buchwert; Eingänge auf bereits abgeschriebene Forderungen; höhere Versicherungsleistungen, als es dem Schadensfall entspricht) und
- *rechnungsmäßigen neutralen Erträgen* (werden buchungstechnisch als Pendant zu den Zusatzkosten gebildet, z. B. verrechnete kalkulatorische Abschreibungen und andere verrechnete kalkulatorische Kosten).

3.7 Übungen und Testaufgaben zum dritten Lehrabschnitt

1. Kalkulatorische Kosten	ja	nein
– dienen der Objektivierung der Kostenrechnung	X	
– sind Zusatzkosten	X	
– entsprechen dem Zweckaufwand		X
– sind Kostenarten	X	
– mindern den steuerpflichtigen Gewinn		X
– erfassen z. B. den Zinsaufwand		X

2. Sofort erfolgswirksam sind	ja	nein
– Lohnzahlungen	X	
– Zinserträge	X	
– Darlehensrückzahlungen		X
– Darlehenshingaben		X
– Wareneinkäufe		X

3. Eine Ausgabe	ja	nein
– kann bestandswirksam sein	X	
– kann erfolgswirksam sein	X	
– kann mit der Auszahlung zusammenfallen	X	
– führt immer zu Kosten		X
– führt immer zu Aufwand		X

4. Der Zweckaufwand einer Abrechnungsperiode	ja	nein
– entspricht den Grundkosten derselben Periode	X	
– ist die Differenz zwischen Kosten und Leistung		X
– ist die Differenz zwischen Kosten und Zusatzkosten	X	
– ist die Differenz zwischen Zweckaufwand und neutralem Aufwand		X
– enthält nur Gemeinkosten		X

5. Zum neutralen Aufwand zählen	ja	nein
– betriebsfremde Erträge		X
– Zusatzkosten		X
– betrieblicher Aufwand		X
– betriebsfremder Aufwand	X	
– alle Ausgaben		X

6. Kosten

	ja	nein
– sind Wertverzehr		
– müssen den Kriterien der Bilanzwahrheit entsprechen		
– werden durch die Leistungserstellung bewirkt		
– enthalten Zweckaufwand und Zusatzkosten		
– sind Informationen		

7. Die Leistungen eines Betriebs

	ja	nein
– können zu Markt- oder Verrechnungspreisen bewertet werden		
– entsprechen dem Umsatz		
– sind immer Sachleistungen		
– entsprechen immer dem Betriebszweck		
– sind Kostenträger		

8. Zeigen Sie durch Ankreuzen der entsprechenden Sparte bzw. Sparten, welche der folgenden Vorgänge bestandswirksam und/oder jetzt bzw. später erfolgswirksam sind!

Vorgang	bestandswirksam	erfolgswirksam
Mietzahlung		
Aufnahme eines Kredits		
Einnahme von Zinsen		
Kauf einer Maschine		
Verkauf von Waren		
Kundenanzahlungen		

9. Kosten können beruhen auf

	ja	nein
– Ausgaben einer früheren Periode		
– Ausgaben der laufenden Periode		
– Ausgaben einer zukünftigen Periode		
– Privatentnahmen		
– betriebsfremdem Aufwand		
– periodenfremdem Aufwand		
– Wertverzehr der gegenwärtigen Periode		

10. Zum betriebsfremden Aufwand gehören

	ja	nein
– anonyme Spenden		
– Privatentnahmen		
– kalk. Unternehmerlohn		
– außergewöhnlicher betrieblicher Aufwand		
– Spekulationsverluste		

11. Kreuzen Sie bei den folgenden Positionen an, ob es sich um einen Zweckaufwand, einen neutralen Aufwand oder um Zusatzkosten handelt!

	neutraler Aufwand	Zweckaufwand	Zusatzkosten
Nachzahlung von Steuern	x		
außergewöhnlicher Schadensfall, z. B. Kesselexplosion	x		
Fertigungslöhne		x	
Unternehmerlohn (kalkulatorisch)			x
Fremdkapitalzinsen	x		
bilanzmäßige Abschreibung	x		

12. Wie werden Kosten bezeichnet, denen kein Aufwand gegenübersteht?

	ja	nein
– Sonderkosten		x
– neutrale Kosten		x
– Zusatzkosten	x	
– Hilfskosten		x
– kalk. Kosten	x	

13. Verdeutlichen Sie durch Komplettieren der beiden folgenden Darstellungen die Beziehung zwischen Aufwand und Kosten!

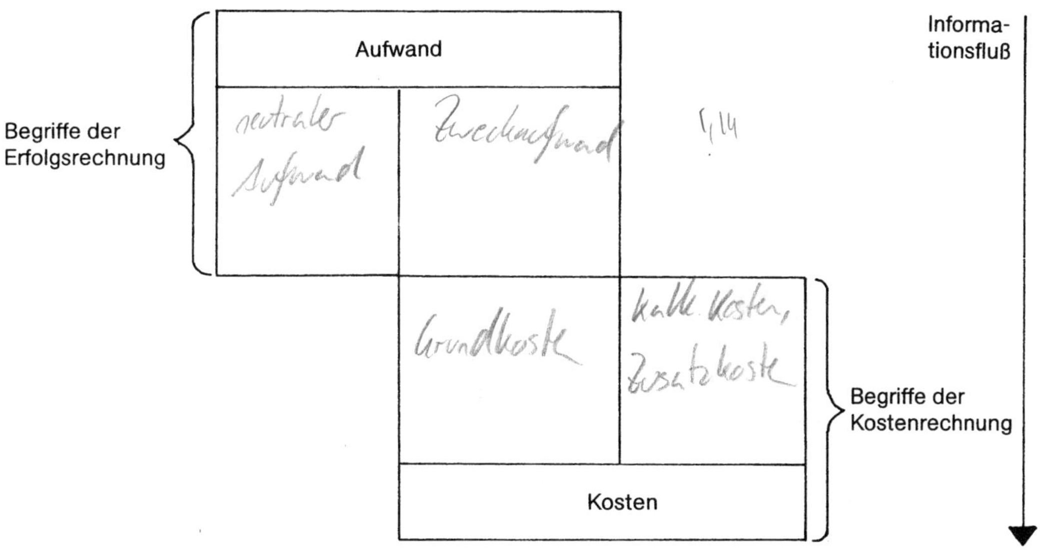

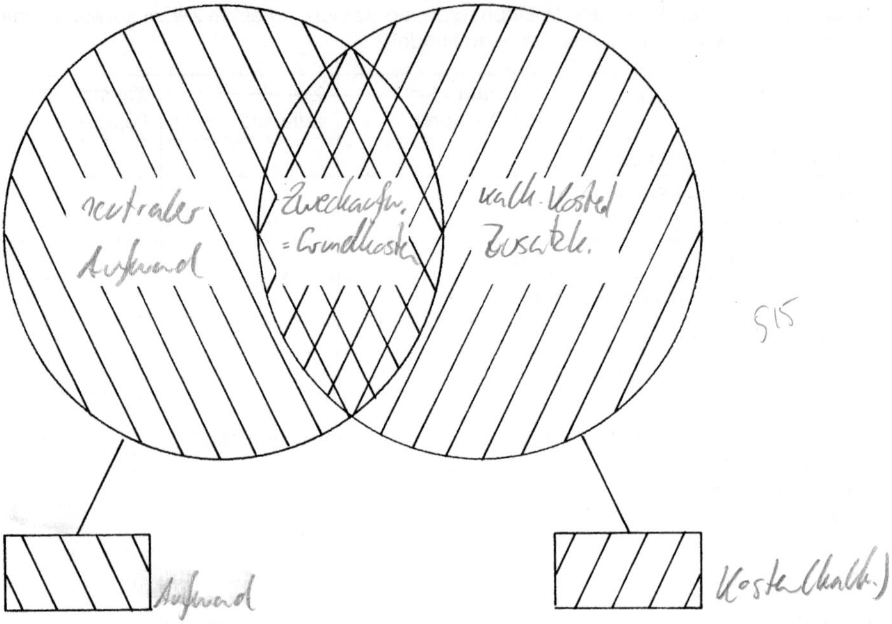

14. Um aus der drohenden Energieverknappung einen Nutzen zu ziehen, beschließen die Geschäftsleute A und B mit Beginn des Jahres 2002 eine Gesellschaft (OHG) zu gründen, deren Aufgabe in der Erschließung eines Erdgasfeldes in der Nähe von C-Dorf sein soll. Nach Ablauf des ersten Geschäftsjahres liegen über die Geschäftsvorfälle des Jahres 2002 folgende Informationen vor:

1. A und B leisten die vereinbarte Einlage von jeweils	500.000 €
2. Kauf von Maschinen, Anlagen u. Einrichtungen	1.500.000 €
bilanzmäßige Abschreibung 20 %	
kalkulatorische Abschreibung 10 %	
3. Aufnahme eines Kredites (1.7.2002)	1.000.000 €
Bankzinsen 15 % p.a.	
4. Löhne und Gehälter	200.000 €
5. Verlust aus Wertpapiergeschäften	50.000 €
6. Werkstoffeinkauf	80.000 €
Verbrauch 2002 davon	60.000 €
7. Vermietung eines LKW	20.000 €
8. Sonstiger Zweckaufwand	
(Pacht, Miete, Versicherung etc.)	290.000 €
9. A ist ständig im Unternehmen tätig; vergleichbares Gehalt	50.000 €
10. Die Gemeinde C erhält ein zinsloses Darlehen	100.000 €
11. Ein Kunde leistet für Lieferungen im Jahr 2003 eine Vorauszahlung	80.000 €
12. Als betriebsnotwendiges Vermögen (Kapital) werden ermittelt	2.000.000 €
kalkulatorischer Zinssatz 12 %	
13. Gefördert werden 33,0 Mio. m^3 Erdgas,	
verkauft 22,0 Mio. m^3 zum Preis von 0,06 € je m^3	
und 3 Mio. m^3 zum Preis von 0,04 € (Freundschaftspreis)	

Aufgaben:

1. Ordnen Sie auf dem Lösungsblatt (S. 56) obenstehende Vorgänge den entsprechenden Kategorien Auszahlung/Einzahlung sowie Aufwand/Ertrag und Kosten/Leistung zu, und ermitteln Sie das Neutrale Ergebnis sowie das Betriebsergebnis. Berücksichtigen Sie dabei, daß der verbleibende Bestand zu anteiligen Kosten, die zum Freundschaftspreis verkauften 3 Mio m^3 für die interne Abrechnung zum normalen Verkaufspreis von 0,06 € je m^3 anzusetzen sind (Differenz als Zusatzleistung ausweisen!), da der Verkaufsleiter vertragsgemäß eine auf den bei üblichem Verkaufspreis erzielbaren Umsatz bezogene Prämie erhält.
2. Kontrollieren Sie durch Gegenüberstellung von Neutralem, Betriebs- und Gesamtergebnis sowie Aufstellen der Bilanz in Lösungsblatt S. 57 die unter 1. gewonnenen Zahlenwerte!

Vorgang	Auszahlung (Ausgabe)			Einzahlung (Einnahme)			Aufwand		Kosten	Ertrag		Leistung
	bestandswirksam		erfolgswirksam	bestandswirksam		erfolgswirksam						
	nicht erfolgswirksam	später erfolgswirksam		nicht erfolgswirksam	später erfolgswirksam		Neutralaufwand	Zweckaufwand =Grundkosten	Zusatzkosten	Neutralertrag	Zweckertrag =Grundleistung	Zusatzleistung
1												
2												
3												
4												
5												
6												
7												
8												
9												
10												
11												
12												
13												
14												
15												
16												
17												
18												

Bilanz

G + V-Rechnung

Neutrales Ergebnis

Betriebsergebnis

Gesamtergebnis

Die Lösungen zu den Aufgaben zum dritten Lehrabschnitt finden Sie auf Seite 210 ff.

Vierter Lehrabschnitt: Gesamtzusammenhang zwischen Kostenarten-, Kostenstellen-, und Kostenträgerrechnung

Kostenrechnungsverfahren basieren im allgemeinen auf der *Einteilung der Kostenrechnung* in *Kostenarten-, Kostenstellen- und Kostenträgerrechnung.* Es soll deshalb zunächst der Gesamtzusammenhang zwischen den *Basisbausteinen* der Kostenrechnung deutlich werden, bevor dann intensiv im einzelnen auf die Kostenarten-, Kostenstellen- und Kostenträgerrechnung sowie deren Informationsbedarf eingegangen wird.

4.1 Begriffliche Festlegungen

Die Kostenrechnung beginnt mit der *Kostenartenrechnung,* in der die verschiedenen *Formen des betrieblichen Wertverzehrs* nach verschiedenen Kriterien differenziert erfaßt und abgegrenzt werden.

Kostenartenrechnung = Erfassung und Abgrenzung der verschiedenen Formen des betrieblichen Wertverzehrs.

Die so gewonnenen Kosteninformationen werden in der nächsten Stufe der Kostenrechnung, in der *Kostenstellenrechnung,* auf die verschiedenen *Orte oder Bereiche betrieblichen Wirtschaftens (Abteilungen)* weiterverrechnet.

Kostenstellenrechnung = Zurechnung der Kostenarten auf die verschiedenen Bereiche der Leistungserstellung.

In der *Kostenträgerrechnung* schließlich werden die angefallenen Kosten den betrieblichen *Leistungen (Kostenträger) zugerechnet.*

Kostenträgerrechnung = Zurechnung der Kosten auf die betrieblichen Leistungen.

In der Kostenträgerrechnung kann eine Mengenbetrachtung oder eine Periodenbetrachtung im Vordergrund stehen. Die *Mengenbetrachtung* führt zur *Kostenträgerstückrechnung (Kalkulation),* in der versucht wird, für bestimmte Kostenträger die Kosten je Mengeneinheit (Stück, Kilogramm, Meter) oder eines entsprechenden Vielfachen zu kalkulieren. Die *Periodenbetrachtung* führt zur *Kostenträgerzeitrechnung (kurzfristige Erfolgsrechnung),* mit der versucht wird, die Kosten einer Abrechnungsperiode auf die in dieser Periode erstellten bzw. verkauften Leistungen (Kostenträger) zuzurechnen. Kalkulation und Kostenträgerzeitrechnung stehen in enger Beziehung zueinander; im Extremfall (Divisionskalkulation) sind sie identisch.

4.2 Prinzipien der Kosten- und Leistungsrechnung

Innerhalb der Kostenträgerrechnung finden zwei Verrechnungs- oder Zurechnungsprinzipien Anwendung:

Verursachungsprinzip
Das Verursachungsprinzip verlangt, daß jedem Kostenträger diejenigen Kosten vollständig zuzurechnen sind, die allein durch ihn verursacht wurden.

Kostentragfähigkeitsprinzip (Deckungsprinzip)
Die Zurechnung der Kosten auf die Kostenträger erfolgt hier nicht entsprechend dem tatsächlichen Wertverzehr, sondern unter dem Aspekt der erzielbaren Erlöse.

Verursachungsprinzip und Kostentragfähigkeitsprinzip der Kostenrechnung stellen *keine Alternativen* dar, sondern werden in der Praxis immer gemeinsam, allerdings mit unterschiedlichem Schwerpunkt angewandt. Dabei ist die Frage, welches der Prinzipien im Vordergrund stehen sollte, vom *jeweiligen Entscheidungsgegenstand abhängig* (z. B. dominiert bei Einzelfertigung in der Kalkulation das Verursachungsprinzip, bei der Massenfertigung von Konsumgütern das Deckungsprinzip).

Im Konzept der Deckungsbeitragsrechnung gelingt es dann, situationsbezogen durch Aus- bzw. Einblenden bestimmter Kostenbestandteile (Fixkosten, Gemeinkosten) Fehlentscheidungen zu vermeiden, die bei einer einseitigen Orientierung am Verursachungsprinzip drohen.

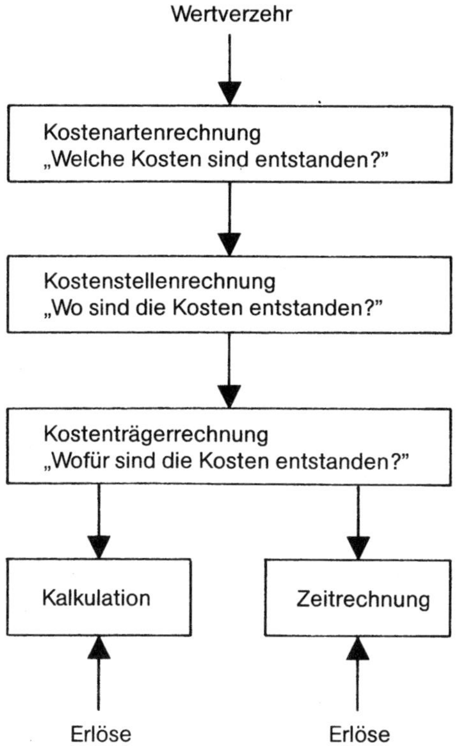

Abb. 16: Gesamtzusammenhang zwischen Kostenarten-, Kostenstellen- und Kostenträgerrechnung

Abbildung 16 soll den Gesamtzusammenhang verdeutlichen:

Während die *Kostenartenrechnung* die in der Abrechnungsperiode angefallenen Kostenarten erfaßt (Fragestellung: *Welche* Kosten sind entstanden?), werden diese Kostenarten in der Kostenstellenrechnung gesammelt (Fragestellung: *Wo* sind die Kosten entstanden?) und schließlich in der Kostenträgerrechnung (Fragestellung: *Wofür* sind die Kosten entstanden?) auf die Kostenträger zugeordnet. Beim Aufbau einer Kostenrechnung im Unternehmen werden deshalb die Kosten entsprechend den jeweiligen Informationsaufgaben der Kostenrechnung mehr oder weniger fein aufgegliedert (in der Kostenartenrechnung), das Unternehmen gleichzeitig in Abrechnungseinheiten unterteilt (in der Kostenstellenrechnung) und, entsprechend der gewünschten Genauigkeit bzw. dem Informationsgehalt der Ergebnisse, das Kalkulationsverfahren festgelegt (in der Kostenträgerrechnung).

4.3 Übungen und Testaufgaben zum vierten Lehrabschnitt

1. Das Kostentragfähigkeitsprinzip

	ja	nein
– verlangt, daß dem Kostenträger diejenigen Kosten vollständig zugerechnet werden, die er verursacht hat		X
– wird auch als Deckungsprinzip bezeichnet	X	
– verrechnet Kosten unter dem Aspekt erzielbarer Erlöse	X	
– dominiert in Betrieben mit Einzelfertigung		X
– findet insbesondere in der Kostenträgerrechnung Anwendung	X	

5/5

2. Die kurzfristige Erfolgsrechnung

	ja	nein
– dient der Ermittlung von Angebotspreisen		X
– wird auch Kostenträgerzeitrechnung genannt	X	
– vergleicht immer die in einer Periode entstandenen Aufwendungen mit den Erlösen		X
– ermittelt, bezogen auf ein Jahr, das gleiche Ergebnis wie die Gewinn- und Verlustrechnung		X
– bezieht zur Ermittlung des Betriebsergebnisses Kosten und Leistungen ein	X	

5/5

3. Nennen Sie die Basisbausteine der Kostenrechnung in ihrer logischen Abfolge, zeigen Sie die dazugehörige Fragestellung und geben Sie inhaltliche Erläuterungen!

Basisbaustein	Fragestellung	Erläuterungen
Kostenarten.	Welche ~~sind die~~ K entstanden?	
Kostenstellen.	Wo K entstanden?	
Kostenträgerr.	Wofür sind K entstanden?	

9/9

Die Lösungen zu den Aufgaben zum vierten Lehrabschnitt finden Sie auf Seite 214 f.

Fünfter Lehrabschnitt: Informationsquellen der Kosten- und Leistungsrechnung

Die für die Praxis so wichtige Frage nach den *Informationsquellen der Kosten- und Leistungsrechnung* wird in der Theorie meist vernachlässigt, da unterstellt wird, daß die Datenerfassung für Betriebsabrechnung und Kalkulation unproblematisch ist. Eine exakte und korrekte Kostenerfassung – wobei insbesondere auch der Gesichtspunkt der Wirtschaftlichkeit der Datenerfassung nicht außer acht gelassen werden darf – ist aber in der Praxis mit derartigen *Schwierigkeiten* verbunden, daß hierauf näher eingegangen werden muß, nicht zuletzt deshalb, weil bereits an dieser Frage relativ oft die Kosten- und Leistungsrechnung zu scheitern droht. Wenn nämlich *Daten unvollständig und/oder falsch* (durch Schlendrian, logische Fehler usw.) in das Kostenrechnungssystem einfließen, können als Endprodukt zwangsläufig nur falsche Ergebnisse herauskommen, d. h. das Instrumentarium der Kosten- und Leistungsrechnung stellt für den unternehmerischen *Entscheidungsprozeß nur wertlose Informationen* zur Verfügung.

5.1 Finanzbuchhaltung als Hauptinformationsquelle

Betrachtet man die *Quellen der Kosten- und Leistungsrechnung innerhalb des Unternehmens,* so steht zweifelsohne die *Finanzbuchhaltung im Vordergrund.* Hauptsächlich dort werden die wichtigsten Kostenarten erfaßt, und zwar in der Kontenklasse 4 des Gemeinschaftskontenrahmens der Industrie (GKR) bzw. den Kontenklassen 6 und 7 des Industrie-Kontenrahmens (IKR). Aus der Sicht der Kostenrechnung stellt sich hierbei die Aufgabe, die *Buchhaltung so zu gestalten,* daß auch die *Kostenrechnungsbelange* entsprechende Berücksichtigung finden. In einigen Unternehmen ist es deshalb üblich, die Buchhaltungskonten weiter zu unterteilen. Teilweise werden sogar *je Kostenart und Kostenstelle* jeweils *eigene Konten* geschaffen; dies kann jedoch aufgrund der meist großen Zahl von Kostenarten und Kostenstellen eine übergroße Anzahl von Konten zur Folge haben und zu einer enormen Aufblähung der Buchhaltung führen. Geht man von nur 50 Kostenarten und vielleicht 30 Kostenstellen aus, so bedeutet dies schon 1.500 Konten, eben weil die Kostenarten in sämtlichen Kostenstellen anfallen können. Deshalb ist es oft besser, zu statistischen Aufzeichnungen neben den Buchhaltungskonten überzugehen.

Zumindest bei der *Kostenstellenunterteilung* ist eine *statistische Parallelerfassung neben dem Buchhaltungskonto* fast immer empfehlenswert. Eine gewisse Unterteilung nach Kostenarten wird sich allerdings bei einigen Konten nicht vermeiden lassen. Dieses Problem entschärft sich natürlich beim Einsatz von DV-Anlagen; hier ist eine Zuordnung nach Kostenarten und Kostenstellen je einzelnen Buchungsbeleg unproblematisch.

Unabhängig vom Zuordnungsgesichtspunkt gilt allgemein, daß das wichtigste Datengerüst für die Kosten- und Leistungsrechnung die Belege der Buchhaltung sind. Grundsatz muß es deshalb sein, daß ausnahmslos für alle verbuchten Vorgänge *Buchungsbelege* (natürliche oder künstliche) vorliegen müssen. Dies gilt übrigens auch für abzugrenzende Aufwendungen und für die kalkulatorischen Kosten; auch hier müssen (künstliche) Buchungsbelege erstellt werden.

Im wesentlichen kommen folgende Arten von Buchungsbelegen für die Zwecke der KLR in Frage:

- *Rechnungen* für Werkstoffe, Gebühren, Energie, Dienstleistungen usw.
- *Kassenbelege* für Lohn, Gehalt und sonstige Auszahlungen, für bar bezahlte Rechnungen, Tagegelder, Reisespesen, Porti usw.
- *Zahlungsanweisungen* für Steuern, öffentliche Abgaben, Versicherungen usw.
- *Materialbelege* für den Verbrauch an Materialien, die Rückgabe an Materialien usw.
- *Kostenrechnungsbelege* für alle jene Kostenarten, die für die Zwecke der Kostenrechnung benötigt werden (vor allem für sämtliche kalkulatorischen Kosten, aber auch für Abgrenzungsposten, interne Auftragsabrechnung usw.).

Jeder Beleg sollte mindestens folgende Angaben enthalten (vgl. Abb. 17):

1. den exakten Rechnungsbetrag,
2. die Kostenart und für die Buchhaltungszwecke auch selbstverständlich das zu belastende Buchungskonto,
3. die Angabe der zu belastenden Kostenstelle (dies ist auch dann erforderlich, wenn nachträglich statistisch die Zuordnung auf Kostenstellen erfolgt) und
4. eventuell Angabe des Kostenträgers (bei allen Einzelkosten, d. h. den Kostenarten, die direkt auf die Kostenträger zugeordnet werden können).

<table>
<tr><td colspan="3">Buchungsbeleg Nr. ____________
Buchungsmonat ____________</td><td colspan="3">Verteiler:</td></tr>
<tr><td colspan="3">zu belastendes Konto</td><td colspan="3">zu erkennendes Konto</td></tr>
<tr><td colspan="2">Konto Nr.</td><td>€</td><td colspan="2">Konto Nr.</td><td>€</td></tr>
<tr><td colspan="3">Kostenstelle</td><td colspan="3">Kostenstelle</td></tr>
<tr><td colspan="3">Gesamt:</td><td colspan="3">Gesamt:</td></tr>
<tr><td colspan="6">Geschäftsvorgang:</td></tr>
<tr><td colspan="2">Datum:</td><td colspan="2">Aussteller:</td><td colspan="2">Gebucht:</td></tr>
</table>

Abb. 17: Beispiel eines Kontierungsbeleges für Kostenrechnungszwecke

Außerdem sind beim *Aufbau der Belege* folgende *Gesichtspunkte* unbedingt zu berücksichtigen:

1. Die Angaben auf den Belegen sind deutlich vorzunehmen.
2. Der Aufbau des Beleges sollte den Zwang zur Lückenlosigkeit beinhalten.
3. Der Buchungsbeleg selbst sollte klar, übersichtlich und vollständig sein (hier kann schon eine entsprechende Formulargestaltung entsprechenden Einfluß ausüben).
4. Externe Belege (z. B. Rechnungen) sind notfalls mit Aufklebern oder Stempelaufdrucken zu versehen oder so zu kennzeichnen, daß auch hier der Grundsatz der Lesbarkeit der wichtigen Angaben berücksichtigt wird.
5. Die Belege sind nach logischen Gesichtspunkten abzulegen (Kostenarten, Datum usw.).
6. Grundsätzlich keine Verrechnung ohne Vorliegen eines Beleges (dies erleichtert später die Abstimmung zwischen Betriebsabrechnung und Buchhaltung).
7. Vollständige einheitliche Kontierung; d. h. eventuelle Fragen und Probleme bei der Kontierung sind bereits bei der Ausstellung des Beleges bzw. bei der Prüfung des Beleges, sofort und nicht erst später zu klären. Dies bedeutet auch, daß grundsätzlich kein Beleg ohne vollständige Kontierung (d. h. ggf. unter Angabe von Kostenart, Kostenstelle und Kostenträger) eingebucht werden darf.

5.2 Sonstige Informationsquellen der Kosten- und Leistungsrechnung

Neben der Finanzbuchhaltung gibt es noch *andere Informationsquellen* für die Kostenrechnung, vor allem die *Nebenbuchhaltungen* (Lohn- und Gehaltsabrechnung,

Materialbuchhaltung, Anlagenbuchhaltung), aber auch die Belege, die primär in der *Kostenrechnung selbst benötigt* werden (innerbetriebliche Leistungsabrechnung, kalkulatorische Kostenarten, Abgrenzungen). Die *Übersicht* in Abbildung 18 soll zeigen, welche *Datenquellen* im allgemeinen in Frage kommen.

Art der Information	Quelle	Belegart
Gesamtpersonalaufwand, eventuell gegliedert nach Gehältern, Löhnen (Brutto, Netto, Abzüge) und Lohn- und Gehaltsbestandteilen	Finanzbuchhaltung	Lohn- und Gehaltsbelege
Unterteilung des Gesamt-Personalaufwandes nach Lohn- und Gehaltsbestandteilen, Kostenstellen und Kostenträgern – Löhne (Fertigungs-, Hilfs- und Leistungslöhne, Nichtleistungslöhne) – Gehälter (Produktivgehälter, Nichtproduktivgehälter) – Personalnebenkosten (freiwillige Sozialkosten, gesetzliche Sozialkosten, sonstige Personalnebenkosten) – Überstunden – Nachtzuschläge – Sonn- und Feiertagszuschläge – Zuschüsse und Zulagen – Mehr- und Nacharbeit, Wartezeiten	Lohn- und Gehaltsabrechnung	Aufzeichnungen der Lohn- und Gehaltsabrechnungsbelege (evtl. Kontenunterteilung nach Kostenarten und Kostenstellengesichtspunkten) z. B. Stempelkarten, Stundenaufschreibungen usw.
Gesamtmaterialaufwand (evtl. unterteilt nach Materialarten)	Finanzbuchhaltung	Konten (Lagerzu- und -abgangsbelege)
Unterteilung des Gesamtmaterialaufwandes nach Kostenarten, Kostenstellen und Kostenträgern – Rohstoffe – Hilfsstoffe – Betriebsstoffe – fremdbezogene Teile – Handelswaren – sonstige Materialkosten	Materialbuchhaltung	Lagerdatei, Bestandsrechnungen, Lagerzu- und -abgangsbelege
Innerbetriebliche Aufträge – selbst erstellte Maschinen und Anlagen – Eigenreparaturen und Wartung – Aufstellungs- und Abbruchkosten von Maschinen und Anlagen – innerbetriebliche Leistungsverrechnung	innerbetriebliche Leistungsabrechnung	interne Auftragsabrechnungsbelege
Kalkulatorische Kostenarten – kalk. Abschreibungen – kalk. Miete – kalk. Wagnis – kalk. Unternehmerlohn – kalk. Zinsen	Kostenrechnung/ Finanzbuchhaltung/ Anlagenbuchhaltung	Anlagendatei (einschl. der Anlagenzu- und -abgangsbelege), interne Kostenrechnungsbelege, Buchungsbelege

Art der Information	Quelle	Belegart
Sonstige Kostenarten - Energiekosten - Telefon, Telex, Telegramm, Portokosten - Mieten und Pachten - Fremdleistungen - Büro- und Zeichenmaterial - Fremdreparaturen und Fremdinstandhaltungen - Reise-, Werbe- und Repräsentationskosten - Rechts- und Beratungskosten - Steuern	Finanzbuchhaltung/ Kostenrechnung	Konten, Rechnungen, Zahlungsanweisungen, interne Aufzeichnungen, Kostenverteilungsbelege

Abb. 18: Informationsquellen der Kostenartenrechnung

Bei jeder der genannten *Quellen* muß *laufend überprüft* werden, ob die gelieferten Informationen noch die Kriterien der Kostenrechnung erfüllen. So muß, wenn beispielsweise die in der Finanzbuchhaltung ermittelten Verbrauchsgrößen in die Kostenrechnung übernommen werden sollen, immer wieder berücksichtigt werden, daß diese Zahlen unter völlig anderer Zielsetzung ermittelt wurden, als dies für Kostenrechnungszwecke erforderlich wäre (z. B. aus steuerlichen Gründen möglichst hoch bewerteter Materialverbrauch in der Finanzbuchhaltung; dagegen objektiv erfaßter Verbrauch in der Kostenrechnung).

5.3 Integrierte und isolierte Kosten- und Leistungsrechnung

Selbstverständlich ist es auch möglich, die Daten für die *Kosten- und Leistungsrechnung* völlig losgelöst und *unabhängig von den Zahlen der Buchhaltung* zu ermitteln. Somit gibt es generell zwei verschiedene Möglichkeiten der Datenerfassung für das interne Rechnungswesen:

- Die Daten werden mindestens zum Teil von der Buchhaltung direkt mit Hilfe von Umrechnungen (sortiert, anders verdichtet, abgegrenzt) übernommen (integrierte Kosten- und Leistungsrechnung).
- Die Daten werden völlig losgelöst von der Buchhaltung separat durch eine *eigene Informationsstelle der Kostenrechnung* erfaßt *(isolierte Kosten- und Leistungsrechnung)*.

In Abbildung 19 ist der Informationsfluß bei integrierter und isolierter Kosten- und Leistungsrechnung aufgezeigt. Dadurch wird deutlich, daß die Zweigleisigkeit der Datenerfassung einen hohen Mehraufwand erforderlich macht, der den Kriterien der Kostenrechnung entsprechend wirtschaftlich gerechtfertigt sein muß. In der

Praxis wird eine solche Rechtfertigung zwar im Fall der Großbetriebe, die vielfach eine zentrale Buchhaltung und dezentrale Kosten- und Leistungsrechnung besitzen, möglich sein; für die große Zahl von Klein- und Mittelbetrieben mit ihrem überschaubaren Rechnungswesen dürfte dagegen ein integriertes Konzept angebracht und angemessen sein.

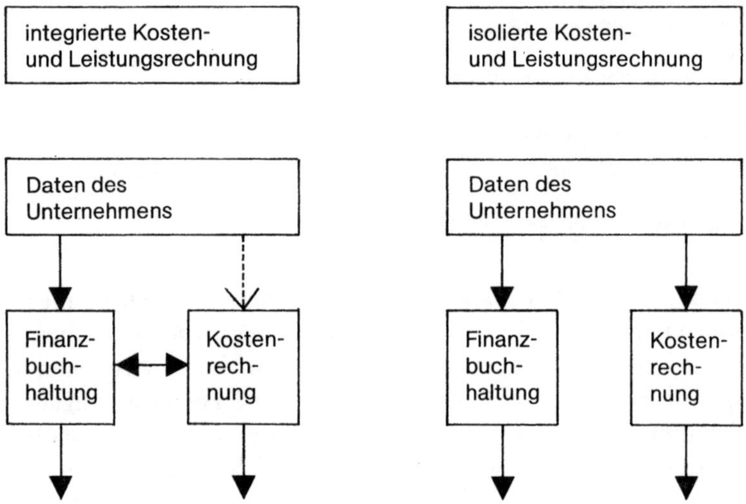

Abb. 19: Integrierte und isolierte Kosten- und Leistungsrechnung

5.4 Übungen und Testaufgaben zum fünften Lehrabschnitt

1. Eine isolierte Kosten- und Leistungsrechnung	ja	nein
– ist vollständig vom Rechnungswesen losgelöst		
– ist für den Kleinbetrieb typisch		
– steht in Wechselbeziehung zur Finanzbuchhaltung		
– kann auf die Aufwandsinformationen verzichten		
– verzichtet auf die Informationsweiterleitung an die Entscheidungsträger		

2. Nennen Sie vier Arten von Buchungsbelegen und ordnen Sie diesen jeweils eine typische Kostenart zu!

Belegart	Kostenart

3. Entwerfen Sie einen Kontierungsbeleg, mit dem auch Kostenrechnungsbelangen Rechnung getragen wird!

Die Lösungen zu den Aufgaben zum fünften Lehrabschnitt finden Sie auf Seite 215 f.

Sechster Lehrabschnitt: Grundprinzipien der Kostenartenrechnung

Der *Kostenartenrechnung* fällt die *Aufgabe* zu, den betrieblichen *Wertverzehr* nach einem *festzulegenden Katalog* von Kostenarten zu *erfassen*, damit festgestellt werden kann, welche Kostenarten in welcher Höhe in einem Unternehmen während einer bestimmten *Abrechnungsperiode* angefallen sind.

Die Kostenartenrechnung ist abhängig von den an sie gestellten Informationsaufgaben und der verlangten Genauigkeit in der Kostenerfassung. Theoretisch ließen sich durch Erstellen entsprechender Belege sämtliche Kostenarten lückenlos erfassen. Wirtschaftlichkeitserwägungen, die Gefahr der administrativen Überlastung des zur Verfügung stehenden Personals und die Gefahr mangelnder Übersichtlichkeit stehen dem jedoch entgegen. Gerade hier wird leider in der Praxis oft nicht das richtige Maß zwischen notwendiger Kostenerfassung und übertriebener Kostenerfassung gefunden (so wird häufig in Unternehmen einerseits der Verbrauch an Büromaterial lückenlos mit kostspieligsten Belegen erfaßt und andererseits der Materialverbrauch in der Fertigung, der ein wesentlich größeres Gewicht hat, zum Teil sehr oberflächlich, z. B. durch Schätzungen, ermittelt).

Bei der Kostenartenrechnung gilt es, zwei wichtige Gesichtspunkte unbedingt zu beachten: *Festlegen von Richtlinien zur Kostenartengliederung (Kontierungsrichtlinien) und Festlegung und Einengung des Personenkreises, der die Kosten den Kostenarten zuordnen darf.*

Unerläßlich für die Aussagefähigkeit und damit für die Berechtigung einer Kostenartenrechnung überhaupt ist die sinnvolle Gliederung der Kostenarten. Grundsatz für eine zweckmäßige Kostenartengliederung: *Jeweils solche Kosten, die sich durch mindestens ein Merkmal von allen anderen eindeutig unterscheiden, müssen zu einer Kostenart zusammengefaßt werden;* d. h. Kostenarten werden gebildet, indem man aus dem Gesamtkostenblock bestimmte Kosten herauslöst, die sich durch gewisse Merkmale von anderen Kosten unterscheiden. Theoretisch gäbe es dadurch eine kaum begrenzte Menge von Kostenarten. In der Praxis muß man sich deshalb auf die Bildung solcher Kostenarten beschränken, die für die Kostenrechnung vom Informationsgehalt her von Interesse sind (z. B. wäre es unsinnig, das Konto »Büromaterial« weiter in Bleistiftverbrauch« und »Radiergummiverbrauch« zu unterteilen!). Sicherlich ist eine sehr *weitgehende Gliederung der Kostenarten* für einige Kosteninformationen *sinnvoll*, andererseits verursacht jede weitere Unterteilung auch neue *Informationserarbeitungskosten.* Es muß also auch beim Aufbau einer Kostenartenrechnung darauf geachtet werden, daß die Kosten für den zusätzlichen Informationsgehalt in einem angemessenen Verhältnis zur Aussage stehen.

Gründe für eine möglichst weitgehende, d. h. breite und tiefe Gliederung der Kostenarten können sein:

- Schaffung der Grundlage für eine exakte Weiterverrechnung (Zurechnung der Kosten auf die Kostenstellen und Kostenträger)
- Gewährleistung einer Kostenkontrolle für möglichst viele Kostenarten

6.1 Gliederungskriterien der Kostenartenrechnung

Zur zweckmäßigen *Kostenartengliederung* wurden in *Theorie und Praxis verschiedene Kriterien* entwickelt, deren Einsatz in Unternehmen von der kostenrechnerischen Zielsetzung und dem Betriebstyp abhängig ist. Im einzelnen sind folgende Gliederungskriterien möglich:

- Gliederung der Kostenarten nach Produktionsfaktoren bzw. der Verzehrsart
- Gliederung der Kosten nach der Zurechenbarkeit auf die Kostenträger
- Gliederung der Kostenarten nach dem Verhalten bei Beschäftigungsschwankungen
- Gliederung der Kostenarten nach der buchhalterischen Erfassung
- Gliederung der Kostenarten nach dem Zeitbezug
- Gliederung der Kostenarten nach der Ausgabenwirksamkeit
- Gliederung der Kostenarten nach der betrieblichen Bedeutung
- Unterteilung in primäre und sekundäre Kostenarten (nach der Herkunft)

Die genannten Gliederungskriterien sollen im folgenden näher erläutert werden.

6.1.1 Gliederung der Kostenarten nach Produktionsfaktoren bzw. der Verzehrsart

Die im Betrieb wirkenden *Produktionsfaktoren* liefern einen ersten Ansatz zur Gliederung der Kostenarten. Folgt man einer systemorientierten Ordnung der Produktionsfaktoren, so kann zwischen *strukturellen Faktoren und laufendem Systeminput* unterschieden werden. In der Sprache der Kostenrechnung resultieren aus den beiden strukturellen Faktoren, den *Arbeitskräften und Betriebsmitteln,* Personalkosten und Anlagenkosten, also Löhne und Gehälter sowie kalkulatorische Abschreibungen, kalkulatorische Zinsen usw. Um produktive Leistungen zu erbringen, muß in die betriebliche Struktur laufender Input, nämlich *Material, Energie und Information,* eingebracht werden (hieraus resultieren Kostenarten wie Roh-, Hilfs- und Betriebsstoffe; Strom und Gas; Telefongebühren; Fachzeitschriften).

Kosten mit Faktorbezug	Beispiel	übergeordnetes Merkmal
Materialkosten	Roh-, Hilfs- und Betriebsstoffe	
Arbeitskosten	Gehalts- u. Lohnkosten, Vertreterprovisionen, Tantiemen, soziale Kosten	Verbrauchskosten
Kosten für Fremdleistungen	Rechts- und Beratungskosten, Strom, Gas, Wasser, Telefon usw.	
Abschreibung	Abschreibung auf Maschinen, Betriebs- und Geschäftsausstattung	Gebrauchskosten
Wagniskosten, Abgaben, Gebühren, Steuern, Beiträge usw.	Debitorenverluste, Garantierückstellungen	Zwangskosten
Zinsen	Kalkulatorische Zinsen für eingesetztes betriebsnotwendiges Kapital	Nutzungskosten
Lizenz- und Patentgebühren, Mieten, Pachten und Leasing	gemietete EDV-Anlage, gemietete Lagerräume	

Abb. 20: Ordnung der Kostenarten nach Faktorbezug und Verzehrsart

In Abbildung 20 sind faktorbezogene Kriterien durch Beispiele ergänzt, und als übergeordnetes Merkmal ist jeweils die Verzehrsart (Verbrauch, Gebrauch, Zwang, Nutzung) angeführt.

6.1.2 Gliederung der Kostenarten nach der Zurechenbarkeit auf die Kostenträger

Nach der *Zurechenbarkeit auf die Kostenträger* kann zwischen *Einzelkosten, Gemeinkosten und Sonderkosten* unterschieden werden.

Einzelkosten = Kosten, die dem einzelnen Kostenträger direkt zugerechnet werden können und auch direkt zugerechnet werden sollen.

Kosten können dann einem bestimmten *Kostenträger* (Leistung, Produkt, Auftrag) *direkt zugerechnet* werden, wenn sie für diesen Kostenträger *genau und problemlos erfaßbar* sind.

Beispiele: In erster Linie die Personalkosten, vor allem die Fertigungslöhne (Voraussetzung sind allerdings auf den Kostenträger bezogene Zeitaufschreibungen) und die Materialkosten, vor allem Fertigungsmaterial (Voraussetzung: auf Kostenträger bezogene Materialentnahmebelege). Auch eine Vielzahl anderer Kostenarten kann unter Umständen durch exakte Aufschreibungen und ein entsprechendes Belegwesen direkt auf einzelne Kostenträger bezogen werden (z. B. auch Energiekosten durch exakte Messungen, Fremdleistungen durch sorgfältige Zuordnungen usw.).

Gemeinkosten = Kosten, die dem einzelnen Kostenträger nur indirekt zugeordnet werden können (echte Gemeinkosten) bzw. zugerechnet werden sollen (unechte Gemeinkosten).

Beispiele: Gehälter für Meister; Energiekosten für Strom und Gas; kalkulatorische Wagnisse; Versicherungsbeiträge usw.

Die meisten Kosten im Betrieb gehören zu den Gemeinkostenarten. Wie später noch zu zeigen sein wird, werden diese *Gemeinkosten den Kostenträgern* aufgrund bestimmter Bezugsgrößen (Einzelkosten, Fertigungszeit u. a.) *zugerechnet.* Hinzuweisen ist nochmals auf die Problematik der *unechten Gemeinkosten,* deren Verrechnung einen Verstoß gegen das Verursachungsprinzip darstellt (da diese Kosten auch direkt den Leistungen zugerechnet werden könnten; die hierin liegende Gefahr der Informationsvernichtung muß somit regelmäßig über den Nachweis entsprechender Wirtschaftlichkeit der gewählten Vorgehensweise begründet werden).

Sonderkosten (Sondereinzelkosten) = Den Kostenträgern direkt zurechenbare Kostenarten, die auf kundenspezifische Besonderheiten (Sonderwünsche) zurückzuführen sind. Zu trennen ist zwischen Sondereinzelkosten der Fertigung und Sondereinzelkosten des Vertriebs.

Beispiele für Sondereinzelkosten der Fertigung: Besondere Werkzeuge; Modelle; Lizenzen und Patentgebühren; spezifische Forschungs- und Entwicklungskosten; Lizenzgebühren auf der Basis von Mengeneinheiten.

Sondereinzelkosten des Vertriebs: Kosten für Spezialverpackung; besondere Versandart; Ausfuhr; Zölle; Provisionen; Kosten einer besonderen Transportversicherung u. ä.

Die besondere abrechnungstechnische Bedeutung der *Sondereinzelkosten* liegt darin, daß diese Kosten aufgrund ihres *unregelmäßigen* und *nicht vorhersehbaren Anfalls* nicht als Verrechnungsbasis für Gemeinkosten geeignet sind.

Weil innerhalb der Kostenrechnung neben die klassische Zielsetzung der Preiskalkulation von Leistungen weitere Entscheidungstatbestände getreten sind, ist darauf hinzuweisen, daß der Begriff Einzelkosten sich auch auf andere Objekte beziehen kann, so daß heute die Relativität von Einzelkosten, insbesondere im neueren Kostenrechnungsverfahren, hervorzuheben ist.

6.1.3 Gliederung der Kostenarten nach dem Verhalten bei Beschäftigungsschwankungen

Generell ist das Verhalten der Kosten von verschiedenen *Kosteneinflußgrößen (Leistungsprogramm, Auftragsgröße, Preis und Qualität der Produktionsfaktoren, Beschäftigung, Betriebsgröße)* abhängig. Von diesen Einflußfaktoren hat betrieblich die *Beschäftigung* die *größte Bedeutung*, so daß hier auf eine Behandlung der weiteren Faktoren verzichtet werden kann.

Nach der *Abhängigkeit der Kosten* von Veränderungen der Kosteneinflußgröße *Beschäftigung (Ausbringung)* unterscheidet man zwischen *fixen* (festen, nicht reagiblen), *variablen* (beweglichen, reagiblen) Kosten und *Mischkosten* (teilreagible, semivariable Kosten).

6.1.3.1 Fixe Kosten

Fixe Kosten sind *zeitabhängig* und fallen unabhängig von der Höhe der Ausbringung *konstant* an, d. h. der Beschäftigungsgrad eines Unternehmens ist auf die Höhe der fixen Kosten ohne Einfluß (man bezeichnet die fixen Kosten deshalb als »*Kosten der Betriebsbereitschaft*«). Das Verhalten der Kostenarten bei Beschäftigungsgradänderungen wird durch den *Reagibilitätsgrad* gemessen. Er gibt die Relation der relativen Kostenänderung zur relativen Beschäftigungsgradänderung an. Auf einen bestimmten Zeitraum bezogen ist der *Reagibilitätsgrad der fixen Kosten Null.*

$$\text{Reagibilitätsgrad (R)} = \frac{\text{relative Kostenänderung}}{\text{relative Beschäftigungsgradänderung}}$$

R = 0 bedeutet, daß alle Kosten Fixkosten sind.
Bei R = 1 sind alle Kosten variabel,
bei R = 0,4
40 % variabel, 60 % fix.

Beispiele: Zeitabschreibungen, Zinsen, Versicherungsprämien, Mieten.
Unternehmen mit hoher Fixkostenlast: Hotel-, Theater- und Verkehrsbetriebe.

Innerhalb der fixen Kosten ist zwischen *absolut fixen Kosten* und *sprungfixen Kosten* (stufenfixe Kosten, Sprungkosten, relativ fixe Kosten, intervallfixe Kosten) zu unterscheiden. Die *absolut fixen Kosten* ändern sich innerhalb einer bestimmten Zeitperiode überhaupt nicht. Sie fallen auch an, wenn das Unternehmen einen sehr niedrigen Beschäftigungsgrad aufweist (vgl. Abb. 21).

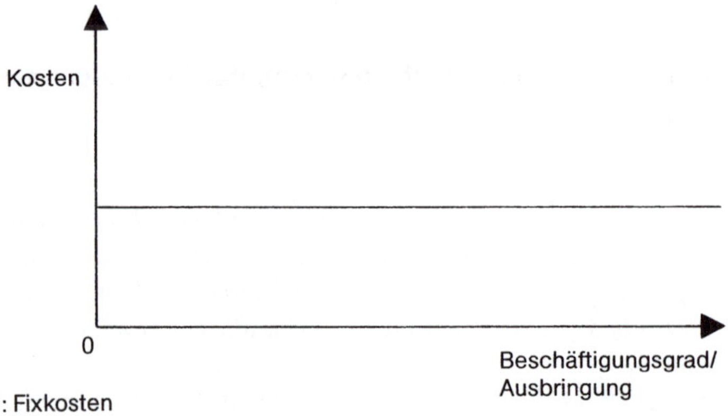

Abb. 21: Fixkosten

Die *Sprungkosten* sind dadurch gekennzeichnet, daß diese Kosten nur innerhalb verschiedener *Beschäftigungszonen* fix erscheinen, während die gesamte Kostenentwicklung eine *Tendenz zur Proportionalität* verrät. Sie sind also nur innerhalb bestimmter Grenzen vom Ausnutzungsgrad unabhängig. Bei Überschreiten dieser Grenzen steigen sie an und bleiben dann wieder innerhalb dieser Stufe fix. Sie entstehen aus der fehlenden Teilbarkeit der Produktionsfaktoren; die Erhöhung eines Produktionsfaktors führt zu einem sprunghaften Ansteigen der Fixkosten (vgl. Abb. 22):

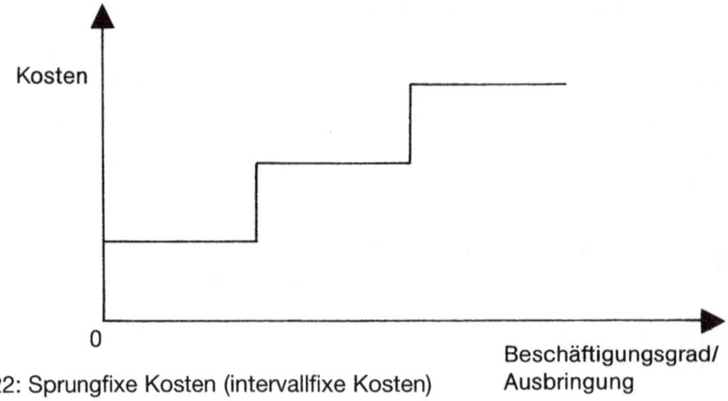

Abb. 22: Sprungfixe Kosten (intervallfixe Kosten)

Beispiel: Eine Verkäuferin im Einzelhandelsgeschäft kann eine ganz bestimmte Anzahl von Kunden pro Tag bedienen. Ob nun einer oder mehrere Käufer von ihr bedient werden müssen, ihr Gehalt bleibt fest. Wenn die Zahl der Kunden eine bestimmte Grenze überschritten hat, muß eine zweite Verkäuferin angestellt werden. Das Gehalt dieser zweiten Verkäuferin bleibt ebenfalls innerhalb bestimmter Ausbringungsmengen (Verkaufsmengen) konstant.

Innerhalb des Begriffs fixe Kosten sollte auch auf das Phänomen der sogenannten *Kosten-Remanenz* hingewiesen werden.

Die Kosten-Remanenz schildert den in der betrieblichen Praxis häufig zu beobachtenden *Tatbestand*, daß ein Teil der *fixen aber auch eventuell der variablen Kosten*, die während einer Expansionsphase entstanden sind, *bei rückläufiger Beschäftigung* (z. B. in der Rezession) oft *nicht wieder kurzfristig abgebaut* werden können. Bei Kostensenkungsprogrammen und bei Sanierungsaktionen muß diesem Phänomen entsprechende Aufmerksamkeit gewidmet werden.

Allerdings zeigt sich in diesem Zusammenhang auch, daß die *»eisernen Kosten«* (andere Bezeichnung für Fixkosten) auf einen längeren Zeitraum bezogen oft nicht mehr fix sind. Je länger man den Betrachtungszeitraum wählt, desto weniger fixe Kosten findet man in einem Unternehmen. Dies resultiert daraus, daß ein Großteil der *Fixkosten zeitabhängig* ist (deshalb auch die Bezeichnung »zeitabhängige Kosten«). Sie entstanden durch eingegangene Vertragsbindungen, z. B. Raummieten, Leasing-Verträge, Grundgebühren für Strom, Gas, Wasser, Lohn- und Gehaltskosten aufgrund von Arbeitsverträgen.

6.1.3.2 Variable Kosten

Die *variablen Kosten* (bewegliche Kosten, mengenabhängige Kosten) ändern sich im Gegensatz zu den fixen Kosten *in Abhängigkeit vom Beschäftigungsgrad* bzw. von der Ausbringung. Der Umfang der Abhängigkeit dieser »leistungsabhängigen Kosten« ist jedoch verschieden; je nach Reagibilitätsgrad verhalten sie sich:

- proportional,
- progressiv,
- degressiv oder
- regressiv.

Proportionale Kosten

Proportionales oder lineares Kostenverhalten liegt dann vor, wenn sich die Kosten im gleichen Verhältnis zur Variation des Beschäftigungsgrades verändern (vgl. Abb. 23).

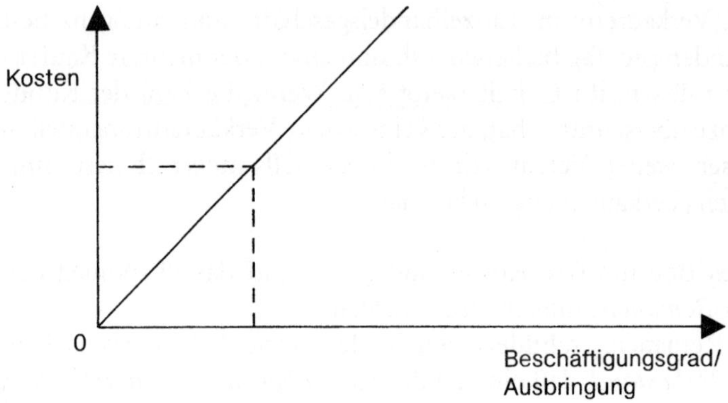

Abb. 23: Proportionale Kosten

Beispiele: Akkordlöhne (in bestimmtem Bereich); Fertigungsmaterial; Heizöl. Unternehmen mit überwiegend proportionalen Kosten sind Handwerksbetriebe, Reparaturwerkstätten und andere lohn- und fertigungsmaterialintensive Unternehmen.

Proportionales Kostenverhalten war in früheren Jahren in den meisten Unternehmen wesentlich stärker als heute zu beobachten, wo sehr viele Unternehmen zum Teil äußerst anlageintensiv sind.

Progressive Kosten

Progressives Kostenverhalten ist gegeben, wenn sich die Kosten in stärkerem Maße verändern, als dies der Beschäftigungsgradänderung entspräche (vgl. Abb. 24).

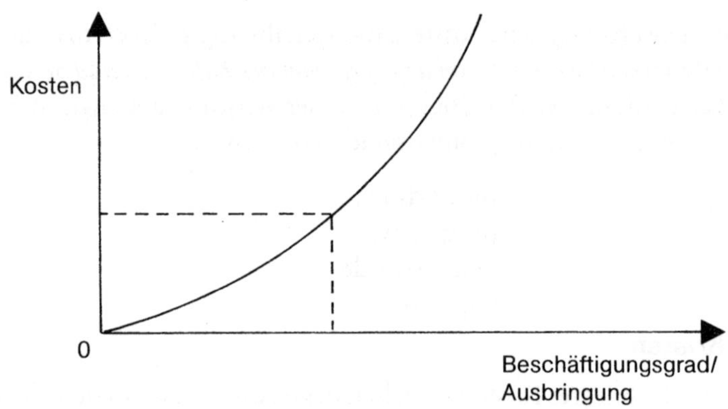

Abb. 24: Progressive (überproportionale) Kosten

Beispiele: Ausschuß; Instandhaltungen; Wartung; Verschleiß; Überstunden-, Sonn-, Feiertags- und Nachtarbeitszuschläge.

Degressive Kosten

Degressives Kostenverhalten ist dadurch gekennzeichnet, daß sich die Kosten bei steigender Ausbringung in geringerem Maße verändern, als dies der Beschäftigungsgradänderung entsprechen würde. Degressive Kosten sind also unterproportionale Kosten (vgl. Abb. 25).

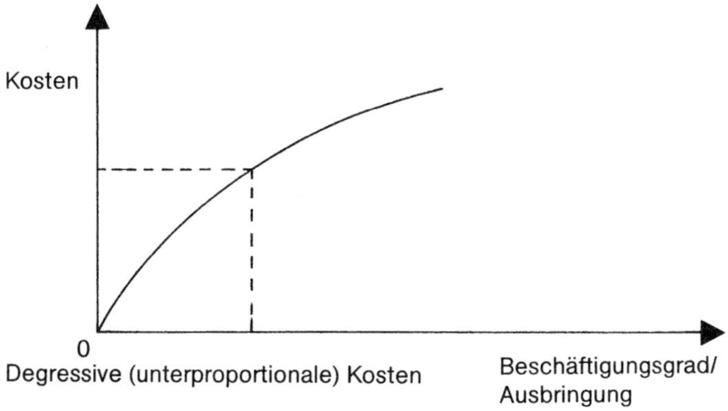

Abb. 25: Degressive (unterproportionale) Kosten

Beispiele: Instandhaltungskosten für Maschinen; Personalkosten, die sich mit erhöhter Ausbringung reduzieren; Aufsichtskosten; Material, das in größeren Mengen eingekauft werden kann; Energiekosten usw.

Regressive Kosten

Regressive Kosten, die eher von theoretischer als von praktischer Bedeutung sind, verhalten sich entgegengesetzt zur Beschäftigungsgradänderung. Bei zunehmender Beschäftigung fallen sie, und bei zurückgehender Beschäftigung steigen sie an.

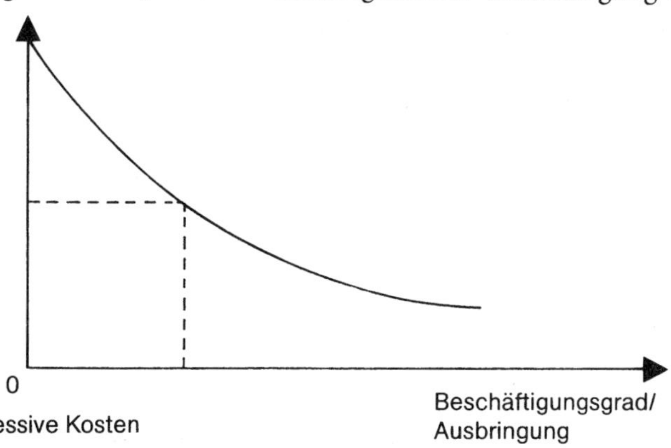

Abb. 26: Regressive Kosten

Beispiel: Heizungskosten im Theater

6.1.3.3 Mischkosten (Semivariable Kosten)

Mischkosten oder semivariable Kosten sind dadurch gekennzeichnet, daß sie neben *leistungsabhängigen Kostenbestandteilen auch zeitabhängige Kostenanteile* haben; d. h. sie setzen sich sowohl aus variablen als auch aus fixen Bestandteilen zusammen. Dabei kann die Mischung von variablen und fixen Kostenbestandteilen in zweierlei Weise auftreten, nämlich einerseits als *Fixkostensockel* und andererseits als *fixer Mindestbetrag;* Abb. 27 verdeutlicht den Zusammenhang.

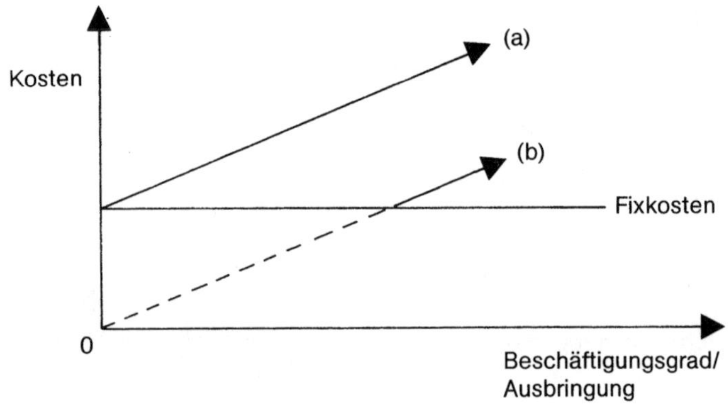

Abb. 27: Mischkosten mit Fixkostensockel (a) und mit fixem Mindestbetrag (b)

Beispiele für Mischkosten mit Fixkostensockel: Energiekosten; Telefonkosten; Gehälter mit Prämienzuschlag. Beispiele für Mischkosten mit fixem Mindestbetrag: Wartung und Instandhaltungskosten; kalkulatorische Abschreibungen; Gehalt mit Überstundenzuschlag; Lizenzgebühren.

Die Mischkosten sollten bereits in der Kostenartenrechnung sorgfältig daraufhin untersucht werden, wie sich das Verhältnis fix und variabel in Abhängigkeit mit der Beschäftigung verhält. Eine Auflösung von Mischkosten kann mit Hilfe der Methoden der Kostenauflösung und Kostenspaltung vorgenommen werden.

6.1.4 Gliederung der Kostenarten nach der buchhalterischen Erfassung

Je nachdem, ob man die Kostenarten in der Buchhaltung bereits erfaßt oder ob sie zusätzlich für Kostenrechnungszwecke benötigt werden müssen, kann zwischen *aufwandsgleichen Kostenarten* (aufwandsgleiche Kosten oder Grundkosten) und *kalkulatorischen Kostenarten* (kalkulatorische Kosten oder Zusatzkosten) unterschieden werden (vgl. hierzu Lehrabschnitt 3: Grundbegriffe).

Gerade in der Praxis werden fälschlicherweise fixe Kosten oft mit den Gemeinkosten und variable Kosten mit den Einzelkosten gleichgesetzt. Speziell in einer Deckungsbeitragsrechnung, bei der auf die Verrechnung von Gemein- und/oder Fixkosten ganz oder teilweise verzichtet wird, kann eine solche Gleichsetzung zu gravierenden Fehlentscheidungen führen.

6.1.5 Gliederung der Kostenarten nach dem Zeitbezug

Nach dem zeitlichen Bezug der Kostenarten kann man unterscheiden zwischen Ist-, Normal- und Plan- bzw. Sollkosten. *Istkosten* werden erfaßt, nachdem der Güterverbrauch erfolgt ist, während *Normalkosten* aus den Istkosten größerer Zeiträume abgeleitet wurden und damit vergangenheitsorientierte Durchschnittskosten sind. *Plan- und Sollkosten* berücksichtigen die voraussichtliche Entwicklung der Kosten, d. h. Plan- bzw. Sollkosten sind erwartete Kosten. Sie werden ermittelt, bevor der leistungsbezogene Verbrauch der Güter oder Dienstleistungen erfolgt.

Die Unterscheidung in Ist-, Normal- und Plan- bzw. Sollkosten ist von entscheidender Bedeutung für die Verfahren der Plankostenrechnung.

6.1.6 Gliederung der Kostenarten nach der Ausgabenwirksamkeit

Die Einteilung in *ausgabenwirksame* und *nichtausgabenwirksame* Kosten, d. h. die Abstufung nach der Liquiditätswirksamkeit der Kosten, erhöht die Aussagefähigkeit der Kostenrechnung erheblich, weil – abhängig von der jeweiligen *Liquiditätssituation des Unternehmens* – über die Beeinflussung der entsprechenden Kostenarten der aktuelle und der latente Finanzbedarf gesteuert werden können. Da es sich bei der Einteilung in ausgabenwirksame und nicht ausgabenwirksame Kosten im wesentlichen um einen einmaligen Vorgang handelt, sollte auf diese wichtige Informationsquelle betrieblich nicht verzichtet werden.

6.1.7 Gliederung der Kostenarten nach der betrieblichen Bedeutung

Je nach Branche und Unternehmensstruktur ergibt sich bei einer Gliederung der Kostenarten nach ihrer Bedeutung eine andere Reihenfolge; allerdings ist den meisten Unternehmen gemeinsam, daß die *Personal- und Materialkosten* den *größten Teil der Gesamtkosten* ausmachen. Eine derartige Einteilung der Kosten erleichtert (etwa im Sinne einer ABC-Analyse) spätere Kostenanalysen, die zunächst mit den bedeutsamsten Kosten beginnen und erst später die weniger bedeutsamen Kosten ansprechen sollten.

Im folgenden soll als Beispiel die Kostenartengliederung in einem forschungs- und entwicklungsintensiven Unternehmen dargestellt werden:

1. Personalkosten
2. Materialkosten
3. Zinsen und Abschreibungen
4. Reparaturen und Instandhaltungen
5. Energiekosten
6. Sonstige Kosten (u. a. Kosten für Leistung an Dritte, Steuern, Gebühren, Beiträge, Fotokopier- und Dokumentationskosten)

(Beispiele für andere besonders personalintensive Unternehmen sind Dienstleistungsunternehmen, insbesondere Theater, Bahn, Post.)

6.1.8 Unterteilung in primäre und sekundäre Kostenarten (Einteilung nach der Herkunft)

Ein übergeordnetes Unterscheidungsmerkmal ist die Einteilung in primäre (einfache, ursprüngliche) Kosten und sekundäre (zusammengesetzte, abgeleitete) Kosten. *Primäre Kostenarten* entstehen beim Verzehr von Gütern und Leistungen, die von außen (d. h. direkt vom Markt) bezogen werden. *Sekundäre Kostenarten* entstehen beim Verzehr von im Unternehmen selbst erzeugten Leistungen, d. h. beim Verbrauch innerbetrieblicher Leistungen. In der Kostenartenrechnung werden nur die primären Kostenarten erfaßt, die sekundären Kostenarten entstehen erst abrechnungstechnisch bedingt innerhalb der Kostenstellenrechnung.

Beispiele für primäre Kostenarten:
- Personal- und Materialkosten, →
- Kosten für externe Leistungen (Fremdinstandhaltungen, Dienstleistungen usw.), →
- Abschreibungen, →
- Zinsen, →
- Büromaterial, →
- Fahrt- und Reisekosten, →
- Repräsentationskosten →

Kostenstelle

Beispiele für sekundäre Kostenarten:
- → Raumkosten,
- → Werkstattkosten,
- → Eigenreparaturkosten,
- → Kantinekosten

6.2 Kostenartenplan

Mit Hilfe der genannten wesentlichen Gliederungskriterien kann nun ein *Kostenartenplan* erstellt werden, wobei zusätzlich die folgenden Grundsätze beachtet werden müssen:

- Eindeutige und vollständige Beschreibung des Inhaltes der einzelnen Kostenarten mit eindeutiger Kontierungsanweisung und Kostenarteneinordnung
- Kontinuität der Kostenarteneinordnung
- Wenn irgendwie möglich, sollte der Kostenartenplan, um die Kontierung zu erleichtern, auf einem einzigen Blatt (oder wenigen Blättern) dargestellt werden
- Vollständigkeit des Kostenartenverzeichnisses
- Vermeidung von Überschneidungen und Vermischungen zwischen den verschiedenen Kostenarten
- Klare, übersichtliche, nicht zersplitterte und den spezifischen Gegebenheiten eines Unternehmens angepaßte Kostenartengliederung
- Numerierung nach einheitlichem Grundschema

Formblätter helfen dabei, Überschneidungen und Vermischungen zwischen den einzelnen Kostenarten zu vermeiden. Die in der Praxis häufigen Vermischungen ergeben sich durch Vermengung von Kostenarten- und Kostenträgergesichtspunkten. So findet man in vielen Unternehmen Bezeichnungen wie »Sonstige Kostenarten«, »Sonstige Kosten« oder auch »Diverses« (z. B. in einem größeren metallverarbeitenden Unternehmen), »Sonstige Handlungsunkosten« (z. B. in einer mittleren Lackfabrik). Unter diesen Positionen befinden sich, wenn man näher hinschaut, sehr viele Kosten, die ohne großen Aufwand eindeutig anderen Kostenarten zugeordnet werden könnten. Sobald diese »obskuren« Kosten in einem Unternehmen wertmäßig zunehmen, ist es Zeit für eine sorgfältige Untersuchung, da die betriebliche Praxis zeigt, daß sich gerade hinter diesen Kosten Schwachstellen des Unternehmens verstecken.

6.3 Zwischentest

1. Direkt zurechenbare Kosten	ja	nein
– werden immer als Einzelkosten verrechnet	X	
– können nur variable Kosten sein		X
– gibt es auch bei der Handelskalkulation	X	
– sind z. B. das Fertigungsmaterial	X	
– sind immer primäre Kosten		X

2. Stimmen folgende Aussagen?

	ja	nein
– Einzelkosten können fixe Kosten sein	X	
– Zusatzkosten sind immer Gemeinkosten		X
– Proportionale Kosten sind variable Kosten	X	
– Auch proportionale Kosten können Gemeinkosten sein	X	
– Alle Einzelkosten sind direkte Kosten	X	

3/5

3. Welcher der folgenden Begriffe steht für eine primäre Kostenart?

	ja	nein
– Kalkulatorische Miete	X	
– Lizenzgebühren	X	
– Abschreibungen	X	
– Hilfslöhne	X	
– Kosten der Werkzeugausgabe		X
– Kosten der Hilfskostenstelle Fuhrpark		X
– Neutraler Aufwand		X
– Fertigungsmaterial	X	
– Telefongebühren	X	
– Kosten der Betriebsfeuerwehr		X

6/10

4. Verbrauchskosten

	ja	nein
– sind Zwangskosten		X
– sind typische Fixkosten		X
– können nur Einzelkosten sein		X
– sind z. B. Fertigungslöhne	X	
– sind nicht ausgabewirksam		X

5/5

5. Nennen Sie je drei Arten von Sondereinzelkosten

der Fertigung	des Vertriebs
Besondere Werkzeuge	Spezialverpackung
Patentgebühre	Versicherung
Lizenzgebühre	Zölle

6/6

6. Die Gesamtkosten einer Abrechnungsperiode können unterteilt werden nach den Kriterien:

1. »Abhängigkeit von der Beschäftigung« in:	Fix -kosten	und	Variable -kosten
2. »Zurechenbarkeit auf die Kostenträger« in:	Einzel -kosten	und	Gemein -kosten
3. »Beziehung zum Aufwand« in:	Grund -kosten	und	Zusatz -kosten

4/6

7. Nennen Sie zehn verschiedene Kostenarten, die zugleich Aufwand sind!

1. Löhne
2. Miete
3. Büromaterial
4. RST, GST, BST

5. Reisekosten 6. Gebühren

7. Steuern 8. Lizenzgeb.

9. Pacht 10. Zinsen

10/10

Die Lösungen zum Zwischentest finden Sie auf Seite 216 f.

6.4 Erfassung und Bewertung der einzelnen Kostenarten

Für die *Erfassung und Bewertung* der einzelnen Kostenarten ist es von besonderer Wichtigkeit, daß die *Vergleichbarkeit der Informationen* über die Zeit hinweg *erhalten* bleibt. Dies ist aber nur dann gewährleistet, wenn nach einheitlichen und nicht etwa unterschiedlichen Kriterien vorgegangen wird (also nicht etwa z. B. Prospekte einmal unter Büromaterial und ein andermal unter Werbeaufwand kontiert werden; oder EDV-Fremdprogrammierung in einer Periode unter EDV-Kosten und in einer anderen Periode unter Fremdleistungen zugeordnet wird). In der betrieblichen Praxis sind derartige Fehler häufig anzutreffen, nicht zuletzt deshalb, weil oft mehrere, zum Teil nicht genügend qualifizierte Personen kontieren (z. B. aushilfsweise kontierender Lehrling) bzw. durch die in der Praxis häufige Unsitte der dezentralen Kontierung, bei der die Gefahr besteht, daß bewußt oder unbewußt falsche Konten be- und entlastet werden.

Bei einer Beurteilung der in der Kostenartenrechnung durchgeführten Kostenerfassung und -bewertung darf nicht übersehen werden, daß diese Rechnung die Grundlage auch für die auf ihr aufbauende Kostenstellen- und Kostenträgerrechnung ist; es werden also bereits in der Kostenartenrechnung die Weichen für die Aussagefähigkeit des gesamten Kosteninformationssystems, insbesondere auch der Betriebsabrechnung, gestellt. Aus diesem Grunde werden im folgenden Beispiele für Erfassung und Bewertung der wesentlichen Kostenarten aufgezeigt.

6.4.1 Erfassung und Bewertung der Materialkosten

Materialkosten (Stoffkosten, Werkstoffkosten) entstehen durch den Verbrauch von Materialien im Rahmen der betrieblichen Leistungserstellung. Sie sind bewertete Verbrauchsmengen von Roh-, Hilfs- und Betriebsstoffen, Handelswaren sowie bezogenen fertigen und halbfertigen Einbauteilen inklusive der entsprechenden Bezugskosten.

Man sollte trennen zwischen *Fertigungsmaterial* (Einzelkostenmaterial) und *Gemeinkostenmaterial*. Das *Fertigungsmaterial* ist den Kostenträgern direkt zurechenbar (meist Rohstoffverbrauch, Handelswaren, Einbauteile); das *Gemeinkostenmaterial* (meist Hilfs- und Betriebsstoffe) ist den einzelnen Kostenträgern nicht direkt zuzuordnen. Oft wird in der Praxis im Gemeinkostenmaterial auch direkt zurechenbares Material enthalten sein (als unechte Gemeinkosten), das mit wirtschaftlichen Mitteln pro Kostenträger nicht erfaßbar ist. Obwohl dadurch das Kostenverursachungsprinzip verletzt wird, sollte man dort, wo es sehr schwierig ist, aus Wirtschaftlichkeitsgründen auf die exakte Zuordnung verzichten. Unter Fertigungsmaterial soll deshalb jenes Material verstanden werden, das direkt in das zu fertigende Erzeugnis eingeht und Hauptbestandteil des jeweiligen Kostenträgers wird, unabhängig davon, ob dieses Material im Erzeugnis noch sichtbar oder im Verarbeitungsprozeß umgewandelt worden ist; d. h. Fertigungsmaterial kann in seinem Zustand und in seiner Beschaffenheit sowie Form verändert werden, geht aber auch oft unverändert in das jeweilige Produkt ein.

Beispiele:
Papier – Buchherstellung;
Granulat – Kunststoffverarbeitung;
Holz – Papierverarbeitung;
aber auch Lager, Aggregate, Bauteile, Module.

Hilfsstoffe werden ebenfalls Bestandteil der zu fertigenden Erzeugnisse. Sie sind jedoch nicht für jeden einzelnen Kostenträger individuell erfaßbar und werden deshalb dem Gemeinkostenmaterial zugerechnet.

Beispiele: Leim, Nägel, Schrauben, Schleif- und Poliermittel, Etiketten und Verpackungsmaterial, Druckfarben.

Betriebsstoffe gehen nicht unmittelbar in das zu fertigende Erzeugnis ein, sondern dienen allgemein der Aufrechterhaltung und Durchführung des betrieblichen Leistungserstellungsprozesses.

Beispiele: Energiekosten (Dampf, Strom, Gas, Wasser, Heizöl, Kohle, Preßluft); Treibriemen für Maschinen; Dichtungs- und Schmiermittel; Putzmittel (z. B. Bohrmilch); Roh- und Zeichenmaterial; Werbematerial.

In der Praxis ist die Grenze zwischen Hilfs- und Betriebsstoffen oft fließend. Allerdings kostenrechnerisch besteht zweifelsohne ein Unterschied dadurch, daß zumindestens theoretisch sowohl Fertigungsmaterial als auch Hilfsstoffe im Gegensatz zu den Betriebsstoffen direkt den Kostenträgern zugeordnet werden können (bzw. könnten), während die Betriebsstoffe allenfalls den verbrauchenden Strukturelementen (Maschinen, Arbeitskräfte) zugeordnet werden können.

Die Erfassung und Bewertung der Materialkosten erfolgt grundsätzlich in zwei

Schritten. Zunächst werden die verbrauchten Mengen an Roh-, Hilfs- und Betriebsstoffen, Handelswaren und bezogenen Teilen erfaßt und anschließend bewertet. Die Ermittlung des Verbrauchs erfolgt durch folgende im einzelnen zu beschreibende Methoden:

- *Bestandsvergleich* (Befundrechnung, Inventurmethode, Bestandsdifferenzrechnung)
- *Bestandsfortschreibung* (Skontration)
- Rückrechnung (retrograde Methode)
- Behelfsmethode (Zugang = Abgang)

Bestandsvergleichsmethode (Inventurmethode)

Bei der Bestandsvergleichsmethode wird der Verbrauch ermittelt, indem von der Summe des Anfangsbestands und dem verbuchten Zugang einer bestimmten Materialart deren Endbestand abgezogen wird.

Formel:

Anfangsbestand
+ (verbuchter) Zugang
− Endbestand (lt. Inventur)
(Ist) Verbrauch

Vorteile:
- Keine Materialbuchhaltung
- Relativ genau, wenn Inventur sorgfältig erstellt wurde

Nachteile:
- Erfaßt nur die Ist-Entnahme und ermöglicht keine laufenden Angaben über die Lager-Entwicklung
- Nicht feststellbar, für welche Kostenträger und Kostenstellen die Entnahme erfolgte
- Erfordert fast monatliche Inventur, was jedoch zu zeit- und arbeitsintensiv wäre
- Keine Aussagen, wodurch Differenzen aufgetreten sind (Schwund, Diebstahl, Verderb), so daß eine Abweichungsanalyse zwischen Soll- und Ist-Verbrauch nicht möglich ist

Diese Methode ist üblich bei Schüttgütern, Flüssigkeiten und Gasen und in kleineren Betrieben, wo das Material nicht so dominierend ist.

Bestandsfortschreibung (Skontration)

Im Fall der Bestandsfortschreibung wird der Materialverbrauch mit den (verbuchten) Materialabgängen gleichgesetzt.

Formel:

Anfangsbestand
+ (verbuchter) Zugang
− (verbuchte) Abgänge = Verbrauch

(rechnerischer) Endbestand

Vorteile:
- Die Mängel der Inventurmethode werden dadurch verhindert, daß die verbrauchten Materialien direkt durch Materialentnahmescheine erfaßt sind und somit eine Zuordnung auf Kostenstellen und Kostenträger möglich ist
- Durch die laufende Zu- und Abschreibung ist der Bestand als Saldo jederzeit aus der Lagerkartei entnehmbar, d. h. laufende buchmäßige Feststellung der Materialbestände und des tatsächlichen Verbrauchs ist möglich
- Auch Schwund, Diebstahl usw. ist errechenbar, allerdings ist es bei dieser Methode unerläßlich, den rechnerischen Endbestand mit dem Ist-Bestand laut Inventur zu vergleichen
- Die notwendige Inventur kann jederzeit in Form der permanenten Inventur durchgeführt werden, d. h. es ist keine Stichtags-Inventur erforderlich
- Die in dieser Methode notwendigen exakten Aufschreibungen sind unerläßlich für eine aussagefähige Kostenrechnung (Nachkalkulation und Plankostenrechnung)

Nachteile:
- Aufwendige Methode, die ein ausgedehntes Belegsystem, Formularwesen und eine laufende Lagerbuchhaltung (d. h. aussagefähige Lagerkartei) voraussetzt. (Dies kann wegen des hohen Erkenntniswertes der dadurch entstehenden Informationen auch zum Vorteil werden).

Diese exakte Art der Entnahme-Erfassung ist bei allen zähl-, meß- und wägbaren Fertigungsmaterialien anwendbar, sie setzt allerdings, wie bereits erwähnt, aussagefähige Belege, insbesondere Materialentnahmescheine, voraus (vgl. Abbildung 28).

Firma XYZ	Materialentnahmeschein Nr. ______		
Kostenart	Benennung		
zu belastende Kostenstelle		zu entlastende Kostenstelle	
Menge	Einheit	Wert je Einheit	Wert insgesamt
ausgestellt Datum Zeichen	genehmigt Datum Zeichen	gebucht Datum Zeichen	
Bemerkungen			

Abb. 28: Materialentnahmeschein bzw. -eingabemaske

Rückrechnung (retrograde Methode)

Die Rückrechnung orientiert sich an den erstellten Halb- und Fertigfabrikaten und errechnet retrograd vom Kostenträger ausgehend den Materialverbrauch (meist aufgrund von Stücklisten). Die Verbrauchsrelationen werden auf jeweilige Bezugsgrößen bezogen und pro Materialart festgelegt. Anteilige Lagerminderungen (Diebstahl, Schwund, Verderb) sind ergänzend zu berücksichtigen. Voraussetzung für diese Methode ist, daß der Verbrauch für jeden Kostenträger einmal exakt erfaßt wurde.

Formel:

Soll-Verbrauchsmengen
\+ Soll-Ausschuß
\+ anteilige Soll-Lagerminderung
Gesamt Soll-Verbrauch

Vorteile:
- Keine Lagerbuchhaltung erforderlich
- Es werden Sollgrößen herangezogen, die zu einem Soll-Ist-Vergleich verwendet werden können
- Muß nicht zu oft durchgeführt werden
- Es werden Arbeitsstudien durchgeführt, die eventuell Unwirtschaftlichkeiten und

Ansatzpunkte für Kostensenkungen aufzeigen
- Zuordnung des Verbrauchs je Kostenträger ist bekannt

Nachteile:
- Das Verfahren ist unter Umständen kostspielig, weil es ausführliche und exakte Studien darüber verlangt, wie sich der Materialverbrauch pro Kostenträger zusammensetzt. Diese Methode steht und fällt mit der Sorgfalt der durchgeführten Studien und der laufenden Kontrolle (oft wird in der Praxis nur einmal der Verbrauch festgestellt und dann trotz Änderung der Methode immer weiter mit diesen veralteten Relationen gearbeitet).
- Die regelmäßigen Lagerverluste müssen durch Erfahrungswerte berücksichtigt werden; bzw. Bestandsminderungen können, da es sich um Soll-Verbrauchsmengen handelt, nur durch zusätzliche Kontrollen (Materialentnahmescheine oder Inventur) ermittelt werden.
- Weil nur Soll-Verbrauchsmengen ermittelt werden, muß für Vergleichszwecke (Soll-Ist-Vergleich) eine gesonderte Rechnung durchgeführt werden.

Behelfsmethode: Zugang = Abgang

Im Rahmen der Behelfsmethode wird unterstellt, daß Zugang und Abgang innerhalb einer Abrechnungsperiode etwa gleich sind. Diese behelfsmäßige Methode erscheint immer dann als vertretbar zuverlässig, wenn sich die Lagerbestandsveränderungen im Betrieb in sehr engen Grenzen halten (z. B. bei natürlichen Rohstoffen wie Hopfen) und wenn sichergestellt ist, daß Verbrauchsperiode und Abrechnungsperiode übereinstimmen. Trotz ihres relativ geringen Informationsgehaltes ist diese Methode in der Praxis sehr verbreitet.

Vorteile:
- Unproblematische und einfache Handhabung
- Geringer Verwaltungsaufwand

Nachteile:
- Ungenauigkeit, da keine zwingende Relation zwischen Zu- und Abgang besteht.
- Eine Zuordnung auf Kostenstellen und Kostenträger ist nicht möglich.
- Schwund und Diebstahl werden nicht ermittelt.
- Die tatsächlichen Bestände sind nicht bekannt.

Neben der Erfassung des *Materialverbrauchs* stellt auch die Bewertung in der Praxis meist ein Problem dar. Wenn eingangs festgestellt wurde, daß Materialkosten bewertete Verbrauchsmengen von Roh-, Hilfs- und Betriebsstoffen, Handelswaren sowie bezogenen Einbauteilen sind, muß der Frage der *Bewertung das gleiche Gewicht* wie der eben behandelten Frage der Ermittlung des Verbrauchs eingeräumt werden.

Die Bewertung des Materialverbrauchs kann zu unterschiedlichen *Preisansätzen* erfolgen:

- Istpreisbewertung (Bewertung zu Anschaffungs-, Einstands- bzw. Herstellungskosten)
- Bewertung zu Verrechnungspreisen (Festpreise, Wiederbeschaffungspreise, Standardpreise)

Unabhängig von diesen Möglichkeiten der Bewertung des Materialverbrauches gilt, daß steuerliche Bewertungsvorschriften in die Kostenrechnung nicht eingehen sollten.

Zu den einzelnen Bewertungsmöglichkeiten:

Istpreisbewertung

Diese Methode ist nur dann möglich, wenn wesentliche Preisänderungen nicht auftreten, und wenn Materialien sofort nach ihrer Beschaffung wieder verbraucht oder nur relativ kurz gelagert werden. Die Bewertung eingesetzter Materialien kann zu effektiven oder durchschnittlichen Anschaffungskosten erfolgen. Bei mehreren unterschiedlichen Anschaffungspreisen ist ein Durchschnittspreis zu bilden; es sei denn, die eingekauften Materialien gehen sofort in die Produktion ein (d.h. keine zeitliche Verzögerung durch Lagerung, so daß sich Preisschwankungen am Markt nicht ergeben können). Die selbsterstellten Teile und Leistungen, die als Fertigungsmaterial in die Produktion eingehen, bewertet man im allgemeinen zu Herstellkosten; eine Bewertung unter Herstellkosten ist möglich, wenn der Marktpreis für diese Güter und Leistungen niedriger liegt. Die Bewertung des Materialverbrauchs zu Anschaffungskosten bedeutet, daß bei Preisschwankungen die Wiederbeschaffung auf einem anderen Preisniveau erfolgen würde.

Aus Substanzerhaltungsgründen und aus Gründen der Vergleichbarkeit sowie wegen der Aussagefähigkeit der Kostenrechnung geht man in der Praxis immer mehr dazu über, diese Preisschwankungen in der Kostenrechnung durch die Einführung von Verrechnungspreisen zu eliminieren.

Bewertung zu Verrechnungspreisen

Eine von den tatsächlich für den Materialeinsatz bezahlten Geldbeträgen losgelöste Bewertung des Materialverbrauchs durch Verrechnungspreise kann prinzipiell über Festpreise, Wiederbeschaffungspreise und über Standardpreise erfolgen. Während die *Festpreise* lediglich die Aufgabe haben, bei stark schwankenden Preisen eine Durchschnittsbildung (meist nur der Vergangenheitswert) herbeizuführen, folgt die Bewertung zu *Wiederbeschaffungspreisen* dem Substanzerhaltungsprinzip und bewertet damit so, daß über die in den Verkaufspreisen enthaltenen verrechneten Materialwerte eine Wiederbeschaffung der verbrauchten Stoffe möglich ist. *Standardpreise* verbinden das Durchschnittsprinzip der Festpreisrechnung und die Zukunftsorientierung der Wiederbeschaffungspreise, indem die Preise der Vergangenheit durch Trend und sonstige Erwartungswerte korrigiert werden. Der dann ermittelte Standardpreis wird für eine längere Periode festgesetzt (z. B. für ein Jahr); dadurch wird die bei häufiger Wertkorrektur gegebene Unstetigkeit in der Kostenrechnung (insbesondere in der Kalkulation) vermieden.

Standardpreisbewertung: Der Wert wird für eine längere Periode festgesetzt (Wertansätze der letzten Inventur, evtl. nach neuesten Preisentwicklungstendenzen korrigiert).

Festpreisbewertung (feste Verrechnungspreise): Um in der Kostenrechnung nicht ständig mit neuen Wertansätzen beim Materialverbrauch operieren zu müssen, geht man in der Praxis dazu über, sogenannte feste Verrechnungspreise einzusetzen, die auch künftige Preistendenzen bereits berücksichtigen.

Wiederbeschaffungspreisbewertung: Bei konstant hohen Preissteigerungen würde der Ansatz zu Anschaffungspreisen bedeuten, daß künftig das Unternehmen einen permanenten Substanzverzehr erleiden würde. Denn die über die Verkaufspreise erwirtschafteten Erträge (auf Basis Anschaffungspreise) würden nicht ausreichen, um wieder genügend Ersatzmaterial besorgen zu können. In dieser Situation muß man mit Wiederbeschaffungspreisen in der Kostenrechnung arbeiten, d.h. künftige Preisentwicklungen sind bereits im Kostenansatz mitzuberücksichtigen.

6.4.2 Erfassung und Bewertung der Personalkosten

Die Personalkosten sind neben den Materialkosten bei den meisten Unternehmen die bedeutendste Kostenart. Je größer ihr Anteil ist, desto wichtiger wird die Frage der exakten Erfassung und Zuordnung der Personalkosten (z. B. Hotel- und Gaststättengewerbe; Beratungsunternehmen; Marketing-Gesellschaft; Forschungs- und Entwicklungsinstitute; Dienstleistungsunternehmen wie Banken, Bundespost usw.).

Personalkosten = Kosten, die durch den Verbrauch von Arbeitsleistung entstehen.

Personalkosten beinhalten *Gehälter, Löhne, gesetzliche und freiwillige Sozialkosten sowie sonstige Personalnebenkosten.*

Für die Personalkosten im Unternehmen bietet sich die Gliederung nach Abbildung 29 an.

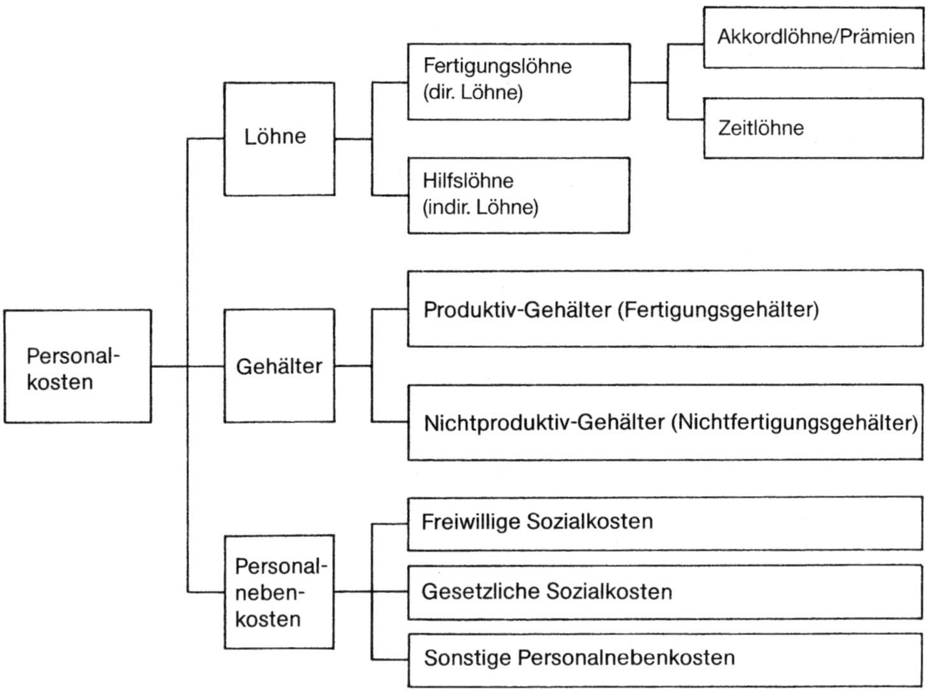

Abb. 29: Gliederung der Personalkosten

Sämtliche Personalkosten werden im Lohn- und Gehaltsbüro erfaßt und zugeordnet (mit Hilfe von Zeit-, Lohn-Akkordscheinen, Prämienberechnungen, Gehaltsstreifen, Stempelkarten, Tagesberichten usw.).

Löhne

Die Löhne lassen sich nach fertigungstechnischen Gesichtspunkten unterteilen in *Fertigungslöhne* und *Hilfslöhne.*

Fertigungslöhne sind dadurch gekennzeichnet, daß sie direkt durch den Arbeitseinsatz an Erzeugnissen entstehen, d. h. sie lassen sich auftragsweise erfassen und zuordnen (Direkte Löhne). Sie können sowohl als *Akkord-* als auch als *Zeitlohn* anfallen. Eventuelle Zulagen und Zuschläge (Überstundenzuschläge, Zuschläge für Sonn- und Feiertags- und Nachtarbeit, Gefahren- und Leistungszulagen) sollten grundsätzlich mit den Fertigungslöhnen mitverrechnet werden. Oft wird dies auch bei Urlaubslöhnen, Weihnachts- und Urlaubsgeldern, Feiertagslöhnen, Lohnausgleich im Krankheitsfall so gehandhabt. Unter Umständen bietet sich aus Transparenzgründen und zur Normalisierung an, sie mit den übrigen Sozialkosten zu verrechnen, die ebenfalls aperiodisch anfallen (z. B. Beiträge zur Berufsgenossenschaft).

Das herausragende Kennzeichen von Fertigungslöhnen ist, daß es sich um auftragsweise erfaßbaren Lohn handelt. Deshalb sollte jeder Lohnbeleg neben der Auftragsnummer (Kostenträger-Nummer) auch die Kostenstellenbezeichnung enthalten.

Hilfslöhne (Indirekte Löhne)

Hilfslöhne, die ebenfalls als Zeit- oder Akkordlohn (gegebenenfalls zuzüglich Prämie) anfallen, entstehen nicht direkt durch Tätigkeit am Erzeugnis, sie dienen nur mittelbar der Leistungsstellung und lassen sich nicht auftragsweise erfassen und damit nicht einzeln zuordnen (indirekte Löhne). Beispiele für Hilfslöhne: Betriebshandwerker (Elektriker); Materialausgabe; Saaldiener; Reinigungspersonal; Lagerarbeiter; Pförtner.

Gehälter

Als Gehälter sind alle Vergütungen für jene Mitarbeiter, die im Angestellten-Verhältnis stehen, zu erfassen, d. h. auch die der technischen Angestellten.

Die (von der Sozialgesetzgebung vorgeschriebene) Aufteilung der Personalkosten in Löhne und Gehälter erscheint angesichts der Tatsache, daß immer mehr Arbeiter in das Angestellten-Verhältnis übernommen werden, nicht unbedingt mehr sinnvoll. Ein großer Teil der technischen Angestellten, insbesondere der Arbeiter, die ins Angestellten-Verhältnis übernommen wurden, könnte direkt den Kostenträgern zugeordnet werden. Dies gilt im übrigen auch für eine Reihe von Gehaltsempfängern (z. B. bestimmte Vertriebsgehälter, Werbefachmann, Konstrukteur, die nur für bestimmte Produkte arbeiten).

Im allgemeinen kann man aber davon ausgehen, daß weiterhin ein Großteil der Gehälter nicht (oder nur unter großen Schwierigkeiten) den Kostenträgern zugeordnet werden kann (z. B. Gehalt des Leiters EDV, Gehalt des Buchhalters usw.).

Personalnebenkosten

Die Personalnebenkosten, die heute in den Betrieben teilweise zum »zweiten Lohn« angewachsen sind, müssen ebenso differenziert erfaßt werden wie die direkten Lohnkosten. Keinesfalls sollten die Personalnebenkosten – wie häufig in der Praxis – vollständig den Gemeinkosten zugeschlagen werden (Verfälschung der Einzel-Gemeinkosten-Relation).

Personalnebenkosten gliedern sich in:
- gesetzliche Sozialkosten
- freiwillige Sozialkosten
- sonstige Personalnebenkosten.

Gesetzliche Sozialkosten

Gesetzliche Sozialkosten umfassen nicht ausschließlich aufgrund von Gesetzen, sondern auch aufgrund von Verordnungen und Tarif- und Betriebsvereinbarungen den entstandenen Wertverzehr im Personalbereich.

Aufgrund von Gesetzen und Verordnungen gibt es:
- Arbeitgeberbeiträge zur Sozialversicherung
- Abgaben für die Berufsgenossenschaft (gesetzliche Unfallversicherung)
- Kranken-, Renten-, Arbeitslosenversicherung
- Schwerbeschädigtenabgaben
- Pflegeversicherung

Aufgrund von Tarif- oder Betriebsvereinbarungen gibt es:
- Ausgleichszahlungen bei Kuren, Krankheit
- Urlaubsgeld
- Mutterschaftsgeld
- Weihnachtsgratifikationen
- Pensionszusagen
- vermögenswirksame Leistungen

Freiwillige Sozialkosten

Die freiwilligen Sozialkosten umfassen Leistungen auf freiwilliger Basis ohne Rechtsanspruch der Mitarbeiter (allerdings oft fließender Übergang zur Dauerverpflichtung). Hierbei kann man trennen zwischen direkten Leistungen an die einzelnen Mitarbeiter und Leistungen, die allen Mitarbeitern gemeinsam zur Verfügung stehen (z. B. Kantine, Bücherei usw.). Beispiele für freiwillige Sozialkosten: Essensgeldzuschüsse; Gesundheitsdienst; Bibliothek; Sport; Fort- und Weiterbildung; Arbeitskleidung; Fahrgeldzuschüsse; Weihnachtsgratifikationen; Betriebsausflüge; eventuell Zuschüsse zu vermögenswirksamen Leistungen; Darlehen usw.

Sonstige Personalnebenkosten

Alle weiteren in Verbindung mit der menschlichen Arbeitsleistung im Betrieb anfallenden Kosten werden den sonstigen Personalkosten zugerechnet. Zu denken ist hierbei z. B. an Fluktuationskosten (Inserate, Vorstellungsgespräche, Umzugsvergütungen, Abfindungen usw.) und Fortbildungs- und Ausbildungskosten.

6.4.3 Erfassung und Bewertung der Instandhaltungskosten

Instandhaltungskosten fallen für Maschinen, für Gebäude und betriebliche Einrichtungen an. Eine kostenmäßige Kontrolle ist besonders deshalb wichtig, weil diese Kostenart Aufschlüsse über die technische Betriebsbereitschaft eines Unternehmens gibt und bei Investitionsentscheidungen mit herangezogen werden sollte. In kostenrechnerischer Hinsicht stellt diese Kostenart den Kostenrechner vor die folgenden Probleme:

- Aus steuerlichen Gründen wird in der Buchhaltung häufig versucht, in den Instandhaltungsaufwendungen *aktivierungspflichtige Leistungen* zu verbergen. Hier gilt aber der wichtige Grundsatz, daß Kostenrechnung und Buchhaltung sich an unterschiedlichen Zielen orientieren müssen und deshalb buchhalterische (steuerliche) Gesichtspunkte nicht in die Kostenrechnung eingehen sollten.
- Es gilt, diese Kostenart in vielen Fällen exakt abzugrenzen. Besonders bei Großreparaturen ist es sehr wichtig, eine exakte *periodenmäßige Abgrenzung* vorzunehmen.
- Es besteht eine Beziehung zwischen Instandhaltung einer Maschine und deren Nutzungsdauer. Deshalb wird von der *Instandhaltungspolitik* auch die Maschinenabschreibung (in der Kostenrechnung die kalkulatorische Abschreibung) beeinflußt.

6.4.4 Erfassung und Bewertung von Steuern in der Kostenrechnung

Dem Kostenbegriff entsprechend dürfen nur solche Steuern in der Kostenrechnung berücksichtigt werden, die mit der betrieblichen Leistungserstellung verbunden sind. Nicht in die Kostenrechnung eingehen dürfen somit die Steuern, die aus dem Gewinn der Unternehmung zu decken sind. Demgemäß kann zwischen *Kostensteuern* und *Gewinnsteuern* unterschieden werden.

Zu den Kostensteuern zählen:

Gewerbesteuer, Grundsteuer, Kfz-Steuer, Wechselsteuer, Versicherungssteuer, Beförderungssteuer, Börsenumsatzsteuer (soweit Wertpapiere im Betriebsvermögen), Hundesteuer, alte Umsatzsteuer, aber nicht die Mehrwertsteuer (durchlaufender Posten).

Die Umsatzsteuer ist in Unternehmen, die nicht der Regelbesteuerung unterliegen, eine Kostensteuer.

Zu den Gewinnsteuern zählen:

Einkommensteuer bei natürlichen Personen, Körperschaftsteuer bei Kapitalgesellschaften.

Von den Kostensteuern, die meist als Gemeinkosten in die Kostenrechnung eingehen, ist für den Kostenrechner die Gewerbesteuer problematisch. Die Gewerbesteuer setzt sich aus zwei Einzelgrößen zusammen: der Gewerbekapital- und der

Gewerbeertragssteuer. Die Gewerbekapitalsteuer ist keinen großen Schwankungen unterworfen und kann aufgrund des betriebsbedingten Vermögens analog auf die Kostenstellen verteilt werden; allerdings müssen hierbei die Wertansätze für Grundstücke und Gebäude unberücksichtigt bleiben, da sie der Grundsteuer unterliegen.

Schwierigkeiten bereitet die kostenrechnerische Behandlung der Gewerbeertragssteuer, denn die Gewerbeertragssteuer der laufenden Abrechnungsperiode bezieht sich oft auf unter Umständen mehrere Jahre zurückliegende Veranlagungen, so daß in der Kostenrechnung eine Normalisierung (Durchschnittsbildung von Vergangenheitswerten) oder Standardisierung (Durchschnittswerte unter Einbeziehung von Zukunftserwartungen) vorzunehmen ist, der ermittelte Betrag wird dann regelmäßig dem Verwaltungsbereich angelastet.

Die Ermittlung der übrigen Kostensteuern ist unproblematisch (ebenfalls die Zuordnung; z. B. Grundsteuer auf Kostenstelle Grundstück und Gebäude; Kfz-Steuer auf die Kostenstellen, in denen die Fahrzeuge eingesetzt werden, usw.).

6.4.5 Erfassung und Bewertung der kalkulatorischen Kosten

Neben den bisher geschilderten und erarbeiteten Kostenarten, die sich direkt aus den betrieblichen Aufwendungen (Zweckaufwand) ableiten lassen und die als Grundkosten in die Kostenrechnung eingehen, müssen zusätzliche Kostenarten, nämlich die *kalkulatorischen Kosten* (Zusatzkosten), in Ansatz gebracht werden, wenn die Kosten- und Leistungsrechnung ihren gesetzten Zielen gerecht werden soll. Dazu müssen insbesondere im Wertansatz die Prinzipien der *Objektivität, Vollständigkeit und Normalität* erfüllt sein. Objektivität verlangt, daß gleichartige Sachverhalte in der Kostenrechnung gleich zu behandeln sind, auch wenn subjektiv eine unterschiedliche Behandlung – insbesondere aufgrund der wirtschafts- und steuerrechtlichen Vorschriften – naheliegt. Das Prinzip der Vollständigkeit verlangt, daß alle objektiv anfallenden Kosten erfaßt werden müssen; d. h. daß für alle Leistungen, die für das Unternehmen erbracht werden, damit dieses wiederum seine Leistung schaffen kann, in der Kostenrechnung ein Äquivalent erscheinen muß. Normalität bedeutet periodengerechte Verteilung und Ausgleich von Schwankungen des Wertverzehrs.

Um die genannten Prinzipien erfüllen zu können, müssen in der Kostenrechnung zumindest teilweise andere Formen der Kostenermittlung und Bewertung angewendet werden, als sie in der Buchhaltung gebräuchlich sind. Deshalb wird in diesen

Fällen ausdrücklich von kalkulatorischen Kosten oder Zusatzkosten gesprochen. Die im folgenden angeführten Beispiele umfassen nur die gebräuchlichsten Arten der kalkulatorischen Kosten, wie sie erstmals in den Vorschriften über die Preisermittlung bei öffentlichen Aufträgen aufgeführt worden sind. Von dort her sind sie dann in die betriebliche Kostenrechnung eingegangen. Da der eine Teil der kalkulatorischen Kostenarten in keiner und der andere Teil in einer indirekten Beziehung zum Aufwand steht, können die gebräuchlichsten Arten von kalkulatorischen Kosten, wie in Abbildung 30 dargestellt, unterteilt werden.

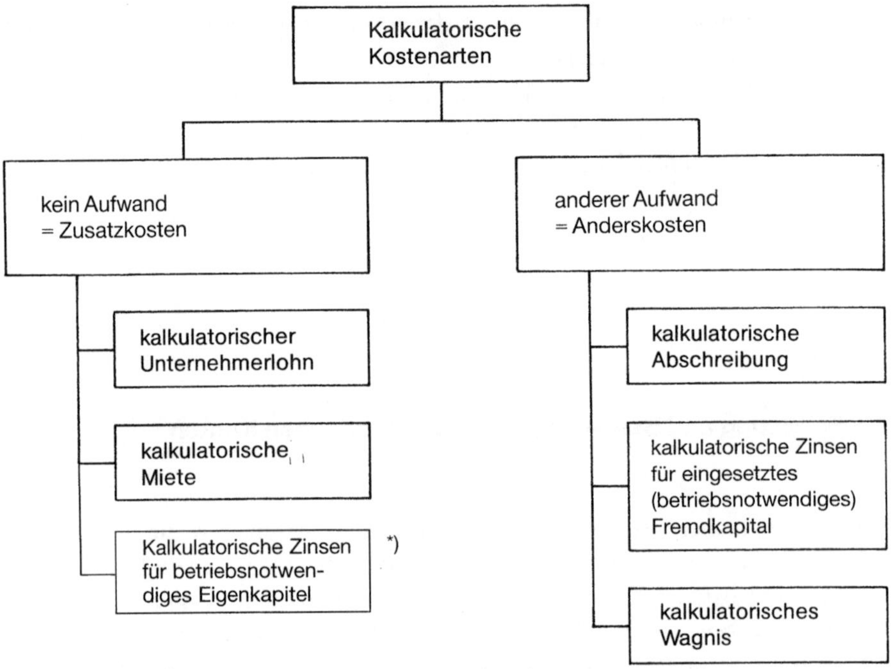

Abb. 30: Zuordnung der gebräuchlichsten kalkulatorischen Kostenarten

6.4.5.1 Kalkulatorischer Unternehmerlohn

Die wichtigste kalkulatorische Kostenart, die keinerlei Entsprechung im Aufwand hat, ist der *kalkulatorische Unternehmerlohn*, der *für Leistungen* angesetzt werden muß, die *Inhaber von Einzelfirmen bzw. Personengesellschaften* im Unternehmen erbringen. Aus rechtlichen Gründen kann für diesen Personenkreis – anders als für die Geschäftsführer oder Vorstandsmitglieder von juristischen Personen – kein Gehalt

*) wenn nicht für betriebsnotwendiges Kapital bereits angesetzt.

angesetzt werden, das in die Aufwandsrechnung eingeht und von dort in die Kostenrechnung übernommen werden könnte. *Zahlungen an* den *Eigentümer* einer Einzelfirma *oder an die Inhaber* von Personengesellschaften (Vollhafter) *sind Privatentnahmen.* Der Unternehmerlohn sollte das rechnerische Entgelt für den mitarbeitenden Unternehmer in Einzelfirmen bzw. Personengesellschaften sein. Dieses Entgelt darf keinen Bestandteil für die Funktion als Kapitalgeber und Risikoträger beinhalten (dafür werden kalkulatorische Zinsen, kalkulatorisches Wagnis und Gewinn angesetzt).

Von den handels- und steuerrechtlichen Normen abweichend, ist in den »Leitsätzen für die Preisermittlung auf Grund von Selbstkosten« (LSP) bei öffentlichen Aufträgen an private Unternehmen die Berücksichtigung eines kalkulatorischen Unternehmerlohns vorgesehen, dessen Höhe sich nach Nr. 24, Abs. 3 LSP bestimmt: »Der kalkulatorische Unternehmerlohn ist unabhängig von den tatsächlichen Entnahmen des Unternehmers in der Höhe des durchschnittlichen Gehaltes eines Angestellten mit gleichwertiger Tätigkeit in einem Unternehmen gleichen Standorts, gleichen Geschäftszweiges und gleicher Bedeutung oder mit Hilfe eines anderen objektiven Leistungsmaßstabes zu bemessen. Die Größe des Betriebes, der Umsatz und die Zahl der in ihm tätigen Unternehmer sind zu berücksichtigen.« (Nach LSP Nr. 24, Abs. 2 kann auch für die ohne feste Entlohnung im Unternehmen mitarbeitenden Angehörigen des Unternehmers ein angemessenes Entgelt kalkulatorisch angesetzt werden.)

Die *Höhe des kalkulatorischen Unternehmerlohnes* kann in Anlehnung an LSP mittels einer der folgenden Methoden ermittelt werden:

- Bemessung auf Grundlage vergleichbarer Gehälter
- Opportunitätsprinzip
- Bemessung mit Hilfe indirekter Leistungsmaßstäbe, die die Größe des Betriebes, die Branche, den Umsatz und auch andere Größen (z. B. Standort) berücksichtigen

Bemessung auf Grundlage vergleichbarer Gehälter

Der anzusetzende kalkulatorische Unternehmerlohn kann sich an dem Gehalt orientieren, das einer Person bezahlt werden müßte, die die vom Unternehmer ausgefüllte Funktion im Betrieb ersetzen könnte. Als Orientierungshilfe können überbetriebliche Gehaltslisten herangezogen werden; auf jeden Fall sollte der angesetzte Betrag mindestens die Höhe des höchstbezahlten Angestellten im Betrieb haben.

Opportunitätsprinzip

Hierbei wird als kalkulatorischer Unternehmerlohn das Gehalt, das der betreffende Unternehmer in einem anderen Unternehmen bei seinen Fähigkeiten und seinem Ausbildungsgrad erreichen könnte, angesetzt.

Bemessung mit Hilfe indirekter Leistungsmaßstäbe

Wird eine Bestimmung des kalkulatorischen Unternehmerlohns über indirekte (möglichst objektive) Leistungsmaßstäbe für das Tätigsein des Unternehmers im Betrieb versucht, so kommen hierfür Größen wie Umsatz, Beschäftigtenzahl, Auftragsbestand und Rentabilität in Frage. Eines der bekanntesten Verfahren, die sich aus derartigen Größen ableiten, ist die aus dem Jahre 1940 stammende sogenannte »Seifenformel«, die in der Seifen-Industrie verwendet wurde:

$$\text{Unternehmerlohn p. a.} = 18\sqrt{\text{Jahresumsatz}}$$

Der Erfolg der »Seifenformel« ist wohl darauf zurückzuführen (sie wird in manchen Unternehmen der Kosmetikindustrie noch immer verwendet), daß sie so leicht anwendbar ist und auch berücksichtigt, daß der Unternehmerlohn degressiv mit dem Umsatz steigen sollte. Allerdings führt die Methode bei Kleinbetrieben zu völlig undiskutablen Ergebnissen: Z. B. würde bei einem Jahresumsatz einer Wirtschaftsprüfergesellschaft von € 250.000,–– ein jährlicher Unternehmerlohn von € 9.000,–– entstehen.

Es soll an dieser Stelle schon die für die Kostenstellenrechnung bedeutsame Frage angesprochen werden, wie der Unternehmerlohn auf die Kostenstellen zugeordnet werden kann, da eine direkte Zuordnung auf Kostenträger nicht möglich ist. Hierbei sollte man die Verteilung nach dem primären Tätigsein des mitarbeitenden Unternehmers vornehmen (z. B. 50 % auf Vertrieb, 25 % auf technischen Bereich und 25 % auf administrativen Bereich; je nach den Schwerpunkten der unternehmerischen Tätigkeit müßten sich diese Prozentzahlen entsprechend verändern).

6.4.5.2 Kalkulatorische Miete

Die kalkulatorische Miete wird meist für die betrieblich genutzten Räume im privaten Haus des Unternehmers angesetzt, für die sonst – wie beim kalkulatorischen Unternehmerlohn – in der Kostenrechnung kein Äquivalent auftauchen würde. Neuere Tendenzen gehen dazu über, auch für betriebseigene Gebäude als Normalkosten mit kalkulatorischer Miete zu rechnen und den tatsächlichen Aufwand für die Gebäude als neutral zu betrachten. Dies erscheint immer dann sinnvoll, wenn es dem Unternehmen möglich wäre, die eigenen Gebäude zu einem erheblich über dem tatsächlichen Aufwand liegenden Preis zu vermieten (dieses Problem kann sich allerdings im Grunde bei allen Kostenarten stellen). Zuweilen werden unter kalkulatorischer Miete alle Raumkosten zusammengefaßt (kalkulatorische Raumkosten), unabhängig davon, ob es sich um eigene oder fremd gemietete Räume handelt.

6.4.5.3 Kalkulatorische Abschreibungen

Kalkulatorische Abschreibungen erfassen den Wertverzehr, der in einer Abrechnungsperiode für die Wertminderung materieller oder immaterieller Gegenstände des Anlagevermögens durch den betrieblichen Leistungserstellungsprozeß anzusetzen ist (in der Praxis ist hierfür auch die aus dem Handels- und Steuerrecht stammende Abkürzung »AfA« – *A*bsetzung *f*ür *A*bnutzung – gebräuchlich). Anders als die Verbrauchsobjekte (z. B. Holz in einer Möbelfabrik) werden die Gebrauchsobjekte (Maschinen, Gebäude) nicht Bestandteil der erzeugten Leistungen; es findet also kein physisches Aufzehren dieser Objekte im Betrieb statt, sondern aus verschiedenen Gründen eine Verringerung des objektgebundenen Wertes. Die *wichtigsten Abschreibungsursachen* sind:

1. *Abschreibung wegen Verschleiß*
   - Verschleiß durch Nutzung
   - Natürlicher Verschleiß (ruhender Verschleiß)
   - Substanzabbau

2. *Abschreibung aufgrund des Fortschritts*
   - Wertminderung aufgrund der Technikentwicklung (technischer Fortschritt)
   - Wertminderung aufgrund der wirtschaftlichen Entwicklung
   - Wertminderung aufgrund von Bedarfs- und Nachfrageverschiebungen
   - Wertminderung aufgrund sinkender Wiederbeschaffungspreise
   - Wertminderung aufgrund sinkender Absatzpreise

3. *Abschreibung wegen Rechtsablauf*
   - Ablauf von Miet- und Pachtverträgen
   - Ablauf von Rechten für Patente, Lizenzen, Erfindungen, Gebrauchsmusterschutz
   - Ablauf von Konzessionen
   - Ablauf aufgrund von Heimfallverträgen
   - Ablauf aufgrund von veränderten Rechtsnormen (z. B. Enteignungen, Umweltschutz, soziale Normen)

4. *Abschreibung aufgrund außerordentlicher Ereignisse*
   - Katastrophenverschleiß
   - Fehlinvestition

5. *Abschreibung nichtkostenrechnerischer Art*
   - Steuerpolitische Ursachen
   - Bilanzpolitische Ursachen

Auf zwei Sonderfälle in Verbindung mit dem Wertverzehr bei *Grundstücken* ist hinzuweisen: Einerseits gehören Grundstücke regelmäßig zu dem Teil des Anlagevermögens, der trotz Nutzung *keinen Wertverzehr* erfährt (das genutzte Grundstück gibt Nutzungspotentiale ab, ohne dabei an Wert zu verlieren; dies gibt es daneben nur bei Finanzanlagen, z. B. Darlehen), andererseits ist in Betreiben der Urproduktion (z. B. Kohlebergbau) bei den dort vorhandenen sogenannten Abbaugrundstücken der Sonderfall eines sich *substanzmäßig* sichtbar *verringernden Vermögensobjektes* gegeben.

Um die *Bestimmungsfaktoren* der kalkulatorischen Abschreibung abzuleiten, muß Klarheit darüber geschaffen werden, welche Determinanten allgemein die Abschreibung bestimmen; dies sind:

- Abschreibungsbemessungsgrundlage,
- Abschreibungsdauer und
- Abschreibungsmethode.

Abschreibungsbemessungsgrundlage

Die Bemessungsgrundlage der Abschreibungen wird von den Werten verkörpert, die in direkter oder indirekter Beziehung zum Abschreibungsobjekt (z. B. Maschine) stehen. Abbildung 31 gibt einen Gesamtüberblick über derartige Werte:

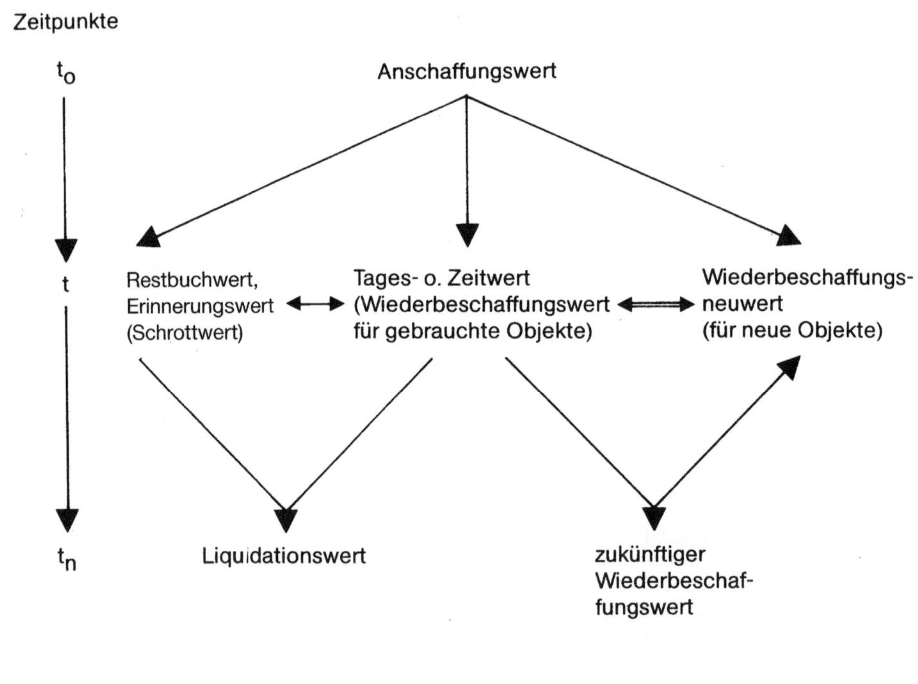

Abb. 31: Begriffssystem zur Abschreibungsbemessungsgrundlage

Ausgangspunkt im Begriffssystem von Abbildung 31 ist der im Beschaffungszeitpunkt (t_0) geltende *Anschaffungswert*, der sich aus dem Anschaffungspreis und den innerbetrieblichen Installationskosten zusammensetzt. Während dieser Wert noch völlig unproblematisch bestimmt werden kann, müssen alle anderen Werte zum Teil auf sehr komplizierte Art und Weise abgeleitet werden.

Der *Restbuchwert* und der *Erinnerungswert* sind wie nach handels- und steuerrechtlichen Gesichtspunkten aus dem Anschaffungswert meist direkt abgeleitete Bilanzwerte, wobei als Bewertungsprinzip das gemilderte Niederstwertprinzip gilt (d.h. daß bei niedrigerem Tageswert auf diesen Wert ausgewichen werden kann). Restbuchwert und Erinnerungswert können vom objektiven Wert (Marktwert) eines Vermögenspostens zum Zeitpunkt t erheblich abweichen, etwa wenn am Markt starke Preissteigerungen zu verzeichnen sind. Der *Tages- oder Zeitwert* ist ein solcher Marktpreis für (gebrauchte) Vermögenswerte; die Bezeichnung *Wiederbeschaffungswert* wird hierfür ebenfalls verwendet, ist jedoch ohne den Zusatz Gebrauchtwert leicht mißverständlich. Die Ermittlung des Tages- oder Zeitwertes kann mehr oder weniger exakt erfolgen. Zum Teil bestehen umfangreiche Gebrauchtmärkte (z. B. für Textilmaschinen, Ziegeleimaschinen) mit entsprechenden Preislisten, daneben gibt es Verbandsempfehlungen, und es besteht die Möglichkeit, mit Preisindizes (z. B. des statistischen Bundesamtes oder des VDMA) die Tageswerte hochzurechnen. Schließlich können die Gebrauchtwerte noch aus den Neuwerten vergleichbarer Vermögenswerte, den *Wiederbeschaffungsneuwerten,* abgeleitet werden, wobei jedoch das Problem des technisch-wirtschaftlichen Fortschritts, der in den Neuanlagen enthalten ist, nicht übersehen werden darf.

In der Praxis werden, wenn keine gesicherten Wiederbeschaffungswerte ermittelt werden können, entweder die Herstellungskosten oder Anschaffungskosten verwendet oder die folgenden Methoden angewandt:

Afa durch stufenweise Korrektur der Basis (stufenweise Ermittlung des Wiederbeschaffungswertes)

Hier geht man vom Anschaffungswert aus und schätzt die Nutzungsdauer äußerst vorsichtig und schreibt zunächst für diese vorsichtig geschätzte Dauer ab. Immer für die auf Null abgeschriebenen Anlagegüter, die noch einsetzbar sind, werden die Zeitwerte ermittelt und der Differenzbetrag zum ursprünglichen Anschaffungswert auf die wieder sehr vorsichtig geschätzte Restlaufzeit abgeschrieben.

Beispiel:

Anschaffungsjahr 2003 Nutzungsdauer 10 Jahre, Anschaffungswert € 100.000,--

AfA 2003 – 2012 pro Jahr € 10.000,–– = 1. Stufe
Zeitwert 2003 angenommen € 130.000,––
Restnutzungsdauer 4 Jahre

$$\text{AfA } 2013 - 2016 \ \frac{€\ 30.000,\text{--}}{4} = 7.500,\text{—}\ \text{p.a.} = 2.\ \text{Stufe}$$

Zeitwert 2017 angenommen € 150.000,––
Restnutzungsdauer 2 Jahre

$$\text{AfA } 2017 - 2018 \ \frac{€\ 20.000,\text{--}}{2} = 10.000,\text{—}\ \text{p.a.} = 3.\ \text{Stufe}$$

Dieses Verfahren ist natürlich gegenüber dem geschilderten Indexverfahren insofern einfacher, als hier nur jedes Jahr die Maschinen umgewertet werden müssen, die zufällig in diesem Jahr mit ihrem kalkulatorischen Restwert auf Null kommen. Bei dem Indexverfahren müßte das gesamte Anlagevermögen jedes Jahr umgewertet werden.

AfA unter Null

Auch hier wird die Nutzungsdauer sehr vorsichtig geschätzt und ebenfalls als Basis der Anschaffungswert herangezogen. Die so erreichten Abschreibungsquoten werden solange verwendet, wie die Maschine läuft. Der Wiederbeschaffungswert und der Restwert werden nicht berücksichtigt. Man argumentiert hier damit, daß die Maschine, solange sie eingesetzt wird, auch Abschreibungen tragen muß. Dieses Verfahren ist sehr einfach und für die Praxis besonders empfehlenswert. Das Risiko, Fehler zu machen, ist etwas größer als bei den beiden anderen Verfahren. Zum Beispiel könnten Maschinen schon vor dem geplanten Nutzungsende nicht mehr verwendet werden können oder Preissteigerungen bzw. -senkungen eintreten. Die Einfachheit spricht aber für dieses Verfahren, wobei man oft zum gleichen Ergebnis wie beim Indexverfahren kommt.

Ermittlung der Wiederbeschaffungspreise

Die Ermittlung der Wiederbeschaffungspreise bereitet in der Praxis oft Schwierigkeiten, da man tatsächlich nur schwer voraussehen kann, wie hoch der Wiederbeschaffungswert einer jetzt angeschafften Maschine in 10 Jahren ist. Auch die Nutzungsdauer kann nur aufgrund technischer Unterlagen und Erfahrungen annähernd genau geschätzt werden. Um den zunächst nicht bekannten Wiederbeschaffungswert zu ermitteln, gibt es drei Methoden:

- AfA vom jährlich geänderten Zeitwert (Indexverfahren)
- AfA durch stufenweise Korrektur der Basis
- AfA unter Null

AfA vom jährlich geänderten Zeitwert/Indexverfahren

Indexverfahren: Das Statistische Bundesamt gibt jedes Jahr eine breit gegliederte Liste von Preisindizes für Maschinen heraus und einzelne Fachverbände machen für ihre speziellen Maschinenparks Auszüge aus diesen Index-Listen. Damit besteht die Möglichkeit, den gesamten Maschinenpark auf den Wiederbeschaffungswert umzurechnen.

Ein Einwand, der insbesondere im öffentlichen Preisrecht zu langen Diskussionen führte, ging dahin, daß die Preisindizes gar nicht die Preisentwicklung einer alten existierenden Maschine beinhaltet, sondern den Preisindex einer neueren, rationeller arbeitenden Maschine. Die Informationen des Statistischen Bundesamtes in Wiesbaden gehen jedoch dahin, daß diese Einflüsse der technischen Entwicklung durch Verkettung eliminiert seien und daß der Preisindex nur die Einflüsse enthält, die von Kostenänderungen oder von einer Veränderung der Marktsituation herrühren.

Wiederbeschaffungswert =

$$\text{Anschaffungswert} \times \frac{\text{Preisindex des Abschreibungsjahres}}{\text{Preisindex des Anschaffungsjahres}}$$

Beispiel:

$$€\ 100.000,\text{--} \times \frac{180\,\%}{120\,\%} = €\ 150.000,\text{--}$$

Weil Vermögenswerte zu einem bestimmten Ersatzzeitpunkt (t_n) aus dem Betrieb ausscheiden, sind unter dem Aspekt der Substanzerhaltung auch der Liquidationswert und der zukünftige Wiederbeschaffungswert bedeutsam. Während der *Liquidationswert* (meist der *Schrottwert)* und die Liquidationskosten sich heute sehr oft kompensieren, so daß der Wert in der Praxis seine Bedeutung weitgehend verloren hat, stellt der *zukünftige Wiederbeschaffungswert* (trotz der Schwierigkeit, diesen Wert vorauszubestimmen) einen bedeutsamen betrieblichen Entscheidungsparameter dar.

Abschreibungsdauer

Die Abschreibungsdauer eines Vermögensgegenstandes bestimmt sich über die *kalendermäßige Nutzungsdauer* (z. B. bei Gebäuden in Jahren gemessen) oder über das *Leistungspotential* (z. B. Gesamtfahrstrecke eines LKW; Betriebsstunden eines Leuchtkörpers); dabei sind *Mischformen* möglich (etwa wenn natürliche zeitabhängige Alterungsprozesse und Leistungsbelastung kombiniert auftreten, wie z. B. bei Kunststofflagern).

Die konkrete Festlegung der Abschreibungsdauer stellt ein Prognoseproblem dar, das sich noch besonders dadurch erschwert, daß eine Vielzahl externer Größen die meist wirtschaftliche Grenze der Nutzung mit beeinflußt. Getrennt wird zwischen einer *Mindestabschreibungsdauer*, gleichzusetzen mit den in den steuerlichen Abschreibungstabellen (AfA-Tabelle) aufgeführten Zeiten, einer *objektiv zu erwartenden und einer Höchstnutzungsdauer* (unter optimistischen Erwartungen).

Abschreibungsmethode

Um den abzuschreibenden Betrag auf die Abschreibungsdauer zu verteilen, wurden verschiedene Verfahren entwickelt, von denen die wichtigsten im folgenden kurz dargestellt werden sollen:

Lineare Abschreibungsmethode

Die lineare Abschreibung ist die einfachste und auch in der Praxis am häufigsten anzutreffende Form der Abschreibung. Für jede Einheit der Nutzungsdauer (z. B. Jahre) bzw. für jedes Leistungspotential (z. B. Stück, km) wird ein gleicher Betrag verrechnet. Damit ergeben sich die Abschreibungsbeträge im Jahr entweder als fester Betrag (bei der Zeitabschreibung) oder als beschäftigungsabhängige Größe (bei Abschreibung über Leistungsgrößen).

Der jährliche Abschreibungsbetrag kann sich auch bei linearer Abschreibung ändern, nämlich entweder wenn die Nutzungsintensität variiert oder wenn Bemessungsgrundlage bzw. Abschreibungsdauer sich verändern.

Arithmetisch-degressive Abschreibungsmethode (digitale Methode)

Die arithmetisch-degressive Methode setzt Abschreibungsquoten an, die sich in jeder Periode um den gleichen Betrag reduzieren. Ein Beispiel soll dies verdeutlichen:

Bemessungsgrundlage € 100.000,--; 10 Nutzungsjahre. Addiert man die Nutzungsjahre wie folgt auf: 1+2+3+4+5+6+7+8+9+10=55 und dividiert den abzuschreibenden Betrag durch diese Summe, so erhält man 100.000 : 55 = 1.818,--.

Diese Größe wird nun auf die einzelnen Abschreibungsperioden verteilt, indem mit der jeweiligen Laufzahl (Restjahre) multipliziert wird, also im ersten Jahr mit der höchsten Laufzahl, und jedes Jahr dann mit der reduzierten Laufzahl:

AfA im 1. Jahr 1.818 x 10 = 18.180,--
AfA im 2. Jahr 1.818 x 9 = 16.362,--
AfA im 3. Jahr 1.818 x 8 = 14.544,--
AfA im 4. Jahr 1.818 x 7 = 12.726,-- usw.

Geometrisch-degressive Methode

Diese Methode arbeitet mit einem festen Prozentsatz vom jeweiligen Restbuchwert. Angenommen € 100.000,-- für einen Anlagegegenstand und Nutzungsdauer wieder 10 Jahre, so würde sich die Abschreibung in den einzelnen Jahren wie folgt entwickeln:

AfA im ersten Jahr € 10.000,--, Restwert € 90.000,--
AfA im zweiten Jahr € 9.000,--, Restwert € 81.000,--.

AfA im dritten Jahr € 8.100,––, Restwert € 72.900,–– usw.

Dieses Verfahren würde, mathematisch bedingt, nie den Nullpunkt erreichen, d. h. es bliebe stets ein Restwert; man muß also irgendwann auf eine andere Methode übergehen.

Als Argument für die degressive Methode wird angeführt, daß die Reparaturkosten im Zeitablauf ohnehin ansteigen würden. Wenn man nun in dieser Methode immer weniger abschreibt, so würde der Gesamtbetrag Abschreibung plus Reparatursumme in etwa konstant bleiben.

Progressive Abschreibungsmethode

Die progressive Abschreibung (Abschreibung mit steigenden Quoten), bei deren Anwendung von Periode zu Periode steigende Abschreibungsquoten angesetzt werden, hat nur theoretische Bedeutung für jene Unternehmen, die in der Gründungsphase sind und bei denen eine Abnutzung vielleicht erst in späteren Jahren tatsächlich eintritt.

Bestimmung der bilanzmäßigen Abschreibungsbeträge

Um die Unterschiede zwischen bilanzieller und kalkulatorischer Abschreibung zu verdeutlichen, sollen zunächst die für die *Buchhaltung* geltenden *Abschreibungsprinzipien,* die auf den Normen des Handels- bzw. Steuerrechts beruhen, genannt werden:

- Abschreibungsbemessungsgrundlage: Anschaffungswert bzw. Herstellungskosten; bei niedrigerem Tageswert gilt das gemilderte Niederstwertprinzip.
- Abschreibungsdauer: An den in den AfA-Tabellen (Absetzung für Abnutzung) festgelegten Nutzungszeiten orientiert.
- Abschreibungsmethoden: Lineare und degressive Methoden.

Bestimmung der kalkulatorischen Abschreibungsbeträge

Die Bestimmung der kalkulatorischen Abschreibungen ist von den externen Normen, die für die bilanzmäßigen Abschreibungen gelten, losgelöst. Statt des *Ziels* optimaler Steuer- und Bilanzpolitik gilt wiederum der Grundsatz der *Objektivität und Normalität.* Demnach bestimmt sich:

- Abschreibungsbemessungsgrundlage: Tages- oder Zeitwert (gegenwärtiger Wiederbeschaffungswert des gebrauchten Objektes)
- Abschreibungsdauer: Objektiv geschätzte (erwartete) Nutzungsdauer in Jahren oder Leistungseinheiten
- Abschreibungsmethode: Lineare Methode

Somit ergibt sich ein *Abschreibungsbetrag*, indem der ermittelte *Tageswert durch* die *verbleibende Nutzungsdauer (bzw. Leistungseinheiten) dividiert* wird (aushilfsweise ist der Wiederbeschaffungsneuwert durch die erwartete Gesamtnutzungsdauer zu teilen).

Der *Tageswert* ist für die Kostenrechnung der aktuellste Wert, da er den komplexen Angebots- und Nachfrageverhältnissen am ehesten entspricht. Er ist dem Wiederbeschaffungsneuwert vorzuziehen, da er unabhängig von Nachfrage- und Knappheitssituation besteht (Beispiel: einheimische Luxusfahrzeuge, die nach einem Jahr Nutzung einen höheren Tageswert haben als die – nicht verfügbaren – Neuwagen). Eine Abschreibung vom zukünftigen Wiederbeschaffungswert wäre deshalb falsch, weil sie auf der Überlegung basiert, daß die verdienten kalkulatorischen Abschreibungsbeträge bis zur Neuanschaffung ohne Nutzen (im »Sparstrumpf«) bleiben, während sie in Wirklichkeit betrieblich grundsätzlich reinvestiert oder zumindest zinsbringend angelegt werden.

Die Orientierung der kalkulatorischen Abschreibungen an der *Bemessungsgrundlage Tageswert* hat zur Folge, daß eine jährliche Anpassung dieses Wertes in der Kostenrechnung notwendig wird. Dies kann wiederum positionsweise erfolgen (etwa bei Großobjekten) oder insgesamt pauschal vorgenommen werden.

Die *Abschreibungsdauer*, die den kalkulatorischen Abschreibungen zugrunde gelegt wird, soll sich an der *objektiv erwarteten Nutzungsdauer bzw. dem Leistungspotential* orientieren; jede *Unterschätzung* der Leistungsdauer führt im Betrieb zum Entstehen von *verdeckten Gewinnen* (weil die tatsächliche Nutzungsdauer dann die erwartete übersteigt); dagegen führt eine *Überschätzung* dazu, daß der *abzuschreibende Betrag nicht verdient* wird.

Als *Abschreibungsmethode* ist in der Kostenrechnung grundsätzlich die *lineare Methode* anzuwenden; jedes Abweichen von diesem Prinzip würde das objektive Bild der Kostenrechnung verzerren. (Beispiel: Würde etwa die degressive Abschreibungsmethode Anwendung finden, so hätte dies zur Folge, daß bei zwei funktions- und leistungsgleichen Maschinen, die jedoch zu unterschiedlichen Zeitpunkten angeschafft wurden, die ältere Maschine mit niedrigeren kalkulatorischen Abschreibungen belastet wäre als die neuere. Die Folge wäre, daß jeder versuchen würde, seine Aufträge auf der alten Maschine abzuwickeln, da diese »kostengünstiger« arbeitet).

Bei der geschilderten Vorgehensweise zur Bestimmung der kalkulatorischen Abschreibungen ist nicht auszuschließen, daß sich im Zeitablauf *Fehler*, insbesondere bei der *Beurteilung der Nutzungsdauer*, herausstellen. Werden solche Fehler entdeckt, so darf in der Kostenrechnung keinesfalls versucht werden, diese Fehler wieder auszugleichen, vielmehr ist so vorzugehen, als wäre von Anfang an richtig entschieden worden. Ein Beispiel soll dies verdeutlichen: Die Abschreibungsbemessungsgrundlage für eine Maschine beträgt 100.000,–– €; die erwartete Nutzungsdauer 5 Jahre. Nach 3 Jahren Nutzung wird festgestellt, daß die Nutzungsdauer insgesamt nur 4 Jahre betragen wird. In den ersten 3 Jahren wurden 3 x 20.000,–– €, also insgesamt 60.000,–– € abgeschrieben. Würde jetzt versucht, den Restbetrag von 40.000,––

€ im letzten Nutzungsjahr hereinzubringen, so würde damit ein doppelt so hoher Abschreibungsbetrag wie in der Vorperiode anzusetzen sein. Die zwangsläufige Folge wären Absatzschwierigkeiten für die auf dieser Maschine gefertigten Produkte. Bei kostenrechnerisch richtigem Vorgehen muß in diesem Fall so getan werden, als wäre von Anfang an richtig gerechnet worden (objektives Vorgehen), so daß für das 4. Jahr ein Abschreibungsbetrag von 25.000,-- € anzusetzen ist.

Eine weitere Konsequenz der geschilderten Vorgehensweise ist, daß bei möglichst objektiven Ansätzen die positiven und negativen Abweichungen von den Erwartungswerten sich annähernd ausgleichen werden.

6.4.5.4 Kalkulatorische Zinsen

Kalkulatorische Zinsen haben die Aufgabe, den Wertverbrauch zum Ausdruck zu bringen, der durch die *Nutzung* des *betriebsnotwendigen Kapitals* entsteht. Der Ansatz kalkulatorischer Zinsen bedeutet, daß sämtliche tatsächlich bezahlten Zinsen (Bank-, Lieferanten-, Hypotheken-, Wechselzinsen) in der Finanzbuchhaltung verbleiben und in der Kostenrechnung nicht berücksichtigt werden.

Die kalkulatorischen Zinsen sind für das auf der Basis von *Wiederbeschaffungswerten (Tageswerten)* ermittelte betriebsnotwendige Kapital anzusetzen. Wird dem Unternehmen branchenüblich zinslos Fremdkapital zur Verfügung gestellt (Anzahlungen von Kunden), so ist das betriebsnotwendige Kapital um diese als *Abzugskapital* bezeichneten Korrekturposten zu kürzen und nur der Rest zu verzinsen.

Betriebsnotwendig sind alle Vermögensteile, die der Erfüllung des *Betriebszwecks* dienen und die entsprechend eingesetzt sind. Das ist z. B. nicht der Fall, wenn in der Bilanz einer Brauerei Aktien einer Bank oder an Dritte vermietete Wohnhäuser ausgewiesen werden. Beide Posten sind Geldanlagen, die dem Betriebszweck der Brauerei nicht entsprechen. Zinsen für Kapital, das nicht dem Betriebszweck dient, können ex definitione keine Kosten sein. Das betriebsnotwendige Kapital wird sich normalerweise aus *Eigen- und Fremdkapital* zusammensetzen. Die Berechnung der kalkulatorischen Zinsen aus der *Gesamtsumme* ist notwendig, weil auch Eigenkapital etwas kostet, nämlich den Verzicht auf die Zinsen, die der Kapitalgeber erhalten würde, wenn er sein Geld anderweitig anlegen würde. Hier liegt auch der Grund für die Bewertung zum Wiederbeschaffungswert. Der Kapitalgeber würde hier nicht den Buchwert seines Kapitals anlegen, sondern die Summe, die sich bei der Veräußerung der entsprechenden Vermögensteile erzielen läßt. Dieser Kaufpreis entspricht in der Regel dem Wiederbeschaffungswert. Als Zinsfuß ist der landesübliche Zinssatz für (mündelsichere) langfristige Geldanlagen anzusetzen. Für die Ermittlung der kalkulatorischen Zinsen gibt es die beiden im folgenden beschriebenen Verfahren:

- Globalverfahren
- Positionsweise Erfassung und Verrechnung kalkulatorischer Zinsen

Globalverfahren

Beim sogenannten Globalverfahren wird von den in der Bilanz erfaßten betriebsnotwendigen Vermögensteilen (nicht betriebsnotwendige Vermögensteile sind vorab zu eliminieren) ausgegangen. Soweit die Wertansätze in der Bilanz von den Wiederbeschaffungswerten (Tageswerten) abweichen, wie das etwa bei Grundstücken, Gebäuden und Maschinen häufig der Fall sein wird (nicht dagegen etwa bei Bankguthaben, Bargeldbeständen und Forderungen), sind sie entsprechend zu korrigieren. Von der Summe der Tageswerte der betriebsnotwendigen Vermögensgegenstände ist sodann das Abzugskapital abzuziehen. Der verbleibende Betrag ist die Basis für die Ermittlung der kalkulatorischen Zinsen.

Außer Ansatz bleiben also alle nicht betriebsnotwendigen Teile (nicht genutzte und fremd genutzte Grundstücke, Gebäude, Anlagen, Anlagenteile, stillgelegte Anlagen und stillgelegte Betriebsabteilungen, gepachtete Anlagen, Wertpapiere, mit denen keine unternehmenspolitischen Ziele verfolgt werden, usw.).

Die *kalkulatorischen Zinsen* werden dann wie folgt ermittelt:

$$\text{kalk. Zinsen} = \frac{\text{betriebsnotwendiges Vermögen x kalkulatorischer Zinssatz}}{100}$$

Positionsweise Erfassung und Verrechnung kalkulatorischer Zinsen

Bei diesem zweiten Verfahren werden die kalkulatorischen Zinsen für einzelne Vermögensgegenstände bzw. für homogene Gruppen von Vermögensgegenständen jeweils gesondert ermittelt, weil für die Ermittlung der auf *abnutzbare Vermögensgegenstände* entfallenden kalkulatorischen Zinsen eine periodenbezogene Durchschnittsverzinsung problematisch ist, da bei linearer Abschreibung, gleichbleibendem Wiederbeschaffungswert und gleichbleibendem Zinsfuß die Zinsbelastung im Zeitablauf stetig abnimmt. Damit werden neue Betriebsmittel stärker belastet als ältere Anlagen. Im Falle einer Ersatzinvestition ergibt sich eine sprunghafte Erhöhung der Zinsbelastung. Außerdem werden durch diese Art der Zinsberechnung Kostenvergleiche zwischen alten und neuen Anlagen verzerrt. Für *abnutzbare Vermögensgegenstände* ist deshalb die auf die Nutzungsdauer bezogene *Durchschnittsverzinsung* vorzuziehen. Die Vorgehensweise beruht auf der Überlegung, daß bei linearer Abschreibung, gleichbleibendem Wiederbeschaffungswert und gleichbleibendem Zinsfuß während der gesamten Nutzungsdauer einer (abnutzbaren) Anlage durchschnittlich die Hälfte des ursprünglich investierten Kapitals (= Wiederbeschaffungsneuwert) gebunden ist. Eine Berechnung der kalkulatorischen Zinsen auf dieser Grundlage führt, da die Ausgangsbasis unverändert bleibt, unter den genannten Voraussetzungen zu einer *gleichmäßigen Zinsbelastung* in allen Abrechnungsperioden.

Für diesen Fall gilt:

$$\text{kalk. Zinsen} = \frac{\text{Wiederbeschaffungsneuwert x kalk. Zinssatz}}{2 \times 100}$$

$$= (\text{Wiederbeschaffungsneuwert x halber kalk. Zinssatz}) : 100$$

Die Feststellung, daß Wiederbeschaffungsneuwert und Zinsfuß im Zeitablauf eben nicht gleich bleiben, ist kein stichhaltiger Einwand gegen die geschilderte Vorgehensweise. Bei diesen Veränderungen handelt es sich um Kostensteigerungen, wie sie auch bei anderen Kostenarten zu beobachten sind.

6.4.5.5 Kalkulatorische Wagnisse

Kalkulatorische Wagnisse sind eingegangene *Risiken,* die sich aus der betrieblichen Tätigkeit ergeben und die kostenrechnerisch zu erfassen sind. Es handelt sich dabei um *potentielle Schadensfälle und Verluste,* die nach Höhe und Zeitpunkt des Anfalls unbestimmt sind. Grundsätzlich lassen sich zwei völlig unterschiedliche Formen kalkulatorischer Wagnisse unterscheiden:

- Das allgemeine Unternehmerwagnis
- Die Einzelwagnisse (spezielle Wagnisse)

Das allgemeine Unternehmerwagnis besteht darin, daß der Unternehmer Gefahr läuft, infolge von Konjunkturschwankungen, plötzlichen Nachfrageverschiebungen, technischen Entwicklungen, Inflation, wirtschaftlichem Fortschritt, politischen Änderungen usw. sein Kapital ganz oder teilweise zu verlieren. Diese Wagnisse werden nicht als Kostenfaktor angesehen, sondern müssen im Gewinn Berücksichtigung finden.

Wenn das allgemeine Unternehmerwagnis nicht kalkulierbar, nicht versicherbar und nicht exakt erfaßbar ist, so sind die *Einzelwagnisse* versicherbar und, wenngleich schwer, so doch in etwa kalkulierbar. Es handelt sich hier um Risiken, die ihrer Art nach auch Gegenstand eines Versicherungsvertrages sein können. Bei der Kalkulation der speziellen Wagnisse sind bereits eingetretene oder zu erwartende Wertminderungen, die von keiner anderen Kalkulationsposition abgedeckt sind, zu berücksichtigen. Diese Einschränkung bedeutet, daß nur solche Einzelwagnisse als kalkulatorische Kosten angesetzt werden dürfen, die nicht bereits durch Fremdversicherungen abgedeckt sind, weil sonst eine Doppelbelastung in die Kostenrechnung eingehen würde. Sofern entsprechende Versicherungen bestehen, gehen die Versicherungsbeiträge als Grundkosten in die Kostenrechnung ein. Als kalkulatorische Wagniskosten können auch die Beträge angesetzt werden, die von der Fremdversicherung nicht vergütet werden (Selbstbeteiligung).

Die aus den Wagnissen resultierenden Schäden, die oft ein erhebliches Ausmaß haben (z. B. Kesselexplosion), können nicht als Kosten der betreffenden Periode verrechnet werden. Die entsprechenden Beträge sind vielmehr als neutraler Aufwand zu behandeln. In der Kostenrechnung werden dann, um einen Ausgleich zu schaffen, *(quasi als Selbstversicherung)* normalisierte Wagniskosten angesetzt. Die Höhe der entsprechenden Beträge ist aufgrund von Erfahrungswerten zu ermitteln bzw. zu schätzen.

Die Ermittlung der *Höhe der kalkulatorischen Wagnisse* ist in der Praxis schwer, da über die effektiv auftretenden Wagnisverluste im Rechnungswesen oft keine oder nur ungenügende Unterlagen zur Verfügung stehen (Grund: Ausrichtung des Rechnungswesens vorwiegend nach steuerlichen Gesichtspunkten. Beispiel: Für das steuerliche Ergebnis ist es gleichgültig, ob im Materialbereich das fehlende Material verbraucht oder durch Diebstahl, Schwund reduziert wurde. Steuerlich gesehen, ist alles verbraucht worden.). Nicht zuletzt deshalb ist es für den Kostenrechner meist sehr schwer, sich die entsprechenden Unterlagen für den Ansatz kalkulatorischer Wagniskosten zu bilden. Meist werden daher die Wagniskosten normalisiert (aufgrund von Vergangenheitswerten, z. B. Sammlung der effektiven Werte der letzten 4 - 5 Jahre; dann Durchschnitt bilden), oder es wird aufgrund statistischer und theoretischer Überlegungen pro Wagnisart ein sogenannter Wagnissatz ermittelt. Dieser Wagnissatz wird auf eine Bezugsgröße bezogen, von der man glaubt, daß sie verursachungsgerecht ist. Mit diesem Wagnissatz werden dann die jeweiligen Bezugsgrößen multipliziert und gehen so als statistische Größen in die Kostenrechnung ein.

Die *tatsächlichen Schadensfälle* werden dann nicht als Kosten, sondern als *Aufwand* in der Finanzbuchhaltung erfaßt. Langfristig ist ein Ausgleich zwischen tatsächlich auftretendem Wagnis und kalkulatorisch verrechneten Wagniskosten (= Wagnissatz) anzustreben.

$$\text{Wagnissatz} = \frac{\text{angemessene Wagnisse x 100}}{\text{Bezugsgröße}}$$

Beispiel für die Bildung des Wagnissatzes:

Garantie, Nachlässe, kostenlose Ersatzlieferungen betrugen in einem Unternehmen in den letzten Jahren im Mittel € 150.000,–– (sie schwankten in den einzelnen Jahren zwischen € 140.000,–– und 160.000,––). Die Selbstkosten der letzten Abrechnungsperioden betrugen durchschnittlich 15 Mio. €.

$$\text{Wagnissatz} = \frac{150.000 \text{ x } 100}{15.000.000} = 1\ \%$$

Zur kalkulatorischen Absicherung des Garantie- und Gewährleistungswagnisses ist mit einem Wagniszuschlag von 1 % auf die Selbstkosten zu rechnen.

2. Beispiel: Schwund und Diebstahl verursachten in den letzten drei Jahren in einem Unternehmen einen Verlust im Fertigungslager in Höhe von € 60.000,-- (Grundlage: Aufzeichnungen der Lagerbuchhaltung). Als Bezugsgröße wird der Fertigungsmaterialeinsatz angenommen. Er betrug im ersten Jahr € 500.000,--, im zweiten Jahr € 600.000,--, im dritten Jahr € 700.000,--.

Es ergibt sich als Wagniszuschlag für das Beständewagnis:

$$\frac{60.000,\text{--} \times 100}{1.800.000,\text{--}} = 3{,}3\ \%$$

Folgende *wesentlichen Einzelwagnisse* sind als kalkulatorische Wagnisse zu verrechnen:

- Beständewagnis (Vorrätewagnis),
- Fertigungswagnis (Herstellungswagnis),
- Gewährleistungswagnis,
- Entwicklungswagnis,
- Anlagenwagnis,
- Vertriebswagnis und
- branchenspezifische Wagnisse.

Diese Einzelwagnisse sollen im folgenden kurz erläutert werden, wobei im Vorgriff auf die Kostenstellenrechnung bereits eine Beschreibung der Zuordnungsmöglichkeiten erfolgt:

Beständewagnisse (Ansatz der Wertminderungen für Roh-, Hilfs- und Betriebsstoffe, halbfertige und fertige Erzeugnisse durch Schwund, Korrosion, Veralterung, Abwertungen, Güteminderungen, Preissenkungen). Zuordnung: Lager für Roh-, Hilfs- und Betriebsstoffe bzw. Halbfabrikate und Fertigfabrikatelager.

Fertigungswagnisse beinhalten den überdurchschnittlichen, in den Ansätzen der Kalkulation nicht enthaltenen Ausschuß; dazu Nacharbeiten, Mehrarbeiten durch Material- sowie Arbeits- und Konstruktionsfehler. Zuordnung: Die Kostenstellen müssen belastet werden, die den Ausschuß zu vertreten haben (z. B. Fertigungsstellen, aber auch Einkauf, Entwicklungsabteilung, Konstruktionsabteilung usw.).

Gewährleistungswagnisse bestehen aus Nacharbeiten, Nachlässen, kostenlosen Ersatzlieferungen, Garantieverpflichtungen und Ausbesserungen. Zuordnung: Fertigungs- bzw. Kontrollstellen.

Entwicklungswagnisse entstehen durch Fehlkonstruktionen, Fehlversuche, fehlgeschlagene Versuchs- und Entwicklungsarbeiten, Aufwendungen für mißlungene Forschungen.

Anlagenwagnisse entstehen durch Verluste an Anlagegütern infolge außergewöhnlicher Ereignisse (Unfälle, Betriebsstörungen, unsachgemäße Behandlung von Betriebsmitteln. Die Zuordnung sollte auf die Kostenstellen, in denen die betreffenden Maschinen und Anlagen installiert sind, erfolgen.

Vertriebswagnisse entstehen durch Zahlungsausfälle, Währungsverluste, Transportschäden, Kulanznachlässe, Veruntreuungen. Die Zuordnung erfolgt im allgemeinen auf den Vertriebsbereich.

Branchenspezifische Wagnisse liegen in der speziellen Form des Unternehmens begründet (z. B. Bergbau, Schiffs- oder Flugzeugbau, Herstellung von giftigen oder explosiven Stoffen). Sie sind besonders schwer zu erfassen und versicherbar (evtl. durch Betriebsunterbrechungs-Versicherungen).

6.5 Informationsgehalt der Kostenartenrechnung

Obwohl der volle Informationsgehalt der Kostenartenrechnung erst im Gesamtzusammenhang mit Kostenstellen- und Kostenträgerrechnung sichtbar wird, liefert die Kostenartenrechnung allein bereits Auskünfte darüber,

- wann
- welche Kosten
- in welcher Höhe

angefallen sind. Diese *Informationen über Zeitpunkt, Art und Umfang des betrieblichen Wertverzehrs* können in bestimmten Entscheidungssituationen eine wesentliche Hilfe bedeuten. Voraussetzung ist jedoch zumindest eine weitere Verdichtung der Kosteninformationen, etwa durch eine *Kennzahlenbildung* oder durch *Vergleichsrechnungen.*

Innerhalb *betrieblicher Kennzahlen* (Verhältniszahlen im weiteren Sinn) kann zwischen Gliederungs-, Beziehungs-, und Indexkennzahlen getrennt werden. Beispiele für *Gliederungskennzahlen,* die der Kostenartenrechnung entnommen werden können, sind regelmäßig die verschiedenen *Kostenanteile an den Gesamtkosten,* wie z. B.

$$\text{Materialkostenanteil in \%} = \frac{\text{Materialkosten der Abrechnungsperiode}}{\text{Gesamtkosten derselben Periode}} \times 100$$

$$\text{Personalkostenanteil in \%} = \frac{\text{Personalkosten einer Abrechnungsperiode}}{\text{Gesamtkosten derselben Periode}} \times 100$$

$$\text{Fixkostenanteil in \%} = \frac{\text{Fixkosten einer Abrechnungsperiode}}{\text{Gesamtkosten derselben Periode}} \times 100$$

Typische *Beziehungszahlen* aus der Kostenrechnung (in Verbindung mit anderen betrieblichen Informationsquellen) sind etwa:

$$\text{Sozialkosten je Beschäftigten} = \frac{\text{Sozialkosten einer Abrechnungsperiode}}{\text{Beschäftigtenzahl derselben Periode}} \times 100$$

$$\text{Stromverbrauch je Fertigungsstunde} = \frac{\text{Stromverbrauch einer Abrechnungsperiode}}{\text{Fertigungsstunden derselben Periode}} \times 100$$

Während Gliederungs- und Beziehungskennzahlen statischen Charakter haben, beziehen die *Indexzahlen* das zeitliche Moment mit ein, geben also Auskunft über *Veränderungen im Zeitablauf.* Insofern können alle oben genannten Beispiele zu Indexkennzahlen umgewandelt werden (etwa wenn die Entwicklung der Sozialkosten je Beschäftigten betrachtet wird), indem ein Basisjahr bestimmt (z. B. 1970 = 100) und daran die Entwicklung gemessen wird (z. B. 1979 = 180).

Der Erkenntnisgehalt der betrieblichen Kennzahlen wird erheblich gesteigert, wenn nicht nur *innerbetriebliche*, sondern auch *außerbetriebliche Informationen* verarbeitet werden. Dabei empfiehlt es sich, auf entsprechende Branchen- oder Verbandsempfehlungen zur Gestaltung von *Kennzahlensystemen* zurückzugreifen, denn nur dadurch wird sichergestellt, daß die betrieblichen Zahlen mit den außerbetrieblichen (zumindest beschränkt) vergleichbar werden.

Die aus der Kostenartenrechnung ableitbaren *Vergleichsrechnungen* widmen sich zumeist als Sonderrechnung speziell betrieblichen Problemen. Soll z. B. untersucht werden, welche Lieferanten bestimmte Rohstoffe besonders kostengünstig und zuverlässig geliefert haben, so können die hierfür nötigen Kosteninformationen der Kostenartenrechnung entnommen werden. Ebenfalls ist es möglich, bei Investitionsvorhaben in einem *Wirtschaftlichkeitsvergleich* die bisherigen Kosten den bei Neuinvestition erwarteten geänderten Kosten gegenüberzustellen und mit Hilfe der ermittelten Differenz (Kostenvorteil) eine Beziehung zur Investitionssumme herzustellen, die Aufschluß über die Vorteilhaftigkeit der Investition gibt (z. B. Rentabilitätsberechnung, Berechnung der Amortisationsdauer).

6.6 Übungen und Testaufgaben zum sechsten Lehrabschnitt

1. Welche der folgenden Werte können sinnvoll als Basis für die Errechnung der kalkulatorischen Abschreibung herangezogen werden?

	ja	nein
- Wiederbeschaffungsneuwert	X	
- Niederstwert		X
- Schrottwert		X
- Tageswert	X	
- Restbuchwert		X

2. Welche Aussage ist richtig?

	ja	nein
- Variable Kosten sind immer proportional		X
- Proportionale Kosten sind immer variabel	X	
- Einzelkosten sind immer direkte Kosten	X	
- Gemeinkosten sind immer fixe Kosten		X
- Zweckaufwand ist identisch mit Grundkosten	X	

3. Die Personalnebenkosten

	ja	nein
- enthalten freiwillige Sozialkosten	X	
- müssen in der Kostenrechnung normalisiert werden	X	
- schließen die nichtproduktiven Gehälter ein		X
- sind in vielen Betrieben zum »zweiten Lohn« geworden	X	
- sind vollständig den Gemeinkosten zuzuschlagen		X

4. Welche der folgenden Kosten sind Sondereinzelkosten der Fertigung?

	ja	nein
- Kosten der Modellherstellung	X	
- Kalkulatorische Miete		X
- Hilfsstoffe		X
- Lizenzgebühren in Mehrproduktunternehmungen	X	
- Sonderverpackung		X

5. Kalkulatorische Zinsen

	ja	nein
- werden auf der Basis von Wiederbeschaffungswerten für das betriebsnotwendige Vermögen angesetzt	X	
- dienen der Verringerung des steuerpflichtigen Gewinns		X
- sind Zusatzkosten	X	
- sind immer höher als der Zinsaufwand		X
- werden auf die Kostenstellen weiterverrechnet	X	

6. Ein Unternehmen hat eine Maschine für € 120.000,–– angeschafft. Die Nutzungsdauer wird auf 10 Jahre geschätzt. Als kalkulatorische Abschreibung werden im 3. Jahr 10 % vom Wiederbeschaffungswert (= € 130.000,––) also € 13.000,–– verrechnet. Würde sich die kalkulatorische Abschreibung ändern, wenn:

	ja	nein
- der Anschaffungswert € 122.000,–– betragen hätte		X
- die steuerrechtlich zulässige Abschreibungsdauer von 8 auf 6 Jahre verkürzt würde		X
- der landesübliche Zinsfuß von 7 % auf 9 % steigt		X
- der Wiederbeschaffungswert auf € 100.000,–– sinken würde	X	
- die Betriebskosten der Maschine um 20 % ansteigen würden		X

7. Der kalkulatorische Unternehmerlohn entspricht

	ja	nein
– den Privatentnahmen		X
– dem Jahresgewinn		X
– der Verzinsung des investierten Kapitals		X
– dem Gehalt eines vergleichbaren Angestellten	X	
– dem durchschnittlichen Deckungsbeitrag		X

8. Die Ermittlung kalkulatorischer Zinsen

	ja	nein
– erfolgt für Zwecke der Handels- bzw. Steuerbilanz		X
– ist nur für das Fremdkapital erforderlich		X
– erfolgt in der Kostenartenrechnung	X	
– basiert bei der Maschinenstundensatzrechnung auf dem halben Wiederbeschaffungswert	X	
– erfolgt ohne Berücksichtigung des Abzugskapitals		X

9. Nennen Sie vier Einzelwagnisse, die als kalkulatorische Wagnisse verrechnet werden können!

1. Beständewagnis 2. Fertigungswagnis

3. Gewährleistungswagnis 4. Entwicklungswagnis

10. Kalkulatorische und buchhalterische Abschreibungen unterscheiden sich

	ja	nein
– durch verschiedene Bemessungsgrundlagen	X	
– durch verschiedene Zielsetzungen	X	
– durch verschiedene Abschreibungssätze	X	
– überhaupt nicht (sind immer identisch)		X

11. Der Materialverbrauch einer Periode kann mit Hilfe folgender Methoden zuverlässig festgestellt werden:

	ja	nein
– man erfaßt jede Verbrauchsmenge auf einem gesonderten Beleg und addiert die auf eine Periode entfallenden, belegmäßig erfaßten Verbrauchsmengen	X	
– man subtrahiert den Endbestand der Periode vom Anfangsbestand und erhält auf diese Weise den Mengenverbrauch		✓
– man verfährt nach folgender Gleichung: Anfangsbestand + Zugänge – Endbestand = Verbrauch während der Periode	X	
– man verfährt nach folgender Gleichung: Endbestand – Anfangsbestand = Verbrauch während der Periode		X
– man verfährt nach folgender Gleichung: Endbestand – Zugänge + Anfangsbestand = Verbrauch während der Periode		X

12. Sekundäre Kostenarten sind

	ja	nein
– Kosten des Werkschutzes	X	
– die Herstellkosten		X
– kalkulatorischer Unternehmerlohn		X
– gezahlte Bankzinsen		X
– selbsterzeugte Energie	X	

13. Fixkosten

	ja	nein
– sind beschäftigungsabhängig		X
– werden immer als Gemeinkosten weiterverrechnet		X
– können kalkulatorische Kosten sein	X	
– verringern sich bei einem Beschäftigungsrückgang		X
– können von Preisschwankungen betroffen sein	X	

14. Zeigen Sie im folgenden Schema anhand von drei Kriterien, wie sich bilanzmäßige und kalkulatorische Abschreibung unterscheiden!

Kriterien	bilanzielle Abschreibung	kalkulatorische Abschreibung

15. Zum Gemeinkostenmaterial zählen

	ja	nein
– Betriebsstoffe	X	
– Hilfsstoffe	X	
– bezogene Teile		X
– Fertigungsmaterial		X
– Handelswaren		X

16. Das allgemeine Unternehmerwagnis

	ja	nein
– wird im Rechnungswesen überhaupt nicht als Wertverzehr erfaßt	X	
– gilt als durch den Gewinn abgegolten	X	
– kann über spezielle Einzelwagnisse abgerechnet werden		X
– zählt zu den kalkulatorischen Kosten		X
– kann z. B. mit der »Seifenformel« ermittelt werden		X

17. Folgende Beschäftigte erhalten im Normalfall Gemeinkostenlöhne

	ja	nein
– Werkstattschreiber	X	
– Fräser		X
– Pförtner	X	
– Gabelstaplerfahrer	X	
– Dreher		X

18. Eine Maschine wurde für € 120.000,— angeschafft. Die wirtschaftliche Lebensdauer wurde zum Anschaffungszeitpunkt auf 10 Jahre geschätzt. Auf welchen Betrag beläuft sich die kalkulatorische Abschreibung im Jahr, wenn nach 5 Jahren Nutzungsdauer (bei unverändertem Wiederbeschaffungsneuwert) festgestellt wird, daß das Aggregat noch weitere

a) 10 Jahre genutzt werden kann? 120000 / 15 = 8.000,- € / Jahr
b) 3 Jahre genutzt werden kann? 120000 / 8 = 15.000,- € / Jahr

19. Das Gesamtkapital einer Maschinenfabrik ist in folgenden Vermögensgegenständen angelegt:

Verm.-Gegenstand	Anschaffungswert €	Buchwert €	Wiederbeschaffungsneuwert €
Grundstücke	100.000	100.000	200.000
Maschinen mit 10 Jahren Nutzungsdauer	400.000	300.000	500.000
Kraftfahrzeuge mit 5 Jahren Nutzungsdauer	40.000	25.000	50.000
Durchschnittlicher Kassenbestand	15.000	15.000	15.000
Durchschnittlicher Bestand an Forderungen	80.000	80.000	80.000
Beteiligung an einer Genossenschaftsbank	30.000	30.000	38.000

1. Wie hoch sind die kalkulatorischen Zinsen in dem betreffenden Geschäftsjahr anzusetzen, wenn mit einem Zinsfuß von 8 % zu rechnen ist?
2. Wie hoch sind die Abschreibungen (kalkulatorisch) auf Grundstücke, Maschinen und Kraftfahrzeuge?

1.) 45600,- €

2.)

Die Lösungen zu den Aufgaben zum sechsten Lehrabschnitt finden Sie auf Seite 217 ff.

Siebenter Lehrabschnitt: Grundprinzipien der Kostenstellenrechnung

Im Gesamtzusammenhang der Kosten- und Leistungsrechnung fällt der *Kostenstellenrechnung* die Aufgabe zu, aufzuzeigen, in welchen *betrieblichen Bereichen* (also *»wo«*) der in der Kostenartenrechnung erfaßte Wertverzehr stattgefunden hat, damit dann anschließend dieser Wertverzehr in der Kostenträgerrechnung auf die geschaffenen Leistungen weiterverrechnet werden kann. Solange die betrieblichen Verhältnisse intern eine hochgradige Homogenität und *Überschaubarkeit* aufweisen, kann auf eine Kostenstellenrechnung durchaus verzichtet werden (wie das noch heute zu Recht in Klein- und Kleinstbetrieben der Fall ist); in einem solchen Fall kann man auch davon sprechen, daß der ganze *Betrieb eine Kostenstelle* ist.

Soll jedoch in der Kostenrechnung, insbesondere der der Mittel- und Großbetriebe, der zunehmenden *Komplexität und Heterogenität* sowie der begrenzten Überschaubarkeit Rechnung getragen werden, so ist die *Untergliederung* des Unternehmens in kleinere organisatorische Einheiten, die *Kostenstellen*, notwendig. Innerhalb dieses überschaubaren Bereichs ist dann eine *verursachungsgerechte Kostenverrechnung* auf die jeweils erzeugten Innen- oder Außenleistungen möglich, und es ist eine Vergleichbarkeit der Ergebnisse (Erfolgsrechnung) und eine durch den *Kostenstellenleiter* zu tragende *Verantwortlichkeit* gegeben. Damit kann definiert werden:

Kostenstelle = für Zwecke der Kostenrechnung abgegrenzter, überschaubarer, homogener, betrieblicher Verantwortungsbereich, für den Kostenbelastungen und -entlastungen individuell und überprüfbar durchgeführt werden.

7.1 Zweckmäßige Kostenstellengliederung als Hauptvoraussetzung einer aussagefähigen Kostenstellenrechnung

Wenn in der Kostenartenrechnung festgestellt wurde, daß eine aussagefähige, zweckmäßige und wirtschaftliche Kostenartengliederung eine Hauptvoraussetzung für eine wirkungsvolle Kostenrechnung ist, so ist die zweite Hauptvoraussetzung eine den Bedürfnissen des jeweiligen Unternehmens entsprechende *Kostenstellengliederung*. In vielen Unternehmen, die eine wenig erfolgreiche Kostenrechnung haben, ist die Ursache darin zu finden, daß durch mangelnde Vorarbeiten fehlerhafte Kostenarten- und Kostenstellenpläne benutzt werden.

7.1.1 Kriterien für die Bildung von Kostenstellen

Die *Bildung von Kostenstellen* muß sich immer an den spezifischen betriebsinternen Gegebenheiten ausrichten. Es gibt deshalb keine allgemein gültigen Richtlinien für die Kostenstellenbildung. Allerdings hat sich eine Reihe von in breitem Umfang *bewährten Kriterien* für die Bildung von Kostenstellen herauskristallisiert:

- Räumliche Aspekte
- Einrichtungstechnische Merkmale (z. B. Raumausstattung)
- Verantwortungsprinzipien (z. B. Kontrolle)
- Kostenwertigkeit (Kostenunterschiede zwischen Produktionsfaktoren)
- Abrechnungstechnische und Kontierungsgesichtspunkte (Sammelkostenstellen wie z. B. Raumkosten, Energiekosten)
- Wirtschaftlichkeitsaspekte (z.B. bei der Abrechnung)
- Gleichartigkeit der Verrichtungen (z.B. Bohrmaschinen, zusammengefaßt in der Kostenstelle Bohrerei)
- Grundfunktionen bzw. Funktionsbereiche (Aufgaben gleicher oder ähnlicher Art werden zu einem Verantwortungsbereich zusammengefaßt, z. B. Beschaffung, Fertigung, Verwaltung, Vertrieb)
- Kostenträger- bzw. Prozeßgesichtspunkte (z. B. Produkte oder Produktgruppen, Objekte, Projekte)

Für die *individuelle Auswahl* der genannten Kriterien haben die folgenden *Parameter*, die selbst wieder voneinander abhängen, starken Einfluß:

- Branche
- Betriebsgröße
- Produktionsprogramm
- Organisationsform
- zweckmäßiger Arbeitsablauf
- Einfluß starker Persönlichkeiten
- Informationsbedürfnis

Faßt man nun *Gliederungskriterien* und die genannten *Parameter* zusammen, so lassen sich vier zentrale Grundsätze für die Bildung von Kostenstellen herausarbeiten:

1. Kostenstelle und *Verantwortungsbereich* sollen soweit wie möglich übereinstimmen; im Grunde sollte jede Kostenstelle ein selbständiger, wenn möglich als räumliche Einheit überschaubarer Verantwortungsbereich sein, damit eine wirksame Kostenkontrolle möglich wird.
2. Es muß sichergestellt sein, daß die Zuordnung auf die Kostenstelle, dem *Kostenverursachungsprinzip* entsprechend, möglichst genau erfolgen kann.
3. Der *Buchungsaufwand* für die Zuordnung der Kosten auf die Kostenstellen muß möglichst niedrig gehalten werden, d. h. für jede gebildete Kostenstelle müssen sich die Kostenbelege einfach und unproblematisch kontieren lassen.
4. Damit der in den Kostenstellen erfaßte Wertverzehr dem Verursachungsprinzip entsprechend weiter verrechnet werden kann, müssen möglichst *homogene Leistungsbereiche* geschaffen werden.

7.1.2 Detaillierungsgrad der Kostenstellenbildung

Auch das Problem, wie weit die *Unterteilung von Kostenstellen* gehen sollte, kann nicht allgemeingültig gelöst werden. Man sollte sich aber vor jeder Unterteilung folgende Fragen stellen:

- Ist die Unterteilung noch wirtschaftlich (z. B. Trennung zwischen Debitoren- und Kreditorenbuchhaltung)?
- Ist die Unterteilung für eine klare und übersichtliche Kostenerfassung notwendig?
- Dient die Unterteilung der genauen Kalkulation und der effektiven Kosten- und Leistungskontrolle?

Ein Beispiel soll die Problematik verdeutlichen:
Wenn in einem Industriebetrieb nur ein Teil der Produkte galvanisiert wird, so würde der Verzicht auf eine eigenständige Kostenstelle Galvanisiererei (die z. B. in der Kostenstelle Oberflächenbehandlung unterginge) bedeuten, daß die ungalvanisierten Produkte mit Kosten belastet würden, die sie nicht verursacht haben. Es würden nämlich alle Produkte, unabhängig davon, ob sie galvanisiert werden oder nicht, mit den anteiligen Kosten für die Galvanisieranlage belastet werden. Dieser Verstoß gegen das Verursachungsprinzip wäre nur dann zu rechtfertigen, wenn die Kosten der anderen Oberflächenbehandlungsverfahren jeweils eine ähnliche Höhe wie das Galvanisieren aufweisen würden.

Es wäre aus Kostenverursachungsgesichtspunkten auch nicht gerechtfertigt, z. B. in einem Unternehmen, das Handarbeitsplätze, relativ billige Bohr- und Fräsmaschinen sowie daneben sehr teure Drehautomaten besitzt, diese drei unterschiedlichen Fertigungsgruppen in einer Kostenstelle zusammenzufassen. Das hätte zur Folge, daß die Produkte, die diese heterogene Kostenstelle durchlaufen, mit einem Mischsatz belastet würden, der fast zwangsläufig vom Verursachungsprinzip abweichen muß.

Zur Entscheidung der Frage, wie tiefgehend die Kostenstelleneinteilung in den einzelnen Unternehmen vorzunehmen ist, führt man in der Praxis sogenannte *kalkulatorische Fehlerrechnungen* durch. Dazu werden die jeweiligen Kalkulationssätze bei weitergehender Kostenstellenuntergliederung mit den Kosten bei einer gröberen Einteilung verglichen. Wenn die entsprechende Abweichung zwischen den beiden Sätzen eine bestimmte, vorher festzulegende Prozentsatzgrenze überschreitet, so ist die exaktere Kostenstelleneinteilung zu wählen. Ein Beispiel soll dies verdeutlichen:

Kostenart	Maschinenbohrerei	Handbohrerei	Gesamt
Gemeinkosten (€)	20.000,--	5.000,--	25.000,--
Bezugsgröße (Std.)	1.000	1.000	2.000
Kalkulationssatz (€/Std.)	20,--	5,--	12,50

Angenommen, die Fehlertoleranzgrenze sollte auf ±10 % beschränkt sein, so würde sich bei diesem Beispiel ergeben, daß die Abweichung vom Mittel (12,50 € pro Stunde) ± 7,50 € pro Stunde beträgt, was einem Prozentsatz von 60 % entspricht. Daher müßten in diesem Fall zwei Kostenstellen gebildet werden.

Es ist noch darauf hinzuweisen, daß bei der Kostenstellenbildung eine *Hierarchisierung* möglich ist, und zwar in:

- *Kostenstellenbereich* (Zusammenfassung mehrerer Kostenstellen, z. B. im Fertigungsbereich),
- *Kostenstelle,*
- *Kostenplatzgruppe* (z. B. einem Facharbeiter zugeordnete Drehbänke) sowie
- *Kostenplatz* (z. B. einzelne Drehbank).

Innerhalb einer solchen Hierarchie haben die unteren Ebenen (Kostenplatzgruppe und Kostenplatz) z. T. nur noch eine beschränkte kalkulatorische Eigenständigkeit (vgl. unten: Maschinenstundensatzrechnung).

7.1.3 Arten von Kostenstellen

Unter erzeugnistechnischen und unter kalkulatorischen Gesichtspunkten kann die in Abbildung 32 wiedergegebene *Unterteilung der Kostenstellen* vorgenommen werden.

Hauptkostenstellen sind Kostenstellen, die primär mit der Erstellung der betrieblichen Leistungen (Kostenträger) betraut sind. Die hierfür anfallenden Einzelkosten

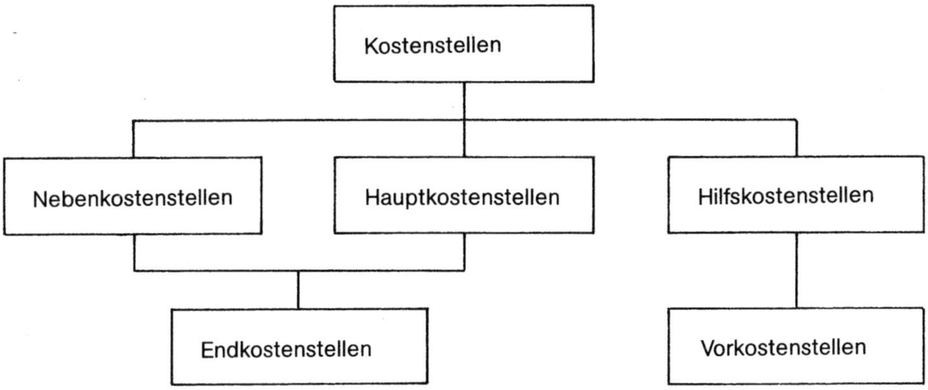

Abb. 32: Arten von Kostenstellen

dienen als Basis für die Verrechnung der daneben anfallenden Gemeinkosten, d. h. in Hauptkostenstellen wird ein eigener Gemeinkostenzuschlagsatz ermittelt. Sie sind damit kalkulatorisch selbständig. Verwaltungs- und Vertriebskostenstellen sind ebenfalls Hauptkostenstellen, obwohl sie nur mittelbar an der Leistungserstellung beteiligt sind.

Nebenkostenstellen sind abrechnungstechnisch mit den Hauptkostenstellen gleichrangig. Auch für sie wird ein eigener Gemeinkostenzuschlagsatz ermittelt. Sie sind aber primär auf die Erstellung von Nebenleistungen (z. B. eigene Kistenherstellung in einer Maschinenfabrik) ausgerichtet.

Hilfskostenstellen sind kalkulatorisch unselbständig. Es wird deshalb auch kein eigener Gemeinkostenzuschlagsatz für diese Stellen ermittelt. Die auf den Hilfskostenstellenkonten gesammelten Kosten werden auf die Haupt- und Nebenkostenstellen weiterverrechnet. Leistungen dieser Kostenstellen sind für den gesamten betrieblichen Leistungserstellungsprozeß ebenso unerläßlich wie die Leistungen der Haupt- und Nebenkostenstellen, nur fehlt hier der unmittelbare Bezug zum Endprodukt.

Man kann die Haupt- und Nebenkostenstellen bzw. die Hilfskostenstellen auch nach den Kriterien *Vor-* und *Endkostenstellen* einteilen. Diese Einteilung erfolgt ebenfalls nach verrechnungstechnischen Gesichtspunkten und berücksichtigt, daß die Endkostenstellen ihre Kosten unmittelbar über die Bezugsbasen auf die Kostenträger verrechnen. Die Vorkostenstellen sind den Endkostenstellen verrechnungstechnisch vorgelagert. Sie geben ihre jeweiligen Kosten im Verfahren der Kostenstellenumlage (vgl. unten) an andere Vor- oder Endkostenstellen ab. Auf den Endkostenstellen sind die gesamten Gemeinkosten nach Durchführung der Kostenstellenumlage gesammelt.

Beispiele für Endkostenstellen sind der Materialbereich, die Fertigungshauptkostenstellen, der Vertriebsbereich und der Verwaltungsbereich.

Auch Nebenkostenstellen können Endkostenstellen sein, nicht jedoch Hilfskostenstellen. Alle Hilfskostenstellen sind Vorkostenstellen.

7.2 Der Kostenstellenplan in der Praxis

In der Praxis findet man besonders häufig die Einteilung nach Funktionen, d. h. nach Tätigkeitsbereichen einerseits und nach Verantwortungsbereichen andererseits. Man sollte versuchen, diese beiden Kriterien miteinander zu verbinden. Wichtig ist, daß sich die Aufstellung eines Kostenstellenplanes an den Bedürfnissen des betreffenden Unternehmens orientiert. Bei größeren Unternehmen sollten die Kostenstellen neben ihren Bezeichnungen eine Kostenstellennummer erhalten, wobei sich eine Dezimalklassifikation anbietet.

Beispiel:

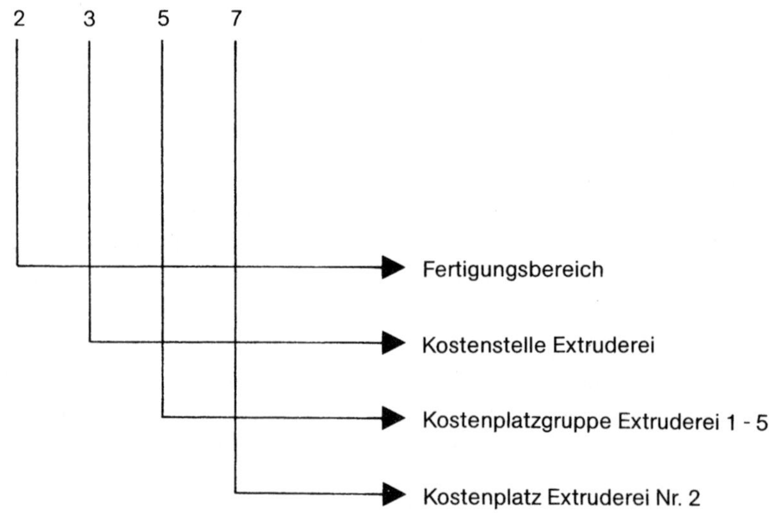

Bevor man in der Praxis einen Kostenstellenplan aufstellt, sind folgende Arbeitsschritte einzuleiten:

1. Inaugenscheinnahme des Unternehmens und Aufnahme aller Kostenstellen
2. Sortieren der Kostenstellen nach Bereichsgruppen
3. Aufteilung in sinnvoller Reihenfolge innerhalb der Bereichsgruppen und Vergabe von Kostenstellennummern
4. Erstellen des endgültigen verbindlichen Kostenstellenplanes

Die nach Funktionen (Tätigkeitsbereichen) untergliederten Hauptgruppen von Kostenträgern werden dann – vgl. Abbildung 33 – in einem Kostenstellenplan ausgewiesen.

Kostenstellengruppe		Zuordnungsmerkmale
Allgemeiner Bereich/ Verteilhilfsstellen		Sie sind Hilfskostenstellen, die dem Gesamtunternehmen dienen, aber keine unmittelbar am Markt verwertbaren Leistungen erstellen. Ihre Leistungen werden von allen Kostenstellen beansprucht. Beispiele: Gebäude, Grundstücke, Kesselhaus, Kraft- und Energieversorgung, Sozialeinrichtungen.
Fertigungsbereich	Fertigungshaupt- und -nebenstellen	Hierzu gehören die produzierenden Fertigungsstellen, die sich unmittelbar am Produktionsprozeß beteiligen. Beispiele: Fräserei, Dreherei, Bohrerei, Montage, Lackiererei, Näherei.
	Fertigungshilfsstellen	Kostenstellen, die am Produktionsprozeß nur mittelbar beteiligt sind. Sie unterstützen die Fertigung, ohne das Produkt direkt zu bearbeiten. Beispiele: Arbeitsvorbereitung, Technische Leitung, Werkzeugmacherei, Reparaturwerkstatt, Konstruktionsbüro, Betriebshandwerker (z.B. Tischlerei, Schreinerei, Schlosserei), evtl. Lohnbüro.
Entwicklungs- und Konstruktionsbereich		Kostenstellen des Entwicklungs- und Konstruktionsbereichs. Beispiel: Grundlagenforschung, Konstruktionsbüro, Entwicklungswerkstatt, Labor, Patentstelle, wissenschaftliche Bibliothek, wissenschaftliche Dokumentation.
Materialbereich		Kostenstellen, die der Beschaffung, Annahme, Prüfung, Aufbewahrung, Lagerung und Ausgabe des gesamten Materialeinsatzes dienen. Beispiele: Einkauf, Roh-, Hilfs- und Betriebsstofflager (nicht Fertigwarenlager!) Wareneingangsprüfung.
Verwaltungsbereich		Kostenstellen der Unternehmensführung, des betrieblichen Finanz- und Rechnungswesens, die EDV, Planung und Statistik, Geschäftsleitung, Personalbüro, allgemeine Verwaltung
Vertriebsbereich		Die gesamte Vertriebsorganisation (Verkauf, Werbung, Verkaufsförderung, Marketing, Vertreterstab, Außenstellen), Fertigwarenlager, Versand und Ausgangsfuhrpark, Kundendienst.
Neutraler Bereich		Betriebsfremder Bereich, dessen Kosten und Erträge zwar von der Finanzbuchhaltung erfaßt werden, bei dem aber mit dem betrieblichen Ergebnis kein Kausalzusammenhang besteht; Kostenstellen, die noch zum Unternehmen, aber nicht mehr zum Betrieb gehören. Beispiele: angegliederte Gärtnerei, Erholungsheim, Hundezucht.
Aussonderungsbereich		In diesem Bereich sind die Kosten für leerstehende Betriebsgebäude und ungenutzte Maschinen zuzuordnen, da sie in die Betriebsabrechnung nicht eingehen sollten, aber auch z.B. Vertriebs GmbH im Rahmen einer Organschaft, die im Hause eines angeschlossenen Unternehmens untergebracht ist.

Abb. 33: Kostenstellengruppen und Zuordnungsmerkmale

7.3 Formen der Kostenstellenrechnung

Nach Herausbildung der Kostenstellen kann die *Verrechnung der in einer Periode angefallenen Kosten* entweder *kontenmäßig* in der Buchführung (buchhalterische Kostenstellenrechnung) *oder statistisch* auf sogenannten *Betriebsabrechnungsbögen (BAB)* erfolgen. Es gibt also zwei von Grund auf verschiedene Methoden der Kostenstellenrechnung: tabellarisch (BAB) oder kontenmäßig (buchhalterisch). Die kontenmäßige Form bedeutet allerdings für die Buchhaltung eine Fülle von zu be- und verarbeitenden Buchungsvorgängen und ist deshalb zumeist nicht empfehlenswert (bei dieser Form der Kostenstellenrechnung ist die Kostenrechnung nicht in die Buchhaltung fest integriert; im Gemeinschaftskontenrahmen sind dafür die Kontenklassen 5 und 6 reserviert). Die tabellarische Form ist weniger aufwendig und wesentlich bequemer zu handhaben; sie ist einfacher, schneller, übersichtlicher und auch elastischer als die buchhalterische Kostenstellenrechnung. Deshalb ist die Kostenstellenrechnung in statistischer Form auch diejenige Form, die sich in der Praxis weitgehend durchgesetzt hat und auf die nunmehr eingegangen werden soll.

7.4 Der Betriebsabrechnungsbogen (BAB)

7.4.1 Aufgaben des Betriebsabrechnungsbogens

Aufbauend auf der Hauptaufgabe des Betriebsabrechnungsbogens, der Weiterverrechnung der Kostenarten auf die Kostenstellen in tabellarischer (statistischer) Form, hat der BAB folgende *Detailaufgaben:*

- Verteilung der in einem Zeitabschnitt angefallenen Gemeinkosten durch Zusammenfassung in Kostenarten auf Kostenstellen nach dem Verursachungsprinzip, d. h. Belastung jeder Kostenstelle mit den von ihr verursachten Kosten.
- Kostenverrechnung zwischen Kostenstellen (Umlage der allgemeinen Kostenstellen auf nachgelagerte Kostenstellen, Umlage der Hilfskostenstellen auf die Fertigungshauptkostenstellen = Durchführung der innerbetrieblichen Leistungsverrechnung)
- Vorbereitung der Kostenverrechnung auf die Kostenträger durch Ermittlung von Verrechnungssätzen für die Gemeinkosten (Ermittlung von Kalkulationszuschlägen), um eine möglichst verursachungsgerechte Verrechnung von Gemeinkosten auf die Kostenträger zu ermöglichen
- Schaffung von Unterlagen für die Vor- und Nachkalkulation sowie die Kostenträgerzeitrechnung
- Kennziffernbildung
- Vergleichsermittlung zwischen Kosten- und Leistungsentwicklung innerhalb der verschiedenen Stellen des Unternehmens mit dem Ziel, Informationsunterlagen für die Unternehmungsplanung und Steuerung zu erarbeiten
- Kostenkontrolle und Förderung des Kostenbewußtseins der einzelnen Kostenstellen. Schaffung der Unterlagen für Kostensenkungsmaßnahmen

7.4.2 Aufbau des Betriebsabrechnungsbogens

Grundsätzlich besteht der Aufbau eines Betriebsabrechnungsbogens aus einer *tabellarischen Übersicht*, in der vertikal die Kostenarten und horizontal die Kostenstellen (z. T. auch Kostenbereiche und Kostenplätze) aufgeführt werden. Die Übersicht in Abbildung 34 soll die Gesamtzusammenhänge zwischen Kostenarten-, Kostenstellen- und Kostenträgerrechnung in Verbindung mit der Grundstruktur eines jeden Betriebsabrechnungsbogens widerspiegeln.

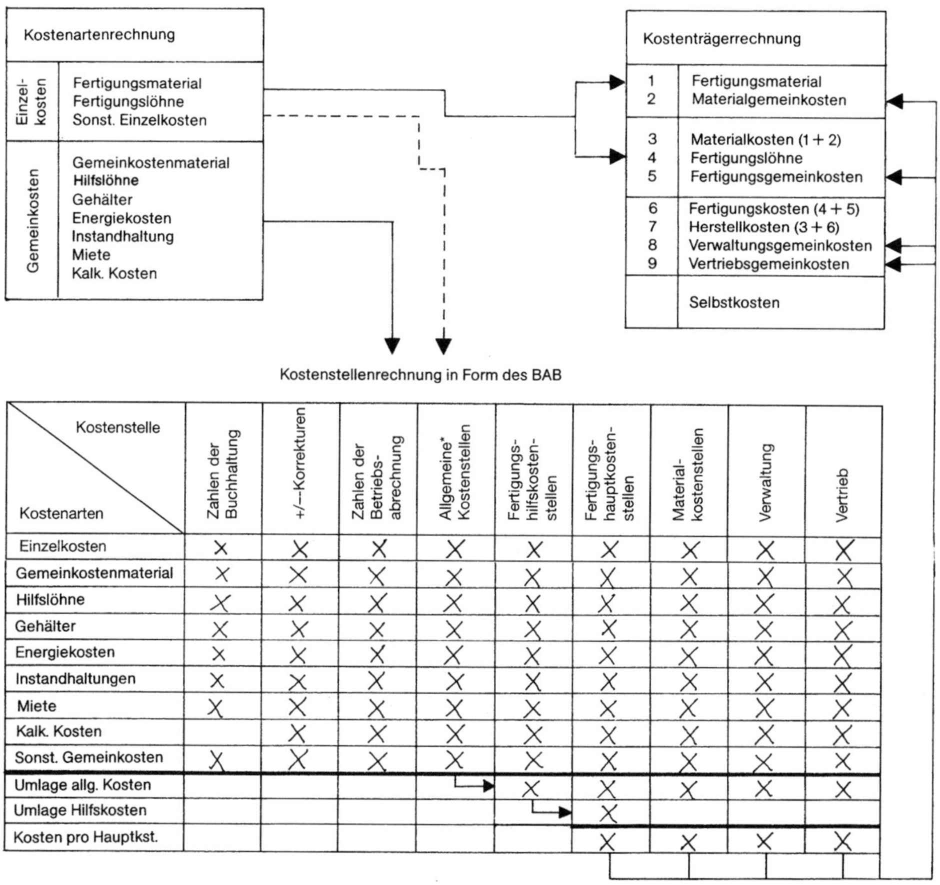

Abb. 34: Einbettung des Betriebsabrechnungsbogens in die Kostenrechnung

Abbildung 34 zeigt, daß Teile der Kostenartenrechnung direkt in den Betriebsabrechnungsbogen eingehen und dort weiterverarbeitet werden, während ein anderer Teil der Kostenarten, die Einzelkosten, direkt in die Kostenträgerrechnung eingeht. Der Teil der Kostenarten, der in die Betriebsabrechnung eingeht (im allgemeinen die Gemeinkosten), wird im BAB verarbeitet und kommt in Form von Gemeinkostenzuschlagsätzen dann auch in der Kostenträgerrechnung zur Geltung. In der Praxis setzt sich allerdings immer stärker durch, auch die *Kostenträgereinzelkosten im Betriebsabrechnungsbogen* statistisch mit aufzuführen, da diese einerseits als Bezugsbasis für die Kalkulationssätze benötigt werden und man andererseits die Gesamtkosten pro Kostenstelle sichtbar machen will, um die Verantwortung eines Kostenstellenleiters für die Gesamtkosten der Kostenstelle zu verdeutlichen.

7.4.3 Formen des Betriebsabrechnungsbogens

Man kann zwischen einem *einfachen* und dem *erweiterten* BAB unterscheiden. Der *einfache BAB* (für kleinere Betriebe) beschränkt sich auf je eine Kostenstelle in den einzelnen Bereichen (z. B. Stoffbereich, Fertigungsbereich, Verwaltungsbereich). Der *erweiterte BAB* (für größere Unternehmen) hat eine tiefergehende Unterteilung sowohl nach Kostenstellenbereichen als auch nach Kostenstellen (zum Teil bietet sich auch eine Unterteilung nach Kostenplätzen an).

Obwohl die Grundstruktur des Betriebsabrechnungsbogens vorgegeben ist, unterscheiden sich die BABs in der Praxis zum Teil erheblich. Neben der häufigen tabellarischen Form der Betriebsabrechnung, die bei weniger feiner Unterteilung des Betriebsabrechnungsbogens ausreicht, hat sich in der Praxis immer deutlicher gezeigt, daß es wesentlich übersichtlicher ist, den *BAB in Einzelblätter* zu zerlegen, statt – wie teilweise immer noch üblich – in Bücherform und unübersichtlichen Tableaus Mammutwerke zu schaffen, deren Kenntnisnahme von der Unternehmensleitung oft schon allein wegen dieser unübersichtlichen Form oder des ungünstigen Formats abgelehnt wird. Durch die Aufspaltung des Betriebsabrechnungsbogens in Einzelblätter (Karteikarten oder Listen, vgl. Abbildung 35) für jede einzelne Kostenstelle ändert sich am prinzipiellen Aufbau nichts, zumal durch entsprechende Verdichtungsblätter (nach Bereichen) die Gesamtübersicht nicht verlorenzugehen braucht.

Auch in der *Spalte Zahlenmaterial* unterscheiden sich die Betriebsabrechnungsbögen in der Praxis. Hier gibt es sehr viele Unternehmen, die lediglich mit den Zahlen der Finanzbuchhaltung arbeiten und dabei bewußt oder unbewußt die damit verbundenen Mängel in Kauf nehmen. Je nachdem, ob man die Zahlen der Buchhaltung in einer separaten Kostenartenrechnung oder erst im Betriebsabrechnungsbogen korrigiert, hat dieser eine oder mehrere Ausgangsspalten. Es ist also im Betriebsabrech-

	BETRIEBSABRECHNUNG	Zeitraum	Bereich	Kostenstelle
		1–3	04	7580
FIRMA	HILFSBETRIEBE	Kostenstellenleiter		
BETR.	SCHLOSSEREI WERKZEUGB.			

A. SOLL-ISTKOSTENVERGLEICH NACH KOSTENARTEN

KA Gr.	Kostenart		Istkosten	Sollkosten	Abweichung lfd. Monat	in %	Abweichung seit Jahresbeg.	in %
	Fertigungslöhne		28 803	41 229	12 426−	30−	12 426−	30−
	Einrichter- u. Aufsichtslöhne		10 702	9 000	1 702	19	1 702	19
	Kontroll- u. Verpackungslöhne							
	Magazinarbeiten- u. Transportlöhne							
	Instandhaltungslöhne		10 220	5 716	4 504	79	4 504	79
	Nacharbeitslöhne							
1	Löhne für freiwillig. Sozialaufwand		2 213	2 061	152	7	152	7
	Sonstige Gemeinkostenlöhne		45 325	39 000	6 325	16	6 325	16
	Zulagen u. sonstige Abgeltungen		15 283	13 743	1 540	11	1 540	11
	Überstundenzuschläge		5 690	15 162	9 472−	62−	9 472−	62−
	Lohnabhängige Kosten		85 129	90 630	5 501−	6−	5 501−	6−
	Gehälter		42 427	46 743	4 316−	9−	4 316−	9−
	Gehaltsabhängige Kosten		14 425	15 981	1 556−	10−	1 556−	10−
	Fertigungshilfsstoffe		6 090	9 162	3 072−	34−	3 072−	34−
	Sonstiges Gemeinkostenmaterial		11 439	27 000	15 561−	58−	15 561−	58−
2	Freiw. Sozialleistungen ohne Löhne			6 871	6 871−	100−	6 871−	100−
	Instandhaltungsmaterial und Instandhaltung durch Dritte		17 723	12 000	5 723	48	5 723	48
	Ausschuß							
3	Auswärtige Dienstleistungen							
	Frachten							
	Kosten des Nachrichtenverkehrs							
	Reisekosten einschl. Vertr.-Spesen			600	600−	100−	600−	100−
	Drucksorten, Bürobedarf, Bücher, Zeitschriften		73	600	527−	88−	527−	88−
	Rechts- u. Beratungskosten							
4	Mitgliedsbeiträge			1 200	1 200−	100−	1 200−	100−
	Repräsentationskosten							
	Sonstige Gemeinkosten		1 731	3 000	1 269−	42−	1 269−	42−
	Steuern			1 800	1 800−	100−	1 800−	100−
	Kalkulatorische Abschreibungen		24 000	24 000				
5	Kalkulatorische Zinsen		6 000	6 000				
	Leitungskosten		6 000	6 000				
	Energie		29 700	29 700				
	Summe ohne Abweichungen (A–C)		362 973	407 198	44 225−	11−	44 225−	11−
A	Tarifabweichungen	TA Ges.	− TA Fr. St.	= TA E. St.				
B	Preisdifferenzen	PD Ges.	146 − PD Fr. St.	= PD E. St.	146		146	
C	Abweichungen von anderen Stellen	VA Fr. St.	2 318−	G.A. Fr. St.	2 318−	5	2 318−	5
	Summe einschl. Abweichungen (A–C)		360 801	407 198	46 397−	11−	46 397−	11−

B. SOLL-ISTKOSTENVERGLEICH NACH KOSTENARTENGRUPPEN

KA Gr.	Kostenartengruppen		Istkosten	Sollkosten	Abweichung lfd. Monat	in %	Abweichung seit Jahresbeg.	in %
1	Personalkosten		260 217	279 265	19 048−	7−	19 048−	7−
2	Hilfs- u. Betriebsstoffe		35 252	55 033	19 781−	36−	19 781−	36−
3	Auswärtige Dienstleistungen							
4	Sonstige Kosten		1 804	7 200	5 396−	75−	5 396−	75−
5	Kalkulatorische Kosten		65 700	65 700				
	Summe der Abweichungen (A–C)		2 172−		2 172−	1−	2 172−	1−
	Summe einschl. Abweichungen		360 801	407 198	46 397−	11−	46 397−	11−

C. SUMMEN MONATLICH UND SEIT JAHRESBEGINN

Ges. Istkosten	− Ges. TA Prop.-K.	− TA Fixkosten	− Ges. Preisdiff.	− Verbr. Abw. Fr. St. =	Istkosten	Prop.-Sollkosten	− (Plan)-Fixkosten =	VA Eig. St.
360801			146	2318−	362973	149798	257400	44225−
360801			146	2318−	362973	149793	257400	44225−

D. BEZUGSGRÖSSEN UND KOSTENSÄTZE

BZG	Bezugsgrößenbezeichnung	Bezugsgrößenmenge Plan	Bezugsgrößenmenge Ist	Beschäftigungsgrad in % monatlich	Beschäftigungsgrad in % seit Jahresbeg.	Ges. Abw. bezogen auf Prop.-Sollkosten in % monatlich	Ges. Abw. bezogen auf Prop.-Sollkosten in % seit Jahresbeg.	Prop. Istkostensatz monatlich	Prop. Istkostensatz seit Jahresbeg.
0	GES.FERTIG.STD.	159 873,0	122 063,0	76	76	31,0−	31,0−	85	85

E. GESAMT-BESCHÄFTIGUNGSGRAD

	(Plan)-Fixkosten −	Gedeckte Fixkosten =	Beschäftigungsabw.	B.-Abw. %	Prop.-Sollkosten	Prop.-Plankosten	Ges. Besch. Grad in %	VA Eigene St. a. Prop. Sollk. %	Ges. Abw. a. Prop. Sollk. %
M	257 400	196 521	60 879	24	149 798	196 200	76	30−	31−
J	257 400	196 521	60 879	24	149 798	196 200	76	30−	31−

Dataform 1234/275

Abb. 35: Einzelblatt zum Betriebsabrechnungsbogen

nungsbogen eine Summenspalte ausreichend, falls von den Zahlen der Kostenrechnung ausgegangen wird; andernfalls sind drei Summenspalten notwendig (Zahlen der Buchhaltung +/– Korrekturen = Zahlen der Betriebsabrechnung). Im Anschluß an die Summenspalte sollte für die jeweilige Kostenart die *Verteilungsgrundlage* (bzw. der Verteilungsschlüssel) angegeben werden; Abbildung 36 macht die entsprechenden Zusammenhänge deutlich.

Kostenstelle: Produktionsabteilung	Sollkosten	Istkosten	Abweichung	Abweichung vom Soll in %
1 Materialeinsatz				
2 Energie	250.000	241.690	+ 8.310	+ 3,3
30 Lohnkosten	6.904.330	7.329.620	- 425.290	
33 Gehaltskosten	2.131.000	2.150.700	–19.700	
36 Freiw. Sozialaufwand	100.000	93.019	+ 6.981	
38 Personalk. Betriebsfremde		359.304	- 359.304	
3 Personalkosten	9.135.330	9.932.643	- 797.313	- 8,7
41 Instandh., Betriebsstoffe	850.000	968.469	- 118.469	
42 Fahrt- u. Reisekosten	45.000	42.772	+ 2.228	
43 Werbekosten, Repräsent.				
44 Werksfracht, Mieten	50.000	65.386	- 15.386	
45 Div. Verwaltungskosten	10.000	1.332	- 8.668	
46 Steuern, Vers., Beiträge	211.000	211.000	–	
4 Sonst. Gemeinkosten	1.166.000	1.288.959	- 122.959	- 10,5
50 Kalk. Abschreibung	3.432.000	3.432.000	–	
51 Kalk. Zinsen	960.000	960.000	–	
60 Ausgangsfracht, Prov., Lizenzen				
I SUMME PRIMÄRE KOSTEN	14.943.330	15.855.292	- 911.962	- 6,1

70 Umlage Energie	1.233.730	1.222.250	+ 11.480	
71 Umlage Raumkosten	1.139.300	1.404.270	- 264.970	
72 Umlage Werkstattstd.	591.600	781.282	- 189.682	
73 Umlage Soz. Einricht.	439.200	439.200	-	
74 Umlage Telefon	9.000	8.215	+ 785	
75 Umlage Kfz, Stapler				
76 Umlage Fert. Hilfsber.	6.846.300	6.956.209	- 109.909	
77 Umlage Sonstiges	1.916.400	1.884.460	+ 31.940	
II SUMME UMLAGE (Sekundäre Kosten)	12.175.530	12.695.886	- 520.356	- 4,3
Entlastung Umlage	-6.846.300	-6.956.209	+ 109.909	
III GESAMTKOSTEN	20.272.560	21.594.969	-1.322.409	- 6,5
Externe Erlöse	-	299.582		
Fertigungskosten Maschinen	18.955.080	19.464.064		
Fertigungskosten Einstellzeit	1.317.480	1.831.323		

Abb. 36: Aufbau eines Betriebsabrechnungsbogens (Ausschnitt mit Spalten für Umbuchungen und Angabe der Kostenverteilungsgrundlage)

7.4.4 Ablauforganisation des Betriebsabrechnungsbogens

Neben der einleitenden Phase der Ermittlung des Zahlenmaterials lassen sich fünf wesentliche Arbeitsschritte bei der *Durchführung der Betriebsabrechnung* unterscheiden:

1. Verteilen der primären Gemeinkosten auf die Kostenstellen und Summenbildung; damit ergibt sich für jede Kostenstelle die Summe der primären Gemeinkosten.
2. Leistungsverrechnung zwischen den Kostenstellen; d. h. Verteilung sekundärer Gemeinkosten, insbesondere Verteilung der Kosten der Hilfskostenstelle auf

Haupt- und Nebenkostenstellen. Anschließend erneute Summenbildung und damit Ermittlung der Gesamtkosten der Hauptkostenstellen, die sich somit aus primären und sekundären Gemeinkosten zusammensetzen.

3. Ermittlung von Gemeinkostenverrechnungssätzen zur Berücksichtigung der Gemeinkosten in der Kalkulation.
4. Feststellung von Über- oder Unterdeckungen für Zwecke der Kostenkontrolle.
5. Ermittlung von Betriebskennziffern für Vergleichsrechnungen und Statistiken.

Abbildung 37 zeigt neben der Grundstruktur auch den Aufbau und die Ablauforganisation eines jeden Betriebsabrechnungsbogens. Diese Arbeitsschritte werden im folgenden näher erläutert.

Kostenstellen / (Gemein-) Kostenarten	Zahlen der Betriebsabrechnung	Allgemeine Hilfskostenstellen	Fertigungshilfskostenstellen	Fertigungshauptkostenstellen	Sonstige Hauptkostenstellen
1. Verteilen primärer Gemeinkosten auf die Kostenstellen nach dem Verursachungsprinzip					
2. Verteilen sekundärer Gemeinkosten (Durchführung der innerbetrieblichen Leistungsverrechnung)					
3. Ermittlung der Gemeinkostenverrechnungssätze (Bildung von Kalkulationssätzen)					
4. Ermittlung von Über- und Unterdeckungen (Kostenkontrolle) Soll-Ist-Vergleich (Abweichungsanalyse)					
5. Ermittlung von Kennzahlen und Kostenkontrolle					

Abb. 37: Grundstruktur des Betriebsabrechnungsbogens

7.4.4.1 Verteilung der primären Gemeinkosten auf die Kostenstellen

Am Ende einer *Abrechnungsperiode*, die von *10 Tagen* (Großbetrieb) bis zu einem *halben oder sogar ganzen Jahr* (Kleinbetrieb) reichen kann, werden die in der Kostenartenrechnung erfaßten Kosten in den Betriebsabrechnungsbogen übertragen bzw. die Zahlen der Buchhaltung übernommen und die entsprechenden Korrekturen vorgenommen.

Im allgemeinen beschränkt man sich heute nicht mehr darauf, nur die Gemeinkosten zu übertragen, sondern es werden auch die Einzelkosten und die Sondereinzelkosten ausgewiesen. Dies empfiehlt sich nicht nur aus den genannten Kontrollaspekten, sondern auch aus Darstellungsgründen und einer leichteren Abstimmung mit der Buchhaltung. Wichtig ist jedoch, daß die Einzel- bzw. Sondereinzelkosten nicht mit den Gemeinkosten vermischt werden.

Die nach der vollständigen Erfassung der Kostenarten im Betriebsabrechnungsbogen vorzunehmende *Verteilung* der *Gemeinkosten auf die Kostenstellen* muß dem *Verursachungsprinzip* folgen. Dieser Forderung nachzukommen ist jedoch in der Praxis recht schwierig und aufwendig. Deshalb ist neben der *direkten* verursachungsgerechten Erfassung und Verrechnung der Gemeinkosten eine *indirekte Vorgehensweise* entwikkelt worden, die Schlüsselung. Somit können zwei prinzipiell verschiedene Vorgehensweisen bei der Gemeinkostenverrechnung unterschieden werden:

1. *Direkte Erfassung und Verrechnung* sowie
2. *Indirekte Verrechnung mit Verteilungsschlüsseln.*

Zu 1.: Ein Teil der Gemeinkosten, z. B. Löhne, Fremdreparaturen, läßt sich unmittelbar für die einzelnen Kostenstellen erfassen und zuordnen; oft mit Hilfe eines Kostenartenverteilungsblattes, vgl. Abbildung 38. Die hierfür zu erstellenden Kostenbelege sind mit den Nummern der Kostenart und der Kostenstelle zu kennzeichnen. Man bezeichnet diese Gemeinkosten, die direkt auf die Kostenstellen verrechnet werden können als *Stelleneinzelkosten* (Einzelstellenkosten).

Kostenart: 4718 Reisekosten					Datum: 16.9.03		
Beleg-Nr.	Datum	Betrag	Kostenstellennummer				
			200	210	420	500	510
2800	1.1.03	400,--	100,--	200,--	50,--	50,--	
2801	2.8.03	60,--		60,--			
2802	3.9.03	300,--		40,--	60,--	100,--	100,--

Abb. 38: Kostenartenverteilungsblatt

Zu 2.: Die verbleibenden Gemeinkostenbeträge, die sich nicht direkt den Kostenstellen zurechnen lassen, müssen indirekt, d. h. über die Verwendung von Verteilungsschlüsseln, auf die Kostenstellen verteilt werden. Deshalb bezeichnet man diesen vielfach umfangreichen Teil der Gemeinkosten auch als *Schlüsselkosten.* Damit auch bei Verwendung von Verteilungsschlüsseln dem Verursachungsprinzip möglichst weitgehend Rechnung getragen wird, müssen solche Verteilungsschlüssel die Verbrauchs- oder Nutzungsvorgänge in den Kostenstellen möglichst repräsentativ wiedergeben. Generell können zu einer verursachungsgerechten Kostenschlüsselung herangezogen werden:

- *Zeitschlüssel* (z. B. Kalenderzeit, Maschinenstunden, Fertigungszeit, Rüstzeit usw.),
- *Mengenschlüssel* (z. B. kWh, km usw.) sowie
- *Wertschlüssel* (z. B. Fertigungskosten, Herstellkosten usw.).

Im Hinblick auf die *Komplexität der verwendeten Schlüssel* kann unterschieden werden zwischen:

- *einfachen festen Schlüsseln,* bei denen eine langfristig konstante Eigenschaft der Kostenstellen (z. B. Fläche, installierte Leistung) als repräsentativ für die Kostenentstehung angesehen wird. Ein derartiger Schlüssel wäre beispielsweise zur Verteilung der (fremden) Reinigungskosten geeignet,
- *einfachen variablen Schlüsseln,* die aus veränderlichen Einflußgrößen der Kostenstellen abgeleitet werden (z. B. Laufstunden, Löhne). Über solche Schlüssel können etwa Instandhaltungskosten oder Sozialaufwand verrechnet werden,
- *kombinierten Schlüsseln,* die durch Addition oder Multiplikation fester und/oder variabler Schlüssel entstehen. Die bei Verwendung kombinierter Schlüssel erreichbare Verfeinerung ist insbesondere bei wertmäßig bedeutsamen Kostenarten angebracht (Beispiel: Verrechnung von Stromkosten über durch Laufstunden gewichtete installierte Kilowatt).

Selbst die verfeinerten *Schlüsselgrößen* sind als *repräsentative Kostenverteilungsgrundlagen* immer wieder in Frage zu stellen und auf ihre Aktualität hin zu überprüfen, da die zugrunde liegenden realen Verbrauchsverhältnisse ständigen Wandlungen unterliegen. Unterbleibt eine derartige *Anpassung,* so wird ein Schlüssel nach kurzer Zeit zum – wie es Schmalenbach, einer der Hauptbegründer der Kostenrechnung, einmal genannt hat – »Himmelschlüssel«, der durch eine irreale Kostenverteilung beispielsweise das Interesse der Kostenstellenleiter an einer Verringerung des tatsächlichen Verbrauchs abzubauen vermag.

In Abbildung 39 sind beispielhaft einige direkte und indirekte Verteilungsgrundlagen zur Verrechnung der primären Kostenarten aufgezeigt, wobei klarzustellen ist, daß in vielen Fällen sowohl eine direkte (z. B. Strom nach *verbrauchten* kWh) als auch eine indirekte (z. B. Strom nach *installierten* kW) Zurechnung möglich ist.

Das *Problem der direkten Kostenverrechnung* bzw. der Schlüsselung tritt nicht allein bei der Verrechnung der primären Kostenarten, sondern insgesamt in dreifacher Weise auf; und zwar bei der

- *Verteilung der Kostenarten* auf die Kostenstellen (wie oben beschrieben),
- *innerbetrieblichen Leistungsverrechnung*, insbesondere Umlage von Hilfskostenstellen auf Hauptkostenstellen und
- *Zuordnung der Gesamtgemeinkosten* der Hauptkostenstellen auf die Kostenträger.

Kostenart	Verteilungsgrundlage	
Gehälter und Löhne	direkt:	Verteilung aufgrund der organisatorischen Zugehörigkeit der einzelnen Beschäftigten (Gehalts- und Lohnbuchhaltung bzw. aufgrund der Tätigkeit in der Kostenstelle)
Sozialleistungen	direkt:	% Zuschlag auf die Gehalts- und Lohnsummen bzw. teilweise pro Kopf (z. B. Kantine)
Materialien	direkt:	Nach Verbrauch (Materialbuchhaltung)
Kosten für extern vergebene Arbeiten	direkt:	Auf die den Auftrag vergebende und empfangende Kostenstelle
Abschreibungen	direkt:	Entsprechend den gebundenen Anlagewerten je Kostenstelle (Anlagenbuchhaltung)
Zinsen	direkt:	Nach dem gebundenen betriebsnotwendigen Vermögen in den Kostenstellen
Externe Reparaturen und Instandhaltungen	direkt:	Nach Inanspruchnahme lt. Rechnung
Energie	direkt:	Nach Verbrauch kWh (bzw. über Schlüssel)
Büromaterial	direkt:	Nach Verbrauch lt. Büromaterialentnahmescheinen
Fahrt-, Reise- und Repräsentationskosten	Schlüssel:	Nach Zugehörigkeit der diese Spesen verursachenden Personen bzw. der Kostenstellen, für welche die Reise durchgeführt wurde
Beratungskosten	direkt:	Nach Inanspruchnahme der Beratungsleistung

Abb. 39: Verteilungsgrundlagen zur Verrechnung primärer Kostenarten (Beispiele)

7.4.4.2 Innerbetriebliche Leistungsverrechnung zwischen Kostenstellen (Verteilung sekundärer Gemeinkosten)

Nachdem sämtliche in der Kostenartenrechnung erfaßten Kosten als primäre Kostenarten den verursachenden Haupt-, Neben- und Hilfskostenstellen angelastet sind, müssen im nächsten Abrechnungsschritt die zwischen den Kostenstellen aufgetretenen *innerbetrieblichen Leistungen* abgerechnet werden. Ein derartiger Leistungsaustausch kann, wie Abbildung 40 verdeutlicht, auf vielfältige Weise erfolgen; und zwar entweder als *gegenseitiger Leistungsaustausch* zwischen zwei oder mehr Kostenstellen (z. B. wenn die betriebliche Energieerzeugung und der innerbetriebliche Transport wechselseitig Leistungen erbracht haben) oder als *einseitige Leistungsabgabe* (z. B. Arbeitsvorbereitungsabteilung, die Hilfsleistungen für alle Fertigungshauptstellen abgibt, ohne von diesen Leistungen zu empfangen).

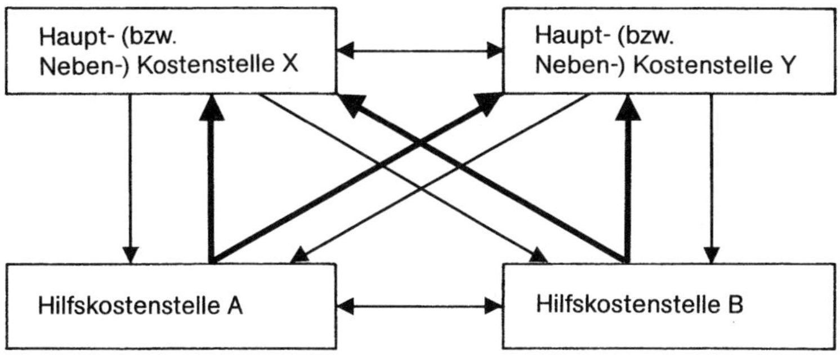

Abb. 40: Leistungsbeziehungen zwischen Kostenstellen
(typische Beziehungen: fettgedruckte Pfeile)

Zur Lösung des Problems der Verrechnung innerbetrieblicher Leistungen wurde eine Reihe von Methoden entwickelt, deren einfachste die *Nullmethode* ist. Die Anwendung dieser vereinfachenden Methode der Nichterfassung von interner Leistung führt jedoch in der Praxis zu unbefriedigenden Ergebnissen, weil in solchen Fällen alle anderen Kostenstellen möglichst viel an fremder Leistung erhalten wollen, da für diese empfangene Leistung eine Belastung nicht erfolgt.

Sobald eine wertmäßige Erfassung und Verrechnung der innerbetrieblichen Leistungen erfolgt, stellt sich zunächst wie bei der Verrechnung der primären Kostenarten die – nur individuell zu beantwortende – Frage der direkten (durch besondere Aufzeichnungen) oder der indirekten (durch Schlüssel) Ermittlung der jeweiligen Be- bzw. Entlastungsanteile. Die dazugehörige Wertdimension (der je Anteil oder insgesamt zu verrechnende Betrag) kann mit Hilfe leistungs- oder kostenorientierter Verfahren bestimmt werden.

Innerhalb der *leistungsorientierten Verfahren* hat die *Verrechnung zu Marktpreisen* (z. B. Verrechnung des eigenerzeugten Stroms zum Preis der örtlichen Energieversorgungsunternehmen; Reparaturstunde bei der LKW-Instandhaltung zum Stundensatz der Werksvertretung) die größte praktische Bedeutung. Weil die Verrechnung zu Marktpreisen außerdem ein hervorragendes Instrument zum Erkennen und genauen Lokalisieren innerbetrieblicher Unwirtschaftlichkeiten ist (z. B. Feststellung, daß die Kosten des selbsterzeugten Stromes deutlich über dem Marktpreis liegen), findet diese Methode in der Praxis immer breitere Anwendung. Weniger bedeutsam sind dagegen leistungsorientierte Verfahren, bei denen mit Hilfe der Methoden des Operations Research sogenannte *Schattenpreise* ermittelt werden, oder Methoden, die für die zu verrechnende Leistung auch *kostengünstigere Äquivalente* verrechnen (z. B. Verrechnung der Kosten einer mit Thermoöl arbeitenden neuartigen Heizungsanlage statt der Kosten der tatsächlich vorhandenen klassischen Warmwasserheizung). Dieses Verfahren soll einen innerbetrieblichen Rationalisierungsdruck im Sinne einer Anpassung an die Technikentwicklung erzeugen.

Alle leistungsorientierten Verfahren verrechnen regelmäßig andere Beträge weiter, die als Kosten entstanden sind. Deshalb müssen Kostenüber- bzw. -unterdeckungen auf Abgrenzungskonten (oder einem Sammelkonto) erfaßt werden; der jährlich zu ermittelnde Saldo ist als rechentechnischer neutraler Ertrag oder Aufwand gegenzubuchen.

Zwischen dem leistungs- und kostenorientierten Verfahren zur Verrechnung innerbetrieblicher Leistungen steht das *Kostenartenverfahren,* bei dem nur die in der leistenden Kostenstelle entstandenen direkt zurechenbaren Kosten der innerbetrieblichen Leistung erfaßt und der empfangenden Kostenstelle belastet werden. Dabei handelt es sich regelmäßig um Lohn- oder Materialkosten, die der empfangenden Stelle aufgrund interner Belege (z. B. Materialentnahmescheine) angelastet werden; Gemeinkosten für die innerbetrieblichen Leistungen verbleiben bei der leistenden Kostenstelle. Mit der Anwendung dieses Verfahrens ist eine Verzerrung des Kostenbildes der Kostenstellen verbunden, wodurch ein Vergleich etwa zwischen Eigenherstellung oder Fremdbezug erschwert wird. Die Anwendung dieses Verfahrens ist deshalb nur dort vertretbar, wo – wie in vielen kleineren Unternehmen – die Gemeinkostenbelastung relativ unbedeutend ist.

Die *kostenorientierten Verfahren* zur Verrechnung innerbetrieblicher Leistungen haben gemeinsam zum Ziel, die Summe der angefallenen Primärkosten nicht zu verändern, sondern lediglich umzuverteilen. Dies geschieht durch den Kostenstellenausgleich, die Kostenstellenumlage oder durch eine Verbindung von Kostenstellenausgleich und -umlage. Ein *Kostenstellenausgleich* ist immer dann vorzunehmen, wenn mindestens zwei Kostenstellen in gegenseitigem Leistungsaustausch stehen. Weil der auszugleichende Betrag nicht nur von den auf einer Kostenstelle angesammelten Kosten abhängt, sondern anteilig von den Kosten der in Leistungsaustausch stehenden Stellen beeinflußt wird, kann der Austauschbetrag nur über ein *Gleichungssystem,* das so viele Unbekannte wie am Leistungsaustausch beteiligte Stellen enthält und dabei ebensoviele Gleichungen aufweist, mathematisch exakt ermittelt werden.

Ein Beispiel soll den Zusammenhang für den einfachen Fall zweier in Leistungsaustausch stehender Kostenstellen demonstrieren:

Nach Verteilung der primären Kostenarten entfallen auf die

- Kostenstelle A: € 11.020,--
- Kostenstelle B: € 8.600,--.

Kostenstelle A hat 10 % ihrer Leistungen für Stelle B erbracht;
Kostenstelle B war 20 % der Leistungszeit für Stelle A tätig.

Begriffsdefinitionen:

- bekannte Größen:

x = Betrag, mit dem die Kostenstelle A vor dem Ausgleich belastet ist.
y = Betrag, mit dem die Kostenstelle B vor dem Ausgleich belastet ist.
α = Für Fertigungsstelle B erbrachter Leistungsanteil der Stelle A.
β = Für Fertigungsstelle A erbrachter Leistungsanteil der Stelle B.

- gesuchte Größen:

a = Betrag, um den die Kostenstelle A be- oder entlastet wird.
b = Betrag, um den die Kostenstelle B be- oder entlastet wird.
(Weil $a + b = 0$, gilt: $a = -b$ und $b = -a$)

x_a = Kosten der Kostenstelle A nach Kostenstellenausgleich.
x' = Kosten der Kostenstelle A ohne Entlastung.
y_b = Kosten der Kostenstelle B nach Kostenstellenausgleich.
y' = Kosten der Kostenstelle B ohne Entlastung.

Ableitung der Formel für den Ausgleichsbetrag (a):

$$a = x_a - x;\ x_a = (1 - \alpha) \cdot x'$$
$$x' = x + \beta y'$$
$$y' = y + \alpha x'$$

daraus folgt:

$$x' = x + \beta(y + \alpha x')$$
$$x' = x + \beta y + \alpha\beta x'$$
$$x' - \alpha\beta x' = x + \beta y$$
$$x'(1 - \alpha\beta) = x + \beta y$$

$$x' = \frac{x + \beta y}{1 - \alpha\beta}$$

Der Ausgleichsbetrag bestimmt sich demnach aus:

$$a = (1 - \alpha) \cdot \left(\frac{x + \beta y}{1 - \alpha\beta}\right) - x$$

Für obenstehendes Beispiel gilt dann:

$$a = (1 - 0{,}1) \cdot \frac{11.020 + 0{,}2 \cdot 8.600}{1 - 0{,}1 \cdot 0{,}2} - 11.020$$

$$= 0{,}9 \cdot \frac{12.740}{0{,}98} - 11.020$$

$$= 11.700 - 11.020 = \underline{\underline{680}} \; (€)$$

Kostenstelle A muß also mit € 680,-- belastet werden; Stelle B wird um diesen Betrag entlastet. Damit entfallen nach Kostenstellenausgleich auf die

- Kostenstelle A: € 11.700,--
- Kostenstelle B: € 7.920,--.

Wegen der in der Praxis oft sehr großen Zahl beteiligter Kostenstellen ist der für die Lösung notwendige Rechenaufwand bei Anwendung des Kostenstellenausgleichs kaum als vertretbar anzusehen. Deshalb wird vielfach auf die einfachere Methode der *Kostenstellenumlage* zurückgegriffen. Bei diesem Verfahren werden zunächst solche Kostenstellen entlastet, die selbst keine oder nur wenige Leistungen von anderen Kostenstellen empfangen haben. Handelt es sich um zu verrechnende Leistungen von Hilfskostenstellen, so wird die Kostenstellenumlage zumeist in der Form des sogenannten *Treppenverfahrens* durchgeführt. Dabei beginnt man mit der Umlage, d. h. der verursachungsgerechten direkten oder indirekten Verrechnung des in dieser Kostenstelle angefallenen primären Kostenbetrags auf die beanspruchenden Kostenstellen (Hauptkostenstellen oder andere Hilfskostenstellen) mit der Hilfskostenstelle, die selbst keine (oder am wenigsten) interne Leistungen erhalten hat. Die Kosten (die sich dann aus dem primären und den durch die erste Umlage erhaltenen sekundären Kosten zusammensetzen) der Hilfskostenstelle, die am zweitwenigsten interne Leistungen empfangen hat, werden als nächste wiederum direkt oder indirekt auf die verbleibenden Kostenstellen verteilt. In gleicher Weise fortfahrend, werden so alle Hilfskostenstellenkosten letztlich auf die Hauptkostenstellen verrechnet.

Das Beispiel zur Kostenstellenumlage in Abbildung 41 basiert auf folgenden Informationen:

1. Die Verteilung der primären Kostenarten auf die Kostenstellen ist bereits erfolgt.
2. Die Allgemeine Kostenstelle ist auf alle Hauptkostenstellen gleichmäßig zu verteilen.
3. Die Kosten der Fertigungshilfsstelle I sind den verbleibenden Kostenstellen im Fertigungsbereich in gleichem Umfang anzulasten.
4. Die Gesamtleistung der Fertigungshilfsstelle II betrug 80 Stunden. Davon wurden erbracht für die Fertigungsstelle A 40 Stunden, für B 24 Stunden und für C 16 Stunden.

Kostenstellen / Kostenarten	Gesamt	Allgem. Kosten- stelle	Fertigungsbereich					Mat. stelle	Verwal- tung und Vertrieb
			Fert. Hilfsst. I	Fert. Hilfsst. II	Fert. st. A	Fert. st. B	Fert. st. C		
Summe I	5.000	250	400	400	700	1.250	950	350	700
Umlage Allgem. Kostenstelle	–	– ↳	–	–	50	50	50	50	50
Umlage Fertigungshilfsstelle I	–	–	(400) →	100	100	100	100	–	–
Umlage Fertigungshilfsstelle II	–	–	–	(500) →	250	150	100	–	–
Summe II	5.000	–	–	–	1.100	1.550	1.200	400	750

Abb. 41: Beispiel zur Kostenstellenumlage

Immer wenn Hilfskostenstellen untereinander in erheblichem Leistungsaustausch stehen, müssen *Kostenstellenausgleich* und *Kostenstellenumlage* miteinander verbunden werden, indem zunächst ein Kostenstellenausgleich und anschließend eine Kostenstellenumlage erfolgt. Gerade wegen der anschließenden Umlage vereinfacht sich jedoch der Rechenaufwand erheblich, denn die bei isoliertem Kostenstellenausgleich durchzuführende Entlastung entfällt; d. h. sie ergibt sich vielmehr zwangsläufig durch die Weiterverrechnung auf die Hauptkostenstellen. Für den (einfachen) Fall eines Kostenstellenausgleichs zwischen zwei Hilfskostenstellen mit anschließender Weiterverrechnung auf Hauptkostenstellen gelten dann – unter Verwendung der oben vorgenommenen Definitionen – zur Bestimmung der Kosten einer Kostenstelle A ohne Entlastung (x') und einer entsprechenden Kostenstelle B (y') die Gleichungen:

$$x' = x + \beta y'$$
$$y' = y + \alpha x'$$

bzw. (vgl. oben) aufgelöst nach x':

$$x' = \frac{x + \beta y}{1 - \alpha\beta}$$

Der für x' (und für y') ermittelte Betrag wird dann anteilig den Hauptkostenstellen direkt oder durch Schlüssel angelastet.

Weil Kostenstellenausgleich und Kostenstellenumlage bereits durch Beispiel erläutert wurden, kann die Verbindung zwischen diesen beiden Verteilungsrechnungen durch ein Übungsbeispiel verdeutlicht werden:

Führen Sie in beigefügtem Betriebsabrechnungsbogen den erforderlichen Kostenstellenausgleich und die Kostenstellenumlage durch!

Berücksichtigen Sie dabei die folgenden Angaben:

1. Von der Gesamtleistung der Allgemeinen Kostenstelle erhielten in der Abrechnungsperiode:
   - die Fertigungshilfsstelle 20 %;
   - die Fertigungshauptstelle I 30 %;
   - die Fertigungshauptstelle II 20 %;
   - die Materialstelle 10 %;
   - die Verwaltungs- und Vertriebsstelle 20 %.

2. Die Gesamtleistung der Fertigungshilfsstelle verteilt sich in der gleichen Periode wie folgt:
   - Allgemeine Kostenstelle 10 %;
   - Fertigungshauptstelle I 50 %;
   - Fertigungshauptstelle II 40 %.

Betriebsabrechnungsbogen für Monat . . . .

Kostenstellen / Kostenarten	Gesamt	Allgem. Kosten-stelle	Fert.-Hilfs-stelle	Fert.-Hauptstellen I	Fert.-Hauptstellen II	Material-stelle	Verw.- u. Vertriebs-stelle
Summe I	88.150,--	13.800,--	9.000,--	33.500,--	21.900,--	2.800,--	7.150,--
Stellenausgleich	–	15000,-	12000,-	–	–	–	–
Umlage d. allg. Kostenstelle	–		[3000,-]	4500,-	3000,-	1500,-	3000,-
Umlage d. Fert.hilfsstelle	[1200,-]	–		6000,-	4800,-	–	–
Summe II	88150,-	–	–	44000,-	29700,-	4300,-	10150,-

$x = 13800,-$ $\alpha = 20\%$ $x' = 15000,-$

$y = 9000,-$ $\beta = 10\%$ $y' = 12000,-$

$x' = \frac{14700,-}{0,98} = 15000,-$

$y' = \frac{11760,-}{0,98} = 12000,-$

Die Lösung finden Sie auf Seite 222.

In der *betrieblichen Praxis* stellt das *Treppenverfahren (Stufenleiterverfahren)* die *typische Form innerbetrieblicher Leistungsverrechnung* im Betriebsabrechnungsbogen dar, wobei zunächst die Hilfskostenstellen des allgemeinen Bereichs (Verteilhilfsstellen) auf die anderen Haupt-, Neben- und Hilfskostenstellen, die die Kosten verursacht haben, umgelegt werden. Anschließend werden die Fertigungshilfsstellen innerhalb des Fertigungsbereichs auf die Fertigungshauptstellen bzw. Nebenstellen umgelegt. Falls die anteiligen Kosten nicht direkt ermittelt werden können (z. B. Verteilung der Kosten des selbstgeförderten Wassers nach verbrauchten Kubikmetern), erfolgt die Zuordnung nach dem Verursachungsprinzip entsprechenden Schlüsseln (z. B. Wasserverbrauch nach Anzahl der Wasseranschlüsse je Kostenstelle zu verteilen).

Das auf diese Weise durchzuführende Umlegen der sekundären Kostenarten letztlich auf die Hauptkostenstellen (bzw. Nebenkostenstellen) erfordert einen entsprechenden Aufbau des Betriebsabrechnungsbogens, da die Stellen, die zuerst umgelegt werden, von den nachgelagerten Stellen keine Leistungen mehr empfangen können.

Mit der Verteilung der sekundären Kostenarten auf Haupt- und Nebenkostenstellen findet die Kostenverrechnung ihren Abschluß; nunmehr können Gemeinkostenverrechnungssätze (Kalkulationszuschläge) ermittelt werden.

7.4.4.3 Ermittlung von Kostenverrechnungssätzen (Gemeinkostenzuschlagsätzen für die Kostenträgerrechnung)

Ziel einer auf dem Verursachungsprinzip aufbauenden Kostenrechnung ist es, den Kostenträgern die Kosten anzulasten, deren Entstehung allein auf die Erzeugung des Kostenträgers zurückzuführen ist. Eine diesem Prinzip entsprechende Kostenverrechnung ist problemlos bei den Einzelkosten möglich, die sowohl am Ort ihres Entstehens (Kostenstelle) als auch im Hinblick auf ihren Zweck (Kostenträger) direkt erfaßbar sind. Um auch die in indirektem Bezug zur Leistungserstellung stehenden Gemeinkosten den Kostenträgern anteilig zurechnen zu können, wird – unter Umgehung des Kostenverursachungsprinzips – eine *Beziehung zwischen angefallenen Einzelkosten und zu verteilenden Gemeinkosten konstruiert*, indem entweder durch *Zuschlagsätze auf Basis von Einzelkosten* oder durch *Verrechnungssätze (auf Einzelzeit- oder Einzelmengenbasis)* die Gemeinkosten in die Abrechnung einbezogen werden.

Der traditionelle Weg der Verrechnung in den Kostenstellen erfaßter Gemeinkosten führt über die Bildung von *Gemeinkostenzuschlagsätzen auf Einzelkostenbasis.* Dabei ist die Einzelkostenbasis in den einzelnen Kostenstellen unterschiedlich ausgestaltet. Während in den Fertigungshaupt- und -nebenkostenstellen als Einzelkosten regelmäßig *Fertigungslöhne* herangezogen werden, stellen im Materialbereich die als *Fertigungsstoffe oder Fertigungsmaterial* bezeichneten Materialeinzelkosten die Verrechnungsbasis für die dort angefallenen Gemeinkosten dar. Verrechnungsbasis für die im Verwaltungs- und Vertriebsbereich anfallenden Gemeinkosten schließlich sind die *Herstellkosten*, die Summe der im Material- und Fertigungsbereich angefallenen Kosten (Einzel- und Gemeinkosten). Damit können die Selbstkosten einer Abrechnungsperiode (ohne Sondereinzelkosten) wie folgt geordnet werden:

(1) Fertigungsmaterial (-stoffe)
(2) + Material-(Stoff-)gemeinkosten (%-Satz von (1))
(3) Materialkosten (Stoffkosten) ((1) + (2))
(4) Fertigungslöhne
(5) + Fertigungsgemeinkosten (%-Satz von (4))
(6) Fertigungskosten ((4) + (5))
(7) Herstellkosten ((3) + (6))
(8) + Verwaltungs- und Vertriebsgemeinkosten (%-Satz von (7))
(9) Selbstkosten ((7) + (8)) (ohne Sondereinzelkosten)

Die dazugehörige Quotientenbildung ergibt sich nach Abbildung 42.

Kostenstelle (bzw. Bereich)	Gemeinkosten	Zuschlagbasis	Gemeinkostenzuschlagsatz		
Material	Materialgemeinkosten	Fertigungsmaterial	$\frac{\text{Materialgemeinkosten}}{\text{Fertigungsmaterial}}$	x 100 =	Materialgemeinkostenzuschlagsatz in %
Fertigung	Fertigungsgemeinkosten	Fertigungslöhne	$\frac{\text{Fertigungsgemeinkosten}}{\text{Fertigungslöhne}}$	x 100 =	Fertigungsgemeinkostenzuschlagsatz in %
Verwaltung/ Vertrieb	Verwaltungs- und Vertriebsgemeinkosten	Herstellkosten	$\frac{\text{Verwaltungs- und Vertriebsgemeinkosten}}{\text{Herstellkosten}}$	x 100 =	Verwaltungs- und Vertriebsgemeinkostenzuschlagsatz in %

Abb. 42: Gemeinkostenzuschlagsätze

In Betrieben mit *schwankender Lagerhaltung* muß eine weitere Differenzierung vorgenommen werden, und zwar müssen die im Normalfall zusammengefaßten *Verwaltungs- und Vertriebsgemeinkosten getrennt* werden in Verwaltungsgemeinkosten, die sich auf die Kosten aller in einer Abrechnungsperiode produzierten Leistungen beziehen, und in Vertriebsgemeinkosten, die nur auf die Kosten der verkauften Leistungen zu verrechnen sind. In derartigen Fällen gilt dann:

(1) Material-(Stoff-)kosten
(2) + Fertigungskosten
(3) Herstellungskosten ((1) + (2))
(4) + Verwaltungskosten (%-Satz von (3))
(5) Herstellkosten ((3) + (4))
(6) + Vertriebsgemeinkosten (%-Satz von (5))
(7) Selbstkosten ((5) + (6)) (ohne Sondereinzelkosten)

Die geschilderte *Verrechnung der Gemeinkosten auf Einzelkostenbasis* ist insbesondere im Fertigungsbereich in neuerer Zeit *immer problematischer geworden*, da der *Zeitbedarf* für die einzelnen Arbeitsgänge aufgrund der fortgeschrittenen Technik in zunehmendem Maße *durch Maschinen* und nicht durch Arbeitskräfte bestimmt wird. Auch die Höhe der Kosten eines Arbeitsgangs wird überwiegend durch die *Kosten der Maschinen* determiniert. Dagegen treten die Arbeitskosten in ihrer Bedeutung zurück, d. h. ihr Anteil an den Gesamtkosten (Maschinenkosten und Arbeitskosten) sinkt. Dies führte in der Praxis zu *extrem hohen Fertigungsgemeinkostenzuschlägen* (mehrere 100 %); ein Zeichen dafür, daß die Entwicklung der Einzelkosten für die Entwicklung der Gemeinkosten nicht mehr repräsentativ ist.

Um dem Verursachungsprinzip wieder näherzukommen, hat man im Fertigungsbereich der Betriebe nach *anderen individuell erfaßbaren Verrechnungsgrundlagen* gesucht und diese auch vor allem in den je Kostenträger einzeln erfaßbaren *Zeiten der Inanspruchnahme von Betriebsmitteln (Maschinenstunden)* gefunden. In der auf diesem Verrechnungsprinzip aufbauenden *Maschinenstundensatzrechnung* bildet dann die in der Abrechnungsperiode zur Leistungserstellung eingesetzte Zeit (direkte Leistungszeit oder Einzelzeit) die Grundlage zur Verrechnung der auf die einzelnen Maschinen *(Kostenplätze)* verteilten Kostenstellenkosten. In der Praxis haben sich *zwei alternative Vorgehensweisen* entwickelt:

a) Die *gesamten Kosten* (Einzel- und Gemeinkosten) einer Kostenstelle werden *auf die Kostenplätze verteilt;* als Verteilungsgrundlage können z. B. Wiederbeschaffungswerte der Maschinen dienen.
b) Im Maschinenstundensatz sind *nur die direkt dieser Maschine zurechenbaren Kosten enthalten* (z. B. kalkulatorische Abschreibung, kalkulatorische Zinsen, Energiekosten, Wartung und Instandhaltung). Die in der Kostenstelle darüber hinaus anfallenden Gemeinkosten werden als Restgemeinkosten über einen besonderen Zuschlagsatz auf Basis von Fertigungslöhnen (oder auch Fertigungskosten) verrechnet.

Standzeit ist die Zeitdauer, die ein Werkzeug überhaupt oder ohne Instandsetzung genutzt werden kann; also die Zeit, in der es technisch einwandfrei und zugleich wirtschaftlich arbeitet.

Lastlaufzeit ist die Dauer des Einwirkens der Maschine auf den Arbeitsgegenstand (Einwirkungszeit).

Angaben zur Maschine (Typenbezeichnung, Leistungsdaten usw. Frachtkosten, Fundamentkosten, Montagekosten Installationskosten, Wiederbeschaffungsneuwert usw.)			
Kostenstelle	Maschine	Plannutzzeit in Stunden	
Kostenart	€ Gesamt	€ variabel	€ fix
Löhne Lohnnebenkosten Gehälter Gehaltsnebenkosten Energiekosten Instandhaltung/Rep. Werkzeugkosten Versicherungen, Steuern Kleinreparaturen Putz- und Schmiermittel kalk. AfA kalk. Zinsen Raumkosten			
Gesamt			
Laufstunden			
Stundensatz			

Grundschema Maschinenstundensatzrechnung

Maschinenstundensatz (KM/h) =

$$= \frac{\text{Gesamte von einer Maschine in einer Abrechnungsperiode verursachte und zuordenbare Kosten}}{\text{Gesamte Laufzeitstunden der Maschine}}$$

$$\text{Ist-KM/h} = \frac{\text{gesamte von einer Maschine in einer Abrechnungsperiode verursachten und zuordenbaren Ist-Kosten}}{\text{gesamte Ist-Laufzeitstd. der Maschine}}$$

$$\text{Soll-KM/h} = \frac{\text{geplante, unmittelbar maschinenabhängige (verursachten und zuordenbare) Soll-Kosten}}{\text{Soll-Laufzeit der Maschine}}$$

Vorteile:

- Eine einigermaßen verursachungsgemäße Kostenzurechnung je Produkt wird ermöglicht.
- Während bei der Zuschlagskalkulation alle Produkte in einer Fertigungsstelle mittels globaler Zuschläge belastet wurden, werden bei der Maschinenstundensatzrechnung nur die einzelnen Produkte nach der Inanspruchnahme der Maschinenleistung belastet (Vorgabezeit × Maschinenstundensatz).
- Durch die Maschinenstundensatzrechnung werden Wirtschaftlichkeitsrechnungen und Kalkulationsvergleiche erleichtert, da die Stundensätze gleicher Maschinen vergleichbar sind, auch wenn sie in anderen Kostenstellen stehen (Ausnahme Altbau - Neubau, alte - neue Maschinen).
- Maschinenstundensätze sind deshalb besonders bei der Vergabe von Lohnaufträgen (Frage: Eigen- oder Fremdfertigung) eine geeignete Basis für Preisverhandlungen und -vergleiche.
- Die Kalkulation mit Maschinenstundensätzen gibt außerdem die Möglichkeit, die Kosten nicht genutzter Kapazität zu ermitteln (Stillstandskosten). Die Kenntnis der Stillstandskosten ist unerläßlich für die Ermittlung jener Kosten, die durch diese Umstellungen, Umdispositionen, Eilaufträge usw. entstehen.
- Die Maschinenstundenkalkulation liefert für Rationalisierungsmaßnahmen, Kostensenkungsprogramme und für Investitionsplanungen Hinweise und Informationen.
- Die Maschinenstundenkalkulation führt zum Verantwortungsprinzip in den einzelnen Kostenplätzen.

Einfaches Beispiel zur Ermittlung eines Maschinenstundensatzes (nur direkte Maschinenkosten): Der Wiederbeschaffungswert einer Maschine beträgt € 200.000,––, die erwartete Gesamtnutzungsdauer beläuft sich auf 10 Jahre bzw. 15.000 Betriebsstunden. Der kalkulatorische Zinssatz beträgt 8 %; normalisierte Wartung und Instandhaltung, Energie sowie Betriebsstoffe belaufen sich auf € 24.300,–– im Jahr. Die auszukalkulierenden Maschinenkosten betragen dann:

	€ pro Jahr
– kalkulatorische Abschreibung (ermittelt aus Wiederbeschaffungswert: Gesamtlaufzeit)	20.000,—
– kalkulatorische Zinsen (halber Wiederbeschaffungsneuwert x kalkulatorischer Zinssatz)	8.000,--
– Wartung und Instandhaltung, Energie, Brennstoffe	24.300,--
Maschinenkosten insgesamt	52.300,--

Bezogen auf eine jährliche Laufzeit von 1.500 Stunden im Mittel (15.000 Gesamtlaufzeit: 10 Jahre), ergibt sich ein Maschinenstundensatz von € *34,87 pro Betriebsstunde.*

7.4.4.4 Ermittlung von Kostenüber- oder -unterdeckungen

Verrechnungssätze und Gemeinkostenzuschlagsätze dienen dazu, den Kostenträgern den individuellen Anteil an den gesamten Selbstkosten zuzurechnen. Da aber die Gemeinkosten (bzw. die Selbstkosten) einer Abrechnungsperiode und damit auch die Zuschlagsätze erst nach Ablauf der Periode feststehen, muß während einer laufenden Abrechnungsperiode mit einem *Sollzuschlagsatz in der Kalkulation* gerechnet werden. Derartige Sollzuschlagsätze (oder Sollverrechnungssätze) werden in der Praxis zumeist als Durchschnittssatz aus Vergangenheitswerten gebildet (Normalzuschlagsatz) oder beziehen auch erwartete Zukunftsentwicklungen ein (Standardzuschlagsatz). Um der Kontrollfunktion der Kostenrechnung gerecht zu werden, bleibt der Sollzuschlagsatz über mehrere Abrechnungsperioden konstant. Die in der Sollrechnung kalkulierten Kosten ergeben sich nach folgendem Schema:

(1) Fertigungsmaterial (Ist)
(2) + verrechnete Materialgemeinkosten (mittels Sollzuschlagsatz in % von (1))

---

(3) verrechnete Materialkosten
(4) Fertigungslöhne (Ist)
(5) + verrechnete Fertigungsgemeinkosten (mittels Sollzuschlagsatz in % von (4))

---

(6) verrechnete Fertigungskosten
(7) verrechnete Herstellkosten ((3) + (6))
(8) + verrechnete Verwaltungs- und Vertriebsgemeinkosten (mittels Sollzuschlagsatz in % von (7))

---

(9) verrechnete Selbstkosten ((7) + (8)) (ohne Sondereinzelkosten)

Wenn die Kostenträger mit den Sollzuschlagsätzen kalkuliert werden, entstehen zwangsläufig *Abweichungen* zwischen den tatsächlich entstandenen und den in die Kalkulation eingegangenen verrechneten Kosten. Diese Abweichungen ergeben sich als Kostenüber- oder -unterdeckungen.

Verrechnete Kosten (Sollkosten)	=	Istkosten
	=	keine Abweichung
Verrechnete Kosten (Sollkosten)	>	Istkosten
	=	Überdeckung (positive Abweichung)
Verrechnete Kosten (Sollkosten)	<	Istkosten
	=	Unterdeckung (negative Abweichung)

Die im Betriebsabrechnungsbogen ermittelten *Kostenüber- oder -unterdeckungen* stellen einen wichtigen *Ansatzpunkt für den betrieblichen Kontrollprozeß* dar. Zwar vermögen die Abweichungen selbst keine Auskunft darüber zu geben, auf welche Ursachen sie zurückzuführen sind; selbst eine positive Abweichung muß nicht zwangsläufig ein für den Betrieb günstiges Ereignis repräsentieren. Nach dem Prinzip des »management by exceptions« (Ausnahmeprinzip im Führungsprozeß) kann jedoch z. B. festgelegt werden, daß über eine Toleranzgrenze (z. B. 10 %-Grenze) hinausgehende Abweichungen ursächlich zu analysieren sind. Auf diese Weise vermag der Betriebsabrechnungsbogen zum kostenbewußten Handeln anzuregen und das *Verantwortungsgefühl der Kostenstelleninhaber* zu steigern.

7.4.4.5 Ermittlung von Betriebskennziffern

Wie bereits in der Kostenartenrechnung trägt auch innerhalb der Kostenstellenrechnung die Ermittlung von Betriebskennziffern dazu bei, das Kosten- und Leistungsgefüge der Unternehmung transparenter werden zu lassen. Betrachtet man das umfangreiche Zahlenmaterial, das im BAB enthalten ist, dann bieten sich bezogen auf den jeweiligen Verantwortungsbereich (Kostenplatz, Kostenstelle, Kostenstellenbereich) Spezifizierungen der in der Kostenartenrechnung ermittelten Kennzahlen an. So kann beispielsweise die *Kostenstruktur der verschiedenen Kostenstellen* im internen und externen Kostenvergleich *Ansatzpunkte für Kostensenkungsmaßnahmen* liefern. Daneben lassen sich spezielle Kennzahlen für die einzelnen Betriebsbereiche ableiten; Abbildung 43 enthält einige Beispiele.

Bereich	Kennzahl		
Einkauf	monatliches Pro-Kopf-Einkommen im Einkauf	=	$\frac{\text{monatliche Personalkosten im Einkauf}}{\text{Zahl der Beschäftigten im Einkauf}}$
Fertigung	Maschinenstundensatz	=	$\frac{\text{direkte Maschinenkosten einer Abrechnungs-Periode}}{\text{Leistungszeit derselben Periode}}$
Verwaltung	Verwaltungsgemeinkostenzuschlag in %	=	$\frac{\text{Verwaltungsgemeinkosten einer Abrechnungsperiode}}{\text{Herstellkosten derselben Periode}} \times 100$
Vertrieb	Werbekostenanteil	=	$\frac{\text{Werbekosten einer Abrechnungsperiode}}{\text{Gesamtkosten derselben Periode}}$
Finanzierung	Grad der Finanzierung von Investitionen aus Abschreibungen in %	=	$\frac{\text{kalkulatorische Abschreibung einer Abrechnungsperiode}}{\text{Investitionen derselben Periode}} \times 100$

Abb. 43: Kennzahlen für Verantwortungsbereiche (Beispiele)

Wegen der hohen Individualität von Kennzahlensystemen ist als Orientierungshilfe wiederum auf die entsprechenden *branchenüblichen Kennzahlensysteme* zu verweisen.

7.4.5 Beispiel zum Betriebsabrechnungsbogen

Das folgende Anwendungsbeispiel zum Betriebsabrechnungsbogen ist als Zusammenfassung und Handhabungsübung zu verstehen. Dabei soll ein besonderer Übungseffekt dadurch erzielt werden, daß die zum Abschluß des BAB unbedingt notwendigen Angaben von zusätzlichen Erläuterungen getrennt erfolgen. Damit kann ein Rückgriff auf diese Erläuterungen auf den (hoffentlich seltenen) Ausnahmefall beschränkt bleiben.

Bitte vervollständigen Sie den auf Seite 153 beigefügten Betriebsabrechnungsbogen aufgrund der folgenden Angaben (Anmerkungen zu den folgenden Angaben auf S. 154; Gesamtlösung auf S. 222):

1. Die Verteilung der Hilfslöhne erfolgt nach dem Schlüssel: 2 : 1 : 1 : 3 : 4 : 5 : 3 : 1
2. Die Verrechnung der Stromkosten erfolgt auf die Hilfskostenstellen jeweils einfach, auf die Hauptkostenstellen jeweils doppelt.

3. Die kalkulatorischen Zinsen betragen zur Zeit 12 % im Jahr; sie sind hier anteilig auf den *Monat* und das gebundene Vermögen in den einzelnen Kostenstellen zu beziehen:

Allgemeine Kostenstelle	€ 6.000
Fertigungshilfsstelle I	€ 12.000
Fertigungshilfsstelle II	€ 8.000
Fertigungsstelle A	€ 28.000
Fertigungsstelle B	€ 21.000
Fertigungsstelle C	€ 14.000
Materialstelle	€ 2.000
Verwaltung und Vertrieb	€ 7.000

4. Die Verteilung der sonstigen Kosten erfolgt auf alle Kostenstellen gleichmäßig.
5. Die Allgemeine Kostenstelle ist nach folgendem Schlüssel zu verteilen: 1 : 2 : 2 : 3 : 1 : 1 : 2
6. Fertigungshilfsstelle I ist in folgendem Verhältnis zu verteilen: 1 : 2 : 1 : 3
7. Die Fertigungshilfsstelle II wurde von der Fertigungsstelle A 6mal, von der Fertigungsstelle B 4mal und von der Fertigungsstelle C 3mal in Anspruch genommen.
8. Ermittlung der Gemeinkostenzuschlagsätze.
9. Ermittlung der verrechneten Gemeinkosten.
10. Ermittlung der Abweichungen.

7.5 Übungs-BAB zum siebenten Lehrabschnitt

Werte in €/Monat

Kostenstellen / Kostenarten	Gesamt	Allgem. Kosten-stelle	Fertigungsbereich					Mat. stelle	Verwal-tung u. Vertrieb
			Fert. Hilfsst. I	Fert. Hilfsst. II	Fert. st. A	Fert. st. B	Fert. st. C		
Hilfslöhne	3.000	300	150	150	450	600	750	450	150
Strom	520	40	40	40	80	80	80	80	80
kalk. Zinsen	980	60	120	80	280	210	140	20	70
Sonst. Kosten	1.600	200	200	200	200	200	200	200	200
Summe I	–	600	510	470	1610	1090	1170	750	500
Umlage Allg. Kost.st.	–	↳	50	100	100	150	50	50	100
Umlage Fert. Hilfsst. I	–	–	↳	80	160	80	240	-	-
Umlage Fert. Hilfsst. II	–	–	–	↳	300	200	150	–	–
Summe II	–	–	–	–	1570	1520	1610	800	600
Fertigungslohn	2.500				1.000	800	700		
Fertigungsmaterial	4.000							4000	
Herstellkosten	12000								12000 -> 11750
Zuschlagsätze (Ist) i. %	–				157	190	230	20	5
Zuschlagsätze (Soll) i. %	–				150	200	250	10	10
Verrechnete Gem. Kosten	6425				1500	1600	1750	400	1175
Abweichungen	+325				–70	+80	+140	–400	+575

Überdeckung (pos. Abweichung)

Anmerkungen zum Anwendungsbeispiel eines Betriebsabrechnungsbogens:

zu 1.: der zu verteilende Betrag (€ 3.000,—) ist durch die Summe der Schlüsseleinheiten (20) zu teilen, wodurch sich ein Betrag in € je Schlüsseleinheit ergibt, der mit der Anzahl der Schlüsseleinheiten je Kostenstelle (z. B. 2 für die Allgemeine Kostenstelle) zu multiplizieren ist.

zu 2.: Hier stellt die (gewichtete) Anzahl der Kostenstellen die Verteilungsgrundlage zur Schlüsselung dar; Hilfskostenstellen sind nur die Allgemeine Kostenstelle und die beiden Fertigungshilfsstellen.

zu 3.: Die kalkulatorischen Zinsen werden direkt auf das gebundene betriebsnotwendige Vermögen in den Kostenstellen bezogen (Globalverfahren); beachten Sie, daß der Zinssatz von 12 % sich auf das Jahr bezieht.

zu 4.: Auch die gleichmäßige Verteilung ist eine Schlüsselung! Nach Verrechnung der Sonstigen Kosten sind alle primären Kostenarten auf die Kostenstellen verteilt.

zu 5.: Weil die Kosten der Allgemeinen Kostenstelle auf die *verbleibenden* Kostenstellen verteilt werden müssen, sind nur noch sieben Schlüsselgrößen angegeben.

zu 6.: Fertigungshilfsstellen erbringen nur für den Fertigungsbereich Leistungen, deshalb sind nur 4 Schlüsselgrößen angegeben.

zu 7.: Nach Umlage der Kosten der Fertigungshilfsstelle II sind auch die sekundären Kostenarten verteilt; der BAB weist Kosten nur noch in den Hauptkostenstellen aus. Summe II bilden!

zu 8.: Basis zur Ermittlung der Gemeinkostenzuschlagsätze im Fertigungsbereich sind die Fertigungslöhne. Die Materialgemeinkosten sind auf das Fertigungsmaterial zu beziehen (Basis in der entsprechenden Spalte ausweisen!), und die Verwaltungs- und Vertriebsgemeinkosten müssen auf die Herstellkosten (gesamte Material- und Fertigungskosten) bezogen werden.

zu 9.: Die in der abgelaufenen Periode den Kostenträgern angelasteten Gemeinkosten ergeben sich durch Multiplikation von Einzelkosten und Sollzuschlagsatz. Basis für die verrechneten Verwaltungs- und Vertriebsgemeinkosten sind die *verrechneten* Herstellkosten (gesamte verrechnete Material- und Fertigungskosten).

zu 10.: Waren die tatsächlich entstandenen Kosten (Istkosten, Summe II) höher als die verrechneten Kosten, so liegt eine Unterdeckung mit einem negativen Vorzeichen vor. Die Gesamtabweichung ergibt sich als Differenz in der Summenspalte und bei Addition der Einzelabweichungen.

Die Lösung zum Übungs-BAB finden Sie auf Seite 224.

7.6 Übungen und Testaufgaben zum siebenten Lehrabschnitt

1. Ein BAB hat folgende Aufgaben:	ja	nein
– Verteilung der Gemeinkosten auf die Kostenstellen	X	
– Errechnung der Rentabilität		X
– Umlage von Hilfskostenstellen	X	
– Umlage der Hauptkostenstelle Material		X
– Ermittlung von Zuschlagsätzen	X	
– Ermittlung des Periodenaufwandes		X

5/6

2. Haupt- und Hilfskostenstellen unterscheiden sich dadurch, daß	ja	nein
– nur Hilfskostenstellen mit Gemeinkosten belastet werden		X
– nur Hauptkostenstellen mit kalk. Kosten belastet werden		X
– nur für die Hauptkostenstellen ein Zuschlagsatz für die Kostenträger ermittelt wird	X	
– in Hilfskostenstellen nur Hilfskräfte tätig sind		X
– in den Hilfskostenstellen anteilige Fertigungslöhne erfaßt werden		X
– nur die Materialhauptstelle auf die anderen Kostenstellen umgelegt wird		X

4/6

3. Welche der folgenden Schlüssel sind zur Verteilung der Stromkosten auf Fertigungsstellen geeignet?		nein
– Anzahl der Beschäftigten je Kostenstelle		X
– Anschlußwerte	X	
– Raumgröße		X
– gebundenes Kapital in den einzelnen Abteilungen		X
– installierte Kilowatt	X	

5/5

4. Nach welchen Gesichtspunkten kann eine Kostenstellenbildung erfolgen?	ja	nein
– Umlageschlüsseln		X
– Kostenarten		X
– räumlichen Gesichtspunkten	X	
– Grundfunktionen	X	
– gesetzlichen Vorschriften		X
– gleichen Verrichtungen	X	
– Einheitskontenrahmen		X
– Verantwortungsbereichen	X	

7/8

5. Herstellkosten	ja	nein
– sind im Betriebsabrechnungsbogen die Basis des Gewinnzuschlages		X
– enthalten sekundäre und kalkulatorische Kosten	X	
– sind die Bezugsgröße bei Errechnung des Soll-Gemeinkostenzuschlagsatzes für die Kostenstelle Verwaltung	X	
– setzen sich aus Material-, Fertigungs- und Verwaltungskosten zusammen		X
– ergeben zusammen mit den Verwaltungsgemeinkosten die Selbstkosten		X

4/5

6. Gemeinkostenzuschlagsätze

	ja	nein
– werden im Betriebsabrechnungsbogen nur zwecks Kostenkontrolle ermittelt		X
– basieren auf der Annahme proportionalen Verhaltens von Kostenträgergemeinkosten zu Kostenträgereinzelkosten	X	
– sind zur Durchführung der Vorkalkulation erforderlich	X	
– ermöglichen eine direkte Zurechnung der Gemeinkosten auf die Kostenträger		X
– werden ausschließlich auf der Basis von Einzelkosten ermittelt		X

2/5

7. Ein Kostenstellenausgleich muß vorgenommen werden, wenn

	ja	nein
– im BAB eine Hilfskostenstelle enthalten ist		X
– zwei Kostenstellen in einem wechselseitigen Leistungsaustausch stehen	X	
– im BAB mehrere Hilfskostenstellen auftauchen		X
– die Kostenstelle A eine Leistung für die Kostenstelle B erbringt		X

3/4

8. Die Bildung von Kostenstellen

	ja	nein
– kann unter räumlichen Aspekten erfolgen	X	
– ist in Einproduktbetrieben überflüssig		X
– ist Voraussetzung für die Erstellung von Betriebsabrechnungsbögen	X	
– ist auch in den meisten Kleinbetrieben anzutreffen		X
– kann nach Einführung von Sollzuschlagsätzen aufgegeben werden		X

3/5

9. Die Einzelkosten einer Abrechnungsperiode

	ja	nein
– werden im BAB ausgewiesen	X	
– sind Basis für die Verrechnung der Gemeinkosten	X	
– können kalkulatorische Kosten enthalten	X	
– werden geschlüsselt den Hilfskostenstellen zugerechnet		X
– werden auch in der Aufwands- und Ertragsrechnung ermittelt		X

4/5

10. Aus der Kostenartenrechnung werden in den Betriebsabrechnungsbogen übernommen

	ja	nein
– die Ist-Gemeinkostenzuschlagsätze		X
– nur die Einzelkosten		X
– primäre und sekundäre Kostenarten		X
– die primären Kostenträgergemeinkosten	X	
– immer der gesamte Aufwand der Abrechnungsperiode		X

4/5

11. Eine Kostenstellenumlage ist erforderlich

	ja	nein
– wenn Kostenstellen in wechselseitigem Leistungsaustausch stehen		X
– wenn im BAB Hilfskostenstellen enthalten sind	X	
– immer nach einem Kostenstellenausgleich		X
– nur zwischen Hilfs- und Hauptkostenstellen		X
– zur Aufteilung der sekundären Kosten auf die Kostenstellen	X	

4/5

12. Eine Hilfskostenstelle

	ja	nein
– wird von allen Kostenträgern durchlaufen		X
– ist z. B. die »Allgemeine Kostenstelle«	X	
– wird im BAB immer umgelegt auf alle anderen Kostenstellen		X
– ist z. B. die »Fertigungshilfsstelle«	X	
– sind z. B. Stromkosten		X
– entspricht einem »Kostenplatz«		X
– ist z. B. der »Vertrieb«		X
– erfaßt auch anteilige Fertigungslöhne		X
– erfaßt auch Kostenträgereinzelkosten		X
– wird in Form eines Zuschlagsatzes direkt auf die Kostenträger umgelegt		X

7/10

13. Die Restgemeinkosten einer Kostenstelle können wie folgt ermittelt werden:

	ja	nein
– Gemeinkosten minus Einzelkosten		X
– Gesamtkosten minus Einzelkosten		X
– fixe Kosten plus Zusatzkosten		X
– als Differenz zwischen den gesamten Gemeinkosten und den über Maschinenstundensätze verrechneten Gemeinkosten	X	
– als Differenz zwischen den Einzelkosten und den über Maschinenstundensätze verrechneten Gemeinkosten		X
– als Summe der einer Kostenstelle im Wege der Umlage zugerechneten Kosten		X
– als Summe von Grundkosten und Zusatzkosten		X
– als Summe der Zusatzkosten		X
– nur auf der Grundlage einer Plankostenrechnung		X
– als Summe derjenigen Gemeinkosten, die nicht über Maschinenstundensätze abgerechnet werden konnten	X	

8/10

14. Die Aufgliederung eines Betriebes in Kostenstellen

	ja	nein
– ist auf Industriebetriebe beschränkt		X
– ist Voraussetzung für die Erstellung von Betriebsabrechnungsbögen	X	
– wird durch eine Kostenplatzbildung verfeinert	X	
– kann nach Verrichtungen erfolgen	X	

14a. Wie teilen Sie folgende Kostenstellen einer Brauerei ein? (bitte ankreuzen)

	Haupt-KS	Neben-KS	Hilfs-KS
Sudhaus	X		
Kraftstation			X
Abfallverwertung		X	
Eigene Quelle	X		
Flaschenkeller	X		
Hofkolonne			X

2/6

15. Nennen Sie für eine Maschinenfabrik je ein Beispiel für:

einen Kostenstellenbereich Fertigung

eine Hauptkostenstelle Dreherei

eine Nebenkostenstelle Dreherhalle

eine Hilfskostenstelle Wartung

414

16. Errechnen Sie aus den folgenden Angaben einen Maschinenstundensatz!
   - Die Maschine wurde vor fünf Jahren zum Preis von € 150.000 erworben.
   - Wiederbeschaffungswert einer gleichwertigen Anlage jetzt
     - neu: € 200.000
     - gebraucht: € 50.000
   - Geschätzte Laufstunden insgesamt 10.000 h. Bisherige und zukünftige Laufzeit pro Jahr 1.500 h im Durchschnitt.
   - Kalkulatorischer Zinssatz 6 %.
   - Benötigte Fläche 27 m^2. Jährliche Miete € 100 pro m^2.
   - Druckluftverbrauch je Laufstunde bei Vollast 5 m^3, im Mittel 3 m^3; Preis pro m^3 € 0,20.
   - Instandhaltung und Wartung pro Jahr € 1.800 und € 0,50 pro Laufstunde.

17. Rechnen Sie den nachfolgenden BAB auf dem folgenden Blatt **vollständig** ab. Dazu sind die folgenden Informationen gegeben:

   I. In der Kostenartenrechnung wurden für den Abrechnungszeitraum diese Werte erfaßt:
   1. Fertigungslöhne sind in der Fertigungshauptkostenstelle I i. H. v. € 6.000,— und in der Fertigungshauptkostenstelle II i. H. v. € 10.000,— angefallen.
   2. Die Hilfslöhne wurden getrennt nach Kostenstellen aufgezeichnet (in €): Allg. Hilfskostenstelle: 1.600,--; Fertigungshilfskostenstelle: 2.800,--; Fertigungshauptkostenstelle I: 1.000,--; Fertigungshauptkostenstelle II: 1.200,--; Materialkostenstelle: 2.000,--; Verw.- u. Vertriebskostenstelle: 400,--.
   3. Der soziale Aufwand beträgt € 12.500,—. Die Verteilung soll nach dem Verhältnis der anteiligen Lohnkostensummen je Kostenstelle erfolgen.
   4. € 32.000,— für eingesetztes Fertigungsmaterial.
   5. Wasserkosten von € 800,—. 10 % der gesamten Wasserkosten entfallen auf die Allg. Hilfskostenstelle. Der Restbetrag wird auf die Fertigungshauptkostenstellen verteilt nach dem Gewicht des jeweils dort verarbeiteten Fertigungsmaterials:
   Fertigungshauptkostenstelle I: 1.350 kg;
   Fertigungshauptkostenstelle II: 2.250 kg.
   6. Kalkulatorische Miete wurde i. H. v. € 3.300,— verrechnet, wobei mit einem Mietpreis von 6,--/m^2 gerechnet wurde. Die Flächen der einzelnen Kostenstellen betragen: Allgemeine Hilfskostenstelle: 70 m^2; Fertigungshilfskostenstelle: 30 m^2; Fertigungshauptkostenstelle I: 130 m^2; Fertigungshauptkostenstelle II: 150 m^2; Materialkostenstelle: 120 m^2; Verwaltungs- u. Vertriebskostenstelle: 50 m^2.

   II. Verrechnung innerbetrieblicher Leistungen:
   1. Die Kosten der Allgemeinen Hilfskostenstelle werden auf alle übrigen Kostenstellen nach dem Verhältnis der von diesen Kostenstellen belegten Flächen (m^2) umgelegt.
   2. Die Fertigungshilfskostenstelle erbrachte im Abrechnungszeitraum 200 Leistungsstunden, wovon 80 Stunden an die Fertigungshauptkostenstelle I und 120 Stunden an die Fertigungshauptkostenstelle II abgegeben wurden.

Werte in €

Betriebsabrechnungsbogen für Monat ....

Kostenarten \ Kostenstellen	Gesamt	Allgem. Hilfs-Kosten-Stelle	Fertig.-Hilfs-Kosten-Stelle	Fertigungshaupt-Kostenstellen I	Fertigungshaupt-Kostenstellen II	Material-Kosten-Stelle	Verw.- u. Vertriebs-Kosten-Stelle
Hilfslöhne	9000,-	1600,-	2800,-	1000,-	1200,-	2000,-	400,-
sozialer Aufwand	12500,-	800,-	1400,-	3500,-	5600,-	1000,-	200,-
Wasserkosten	800,-	80,-	–	270,-	450,-	–	–
Kalk. Miete	3300,-	420,-	180,-	780,-	900,-	720,-	300,-
Sonstige Kosten	2.900,--	460,--	410,--	840,--	700,--	240,--	250,--
Summe I	28500,-	3360,-	4790,-	6390,-	8850,-	3960,-	1150,-
Umlage allg. Hilfskostenstelle	–	↳	210,-	510,-	1050,-	840,-	350,-
Umlage fert. hilfskostenstelle	–	–	↳	2000,-	3000,-	–	–
Summe II	28500,-	–	–	9300,-	12900,-	4800,-	1500,-
Fertigungslöhne	16000,-	–	–	6000,-	10000,-	–	–
Fertigungsmaterial	32000,-	–	–	–	–	32000,-	–
Herstellkosten	75000,-	–	–	–	–	–	75000,-
Gemeinkostenzuschlagsätze	–	–	–	155%	129%	15%	2%

18. Bitte vervollständigen Sie vorstehenden BAB aufgrund folgender Angaben (die Verteilung der primären Kostenarten auf die Kostenstellen ist bereits abgeschlossen).
   1. Die Kosten der Allgemeinen Kostenstelle sind zu gleichen Teilen auf die Fertigungsstellen zu verteilen.
   2. Zwischen den Fertigungsstellen A und B muß ein Kostenstellenausgleich durchgeführt werden. A war 10 % seiner Fertigungszeit für B tätig. B wiederum war mit 20 % seiner Kapazität für A beschäftigt.
   3. Ermitteln Sie aufgrund der angegebenen Einzelkosten die Gemeinkostenzuschlagsätze.

19. Vervollständigen Sie auf S. 163 beigefügtes BAB-Formblatt anhand der folgenden Angaben!
   1. Zur Verteilung der Hilfslöhne und Gehälter liegen direkte Aufzeichnungen vor:

Allgem. Kostenst.	€ 4.000	Fert. hauptst. II	€ 8.000
Fert. hilfsst. A	€ 2.000	Materialstelle	€ 3.000
Fert. hilfsst. B	€ 6.000	Verw. u. Vertr. st.	€ 28.000
Fert. haupt. st. I	€ 12.000		

   2. Die Sozialen Kosten sind anteilig der Lohn- und Gehaltssumme der Kostenstellen zu verteilen.
   3. Die Hilfs- und Betriebsstoffe sollen nach folgendem Schlüssel aufgeteilt werden:
      1 : 15 : 20 : 25 : 14 : 9 : 6
   4. Die Energiekosten werden allein dem Fertigungsbereich zugerechnet, wobei die Hauptkostenstellen doppelt so hoch wie die Hilfskostenstellen belastet werden sollen.
   5. Die Sonstigen Kosten sind auf alle Kostenstellen gleichmäßig zu verteilen.
   6. Die Kosten der Allgemeinen Kostenstelle sind nach dem Personalbestand der Kostenstellen zu verteilen:
      12 : 8 : 24 : 22 : 5 : 6
   7. Die Leistungsbeziehungen zwischen den Fertigungshilfs- und den Fertigungshauptstellen ergeben sich aus nachfolgender Tabelle; führen Sie den notwendigen Kostenstellenausgleich mit anschließender -umlage durch!

leistende K'stelle / empf. Kostenst.	Fertigungshilfsstelle A (Betriebswerkst.)	Fertigungshilfsstelle B (Transport)
Fertigungshilfsstelle A	–	27.000 km
Fertigungshilfsstelle B	40 Std.	–
Fertigungshauptstelle I	70 Std.	31.500 km
Fertigungshauptstelle II	90 Std.	31.500 km

   8. Ermitteln Sie Herstellkosten (Ist), Zuschlagsätze (Ist), Verrechnete Gemeinkosten (einschl. verrechnete Herstellkosten) und Abweichungen!

Werte in €

Kostenart \ Kostenstelle	Gesamt	Allgem. K'stelle	Fertigungsstellen A	Fertigungsstellen B	Material-stelle	Verw. u. Vertr.-S.
Summe I	15.400	200	8.700	4.900	1.000	600
Umlage Allgem. Kostenstelle	–	↳	100	100	–	–
Summe II	15400	–	8800	5000	1000	600
Ausgleich	–	–	+200	–200	–	–
Summe III	15400	–	9000	4800	1000	600
Fertigungslohn	14.100	–	4.500	9.600	–	–
Fertigungsmaterial	20.000	–	–	–	20.000	–
Herstellkosten	49500	–	–	–	–	49500
Zuschlagsätze in %	–	–	200%	50%	5%	1,21%

Werte in €

Betriebsabrechnungsbogen für Monat ....

Kostenarten \ Kostenstellen	Gesamt	Allgem. Kostenstelle	Fert.-hilfsstelle A	Fert.-hilfsstelle B	Fert.-hauptstelle I	Fert.-hauptstelle II	Mat.-stelle	Verw.- u. Vertr.-stelle
Hilfsl./Gehälter	63.000	4000	2000	6000	12000	8000	3000	28000
Soziale Kosten	54.000	2000	1000	3000	18500	14000	1500	14000
Hilfs- u. Betriebsstoffe	27.000	300	4500	6000	7500	4200	2700	1800
Energie	12.000	–	2000	2000	4000	4000	–	–
Sonstige Kosten	9.800	1400	1400	1400	1400	1400	1400	1400
Summe I	165800	7700	10900	18400	43400	31600	8600	45200
Umlage allg. Kostenst.		↳	1200	800	2100	2200	500	600
Summe II	165800	–	12100	19200	45800	33800	9100	45800
Stellenausgleich	–	–	(19000)	(23000)	–	–	–	–
Umlage Fert.h.st. A	–	–	↳	(3800)	6650	8550	–	–
Umlage Fert.h.st. B	–	–	(6900)	↳	8050	8050	–	–
Summe III	165800	–	–	–	60500	50400	9100	45800
Fertigungslöhne	45.000	–	–	–	25.000	20.000	–	–
Fertigungsmaterial	35.000	–	–	–	–	–	35000	–
Herstellkosten (Ist)	200000	–	–	–	–	–	–	200000
Zuschlagsätze (Ist)	–	–	–	–	242 %	252 %	26 %	22,9 %
Zuschlagsätze (Soll)	–	–	–	–	250 %	213,5 %	28 %	24 %
Verrechn. Gemeinkosten	–	–	–	–	62500	42700	9800	46800
Abweichungen	–4000	–	–	–	+2000	–7700	+700	+1000

Die Lösungen zu den Aufgaben zum siebenten Lehrabschnitt finden Sie auf Seite 225 ff.

Achter Lehrabschnitt: Die Kostenträgerrechnung

Führt man sich nochmals den Gesamtzusammenhang zwischen Kostenarten-, Kostenstellen- und Kostenträgerrechnung vor Augen (vgl. dazu auch Lehrabschnitt 5), so zeigt sich, daß in der *Kostenträgerrechnung der Prozeß der Kosten- und Leistungsrechnung seinen Abschluß* findet. Insofern stellen Kostenarten- und Kostenstellenrechnung Vorstufen der Kostenträgerrechnung dar.

8.1 Kostenträger und Kostenträgerrechnung

In der Kostenträgerrechnung werden den betrieblichen Leistungen die durch sie verursachten Kosten zugerechnet, um *Anhaltspunkte für Preisforderungen* oder um im Vergleich mit den erzielten (bereinigten) Erlösen *Erfolgsmaßstäbe* zu gewinnen. Dabei kann definiert werden:

Kostenträger = direkt oder indirekt dem Betriebszweck entsprechende Leistung des Unternehmens.

Im einzelnen sind, ähnlich der Differenzierung bei den Kostenstellen, folgende *Arten von Kostenträgern* zu unterscheiden:

Hauptkostenträger = Leistungen, deren Erstellung und Vertrieb der eigentliche Gegenstand des Unternehmens ist.
Nebenkostenträger = Leistungen, deren Erstellung in einem technischen oder wirtschaftlichen Zusammenhang mit der Erstellung der Hauptkostenträger steht. Sie werden neben den Hauptkostenträgern am Markt angeboten.
Hilfskostenträger = Leistungen, deren Ergebnis zur Verwendung im eigenen Betrieb bestimmt ist. Sie dienen indirekt der Erstellung der Haupt- oder Nebenkostenträger (selbsterstellte Anlagen, eigene Instandhaltung).

Abbildung 44 zeigt zusätzlich, daß die Unterscheidung zwischen *absatzorientierten* und *innerbetrieblich orientierten Leistungen* weiter zu differenzieren ist, indem man bei den Außenaufträgen zwischen Kundenauftragsfertigung und Fertigung auf Verdacht trennt und bei den innerbetrieblichen Leistungen zwischen aktivierungspflichtigen (und später meist durch Abschreibungen zu verrechnenden) und nicht aktivierungspflichtigen (als Aufwand bzw. Kosten zu verrechnenden) Innenaufträgen unterscheidet.

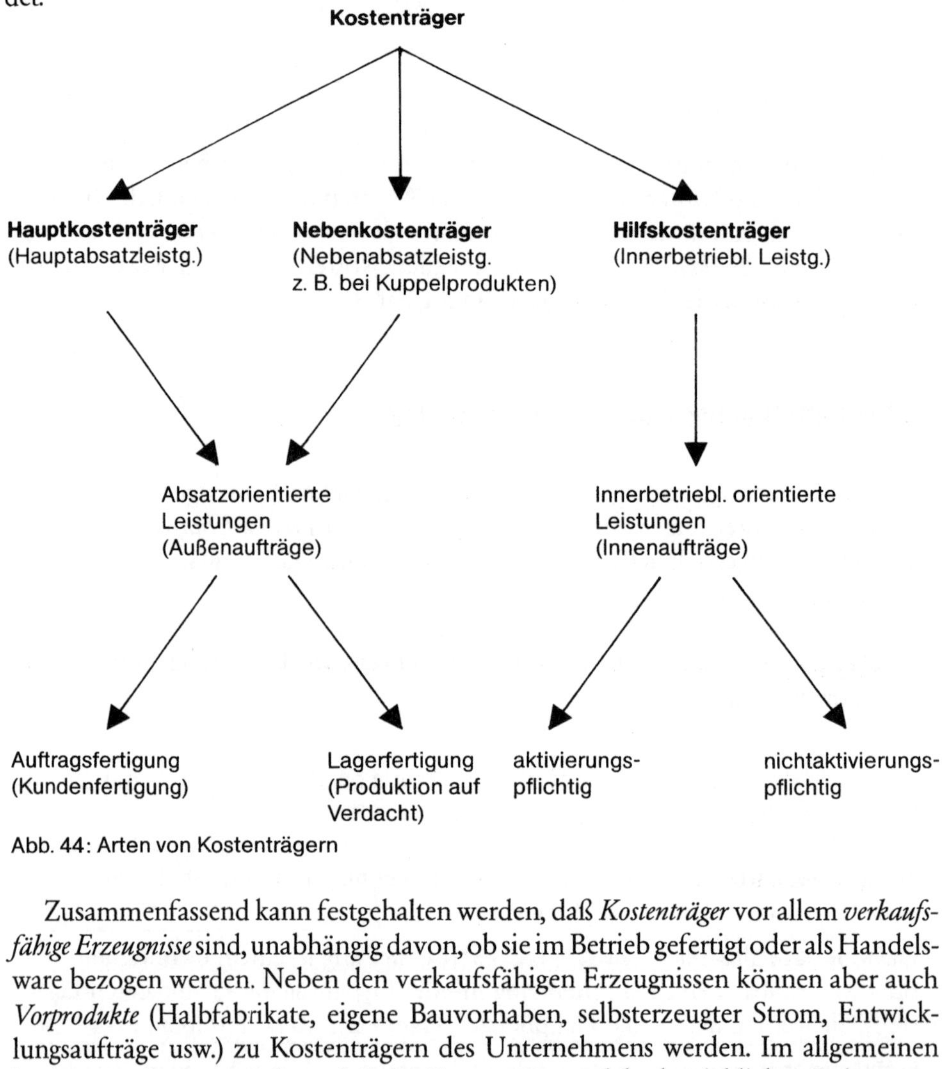

Abb. 44: Arten von Kostenträgern

Zusammenfassend kann festgehalten werden, daß *Kostenträger* vor allem *verkaufsfähige Erzeugnisse* sind, unabhängig davon, ob sie im Betrieb gefertigt oder als Handelsware bezogen werden. Neben den verkaufsfähigen Erzeugnissen können aber auch *Vorprodukte* (Halbfabrikate, eigene Bauvorhaben, selbsterzeugter Strom, Entwicklungsaufträge usw.) zu Kostenträgern des Unternehmens werden. Im allgemeinen kann man davon ausgehen, daß die Kostenträger solche betrieblichen Leistungen sind, deren Kosten durch Verkaufserlöse oder innerbetriebliche Verrechnung abgedeckt werden müssen. Gelegentlich wird jedoch der Kostenträgerbegriff weiter gefaßt, indem auch abrechnungstechnische Hilfsmittel, also Kostenträger fiktiver Art, die besonders im Forschungs- und Entwicklungsbereich anzutreffen sind, mit einbezogen werden.

Die einzelnen Kostenträger können, insbesondere bei Betrieben mit einer breiten Leistungspalette, in zweckmäßiger Weise gruppiert werden, so daß auch *Absatzgebiet (Verkaufsbezirke), Absatzwege (Großhandel, Einzelhandel, Konzernhandel) und Kundengruppen (z. B. Elektroindustrie, Kunststoffindustrie, Automobilindustrie)* sowie *Verantwortungsbereiche* zu Kostenträgern bzw. *Kostenträgergruppen* werden.

8.2 Kostenträgerstückrechnung und Kostenträgerzeitrechnung

Die Frage der Kostenträgerrechnung: »Wofür sind die Kosten entstanden?« kann grundsätzlich in der *Kostenträgerstückrechnung* und/oder der *Kostenträgerzeitrechnung* beantwortet werden. Dabei handelt es sich bei den beiden Verfahren nicht um Alternativen, sondern um Instrumente, die sich sinnvoll ergänzen, so daß im allgemeinen im Unternehmen beide Rechnungen Anwendung finden.

Beide Verfahren versuchen eine möglichst dem *Kostenverursachungsprinzip entsprechende Ermittlung der Kostenträgerkosten;* sie unterscheiden sich jedoch im Hinblick auf Zielsetzungen und Methoden (vgl. auch Abbildung 45):

Kostenträgerzeitrechnung	Kostenträgerstückrechnung
Periodenbetrachtung (Periodische Zeitraumrechnung)	Mengenbetrachtung (Mengenrechnung)
Kurzfristige Erfolgsrechnung, um schnell Höhe und Quellen des Betriebsergebnisses auszuweisen.	Ermittlung der Herstell- oder Selbstkosten pro Produkt und Mengeneinheit, um Unterlagen für die Angebots- und Preispolitik zu finden (Preisermittlung und Preiskontrolle!).
D. h. Ermittlung des Betriebsergebnisses und Durchleuchtung des Abrechnungszeitraumes in kostenrechnerischer Hinsicht.	D. h. Beantwortung der Frage, welche Kostenträger in welcher Höhe Kosten verursacht haben.
⇓ Kurzfristige Erfolgsrechnung	⇓ Kalkulation

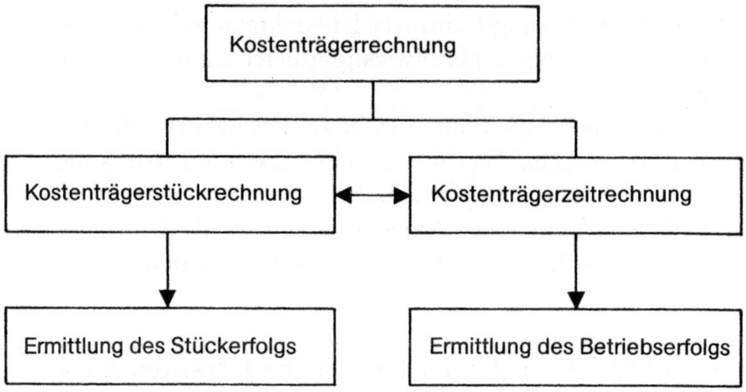

Abb. 45: Zielsetzungen von Kostenträgerstück- und Kostenträgerzeitrechnung

Kostenträgerstück- und -zeitrechnung sollen im folgenden näher erläutert werden. Dabei wird die Kostenträgerzeitrechnung an den Anfang gestellt, weil diese Rechnung sich direkt an die Kostenstellenrechnung anschließt, während Kostenträgerstückrechnungen als Objektrechnungen periodenunabhängig erfolgen.

8.3 Kostenträgerzeitrechnung (kurzfristige Erfolgsrechnung)

In der *Kostenträgerzeitrechnung*, die auch als *kurzfristige Erfolgsrechnung* bezeichnet wird, erfolgt die *Gegenüberstellung* von *bereinigten Erträgen* und *zurechenbaren Kosten einer Abrechnungsperiode*. Auf diese Weise wird ein für operative Entscheidungen wesentlicher Indikator ermittelt, der für die Geschäftsleitung unter Umständen wesentlich wichtiger ist als eine exakte Vorkalkulation einzelner Produkte. Vor allem ist es wichtig, neben der Kosten- und Erlössituation herauszufinden, wie sich der *Gesamterfolg auf die einzelnen Kostenträger oder Kostenträgergruppen verteilt.*

Die *Kostenträgerzeitrechnung* ähnelt in ihrem Aufbau der Kostenträgerstückrechnung. Würde man lückenlos alle Aufträge einzeln nachkalkulieren, so ergäbe sich bei Berücksichtigung aller zeitlichen Abgrenzungen das Betriebsergebnis. In der Praxis ist eine solche lückenlose Nachkalkulation meist nicht durchführbar, vor allem in Unternehmen mit sehr vielen Kostenträgern und sehr vielen kleineren Aufträgen. Hier muß, um eine Erfolgsanalyse zu ermöglichen, eine summarische Kostenträgerzeitrechnung durchgeführt werden. Durch diese *Betriebsergebnisrechnung* sollen Informationen für den unternehmerischen Entscheidungsprozeß erarbeitet und damit eine lückenlose Analyse des Betriebserfolges ermöglicht werden.

Die *Gesamtdifferenz Ertrag ./. Kosten = Bruttoergebnis* ist für die Kontrolle einzelner

Produkte und Produktgruppen zu ungenau, vielmehr muß ein Einzel- oder Gruppenergebnis ermittelt werden. Damit geht die kurzfristige Erfolgsrechnung über den engeren Bereich der Kostenrechnung hinaus und bezieht den Leistungsaspekt mit ein.

8.3.1 Gliederung der Kostenträgerzeitrechnung

Für die Gliederung ist entscheidend, welches *Informationsbedürfnis* von seiten der Unternehmensleitung an die Kostenrechnung herangetragen wird. Dieses Informationsbedürfnis entscheidet zunächst darüber, wie die *Abrechnungsperioden* gebildet werden sollen; üblich sind 14tägliche, monatliche, vierteljährliche oder halbjährliche Abrechnungen.

Weil durch die Kostenarten- und vor allem die Kostenstellengliederung ein wesentlicher Teil der Elemente Kostenträgerrechnung vorbestimmt ist (Verzehrsarten und -orte), beziehen sich die Gliederungskriterien auf die Kostenträger selbst. Demgemäß können *Kostenträgergruppierungen* vorgenommen werden unter Berücksichtigung von

- *produktionstechnischen Erfordernissen* (z.B. bei stark unterschiedlicher Inanspruchnahme der verschiedenen Produktionsbereiche),
- *Absatzwegen* (z. B. Großhandel, Einzelhandel),
- *Kundengruppen* (z. B. nach Umsatzklassen gestaffelt),
- *Regionen* (z. B. zur Überprüfung von Vertreterbezirken) und
- *Auftragsgrößen* (z. B. zum Abbau des Anteils von Kleinaufträgen).

Beispiele für Kostenträgergruppenbildung:

Möbelfabrik: Einteilung in Wohnzimmermöbel, Schlafzimmermöbel, Polstermöbel.

Kunststoffverarbeitung: Einteilung in bedruckte und unbedruckte Ware, Folien und weiterverarbeitete Artikel.

8.3.2 Formen der Kostenträgerzeitrechnung

Wie bereits die Kostenstellenrechnung, so kann auch die Kostenträgerzeitrechnung entweder *buchhalterisch* auf dem Betriebsergebniskonto oder in *statistisch-tabellarischer Form* außerhalb der Buchhaltung durchgeführt werden. Unabhängig davon gibt es zwei verschiedene Verfahren, die jedoch beide zum gleichen Ergebnis führen:

- *Umsatzkostenverfahren* und
- *Gesamtkostenverfahren.*

8.3.2.1 Umsatzkostenverfahren

Das an der *Marktleistung orientierte Umsatzkostenverfahren* ermittelt das Betriebsergebnis dadurch, daß *vom Nettoumsatz die Selbstkosten der verkauften Erzeugnisse abgezogen* werden. Damit bleiben Leistungen, die der Betrieb zwar erbracht, jedoch noch nicht am Markt verwertet hat, unberücksichtigt. In detaillierter Form hat das Abrechnungsschema zum Umsatzkostenverfahren folgende Gestalt:

Erlös/Kosten	Produktgruppe			Gesamt
	1	2	3	
Bruttoumsatz ./. Erlösschmälerungen				
Nettoumsatz ./. Sondereinzelkosten des Vertriebs (Provisionen usw.) ./. Herstellungskosten der fakturierten Leistungen ./. Vertriebsgemeinkosten				
Betriebsergebnis				

Weil beim Umsatzkostenverfahren nicht bekannt sein muß, wie hoch die *Lagerbestände an Fertigerzeugnissen* sind und ob Veränderungen in der letzten Abrechnungsperiode erfolgten, dürfen auf die Verkaufsleistungen nicht die gesamten Periodenselbstkosten verrechnet werden, sondern neben den gesamten Vertriebsgemeinkosten (die sich grundsätzlich nur auf Verkaufsleistungen beziehen) nur der Teil der Herstellungskosten (zum Begriff vgl. oben), der auf die als Verkauf gebuchten Leistungen (fakturierte Leistungen) entfällt.

8.3.2.2 Gesamtkostenverfahren

Beim *Gesamtkostenverfahren* werden zur Ermittlung des Betriebsergebnisses von den *um die Bestandsveränderungen korrigierten Umsatzerlösen die Gesamtkosten der Abrechnungsperiode abgezogen.* Damit stellt dieses Verfahren weniger auf den Markterfolg als auf das *Ausbringungsergebnis* des Betriebes ab. Weil aber die Bestandsveränderungen zu anteiligen Herstellungskosten bewertet werden, ergibt sich dasselbe Betriebsergebnis wie beim Umsatzkostenverfahren.

Das Gesamtkostenverfahren wird nach folgendem Abrechnungsschema durchgeführt:

Erlös/Kosten	Produktgruppe			Gesamt
	1	2	3	
Bruttoumsatz . /. Erlösschmälerungen				
Nettoumsatz . /. Sondereinzelkosten des Vertriebs (Provisionen usw.) +/. /. Bestandsveränderungen				
Betriebs- oder Gesamtleistung . /. Herstellungskosten der erstellten Leistungen . /. Vertriebsgemeinkosten				
Betriebsergebnis				

Sowohl Gesamtkostenverfahren als auch Umsatzkostenverfahren können mit *Istkosten oder verrechneten Kosten (Sollkosten)* abgerechnet werden. Wird das Betriebsergebnis als Sollergebnis ermittelt, so kann über die im Betriebsabrechnungsbogen ermittelten Kostenabweichungen die Umrechnung zum Istergebnis erfolgen. Dieses Istergebnis ist unter Berücksichtigung der neutralen Aufwendungen und Erträge sowie der Bewertungsdifferenzen mit dem Bilanzergebnis abstimmbar.

8.3.2.3 Übungsbeispiel zur Kostenträgerzeitrechnung

Unter Zuhilfenahme der vorherigen Ausführungen kann das folgende Übungsbeispiel problemlos bearbeitet werden:

Ein Unternehmen, dessen Programm aus zwei Produktgruppen besteht, hat für den Monat September folgende Zahlen ermittelt:

	Produktgruppen	
	A	B
Produzierte Menge (kg)	1.000	2.000
Verkaufte Menge (kg)	1.200	1.700
Erlöse (€)	420.000	680.000
Kosten (€)		
Einzelkosten	216.000	340.000
Fertigungsgemeinkosten	72.000	255.000
Verwaltungsgemeinkosten	36.000	85.000
Vertriebsgemeinkosten	36.000	170.000

Die Verwaltungskosten werden der im laufenden Monat produzierten Menge zugerechnet.

Für die Produktgruppe A ergab sich Ende August ein Lagerbestand von 300 kg und für B von 100 kg. Die Herstellungskosten für die Bestände sind mit den Herstellungskosten des Monats September identisch.

Ermitteln Sie für den Monat September das Betriebsergebnis und geben Sie an, wie hoch die Lagerbestände (mengen- und wertmäßig) zum 1. Oktober sind.

Die Lösung finden Sie auf Seite 232.

8.4 Kostenträgerstückrechnung (Kalkulation)

Der Aufgabenstellung der Kostenträgerrechnung gemäß, muß in der *Kalkulation (Kostenträgerstückrechnung)* festgestellt werden, welche *Kosten bestimmten (einzelnen) Kostenträgern zuzurechnen* sind. Dadurch erhalten die im Betrieb erstellten Leistungseinheiten eine *Wertdimension*, die – *verglichen mit* den erzielten oder erwarteten *Preisen* – wiederum einen der wesentlichen betrieblichen *Entscheidungsparameter* darstellt.

8.4.1 Formen der Kostenträgerstückrechnung

In Abhängigkeit von Art und Größe der Unternehmen hat sich eine Vielzahl von unterschiedlichen Kalkulationsformen herausgebildet, die in Abbildung 46 im Überblick und in Abhängigkeit vom Betriebstyp wiedergegeben sind.

Bevor die unterschiedlichen Formen der Kalkulation näher erläutert werden, sollen kurz die verschiedenen Kalkulationszeitpunkte aufgezeigt werden.

8.4.2 Kalkulationszeitpunkte (Vor-, Zwischen- und Nachkalkulation)

Alle Verfahren der Kostenträgerstückrechnung können als *Vorkalkulation, Zwischenkalkulation* oder als *Nachkalkulation* durchgeführt werden.

Die *Vorkalkulation,* die auch als Angebots- oder Offertkalkulation bezeichnet wird, liegt zeitlich *vor dem Leistungsprozeß.* Ihre Aufgabe ist es, im voraus den erwarteten Güterverbrauch festzustellen und mit dem vermutlich richtigen Wertansatz zu versehen. Da zum Zeitpunkt der Vorkalkulation meist noch keine Aussagen über den tatsächlichen Kostenanfall gemacht werden können, müssen sowohl die Einzelkosten

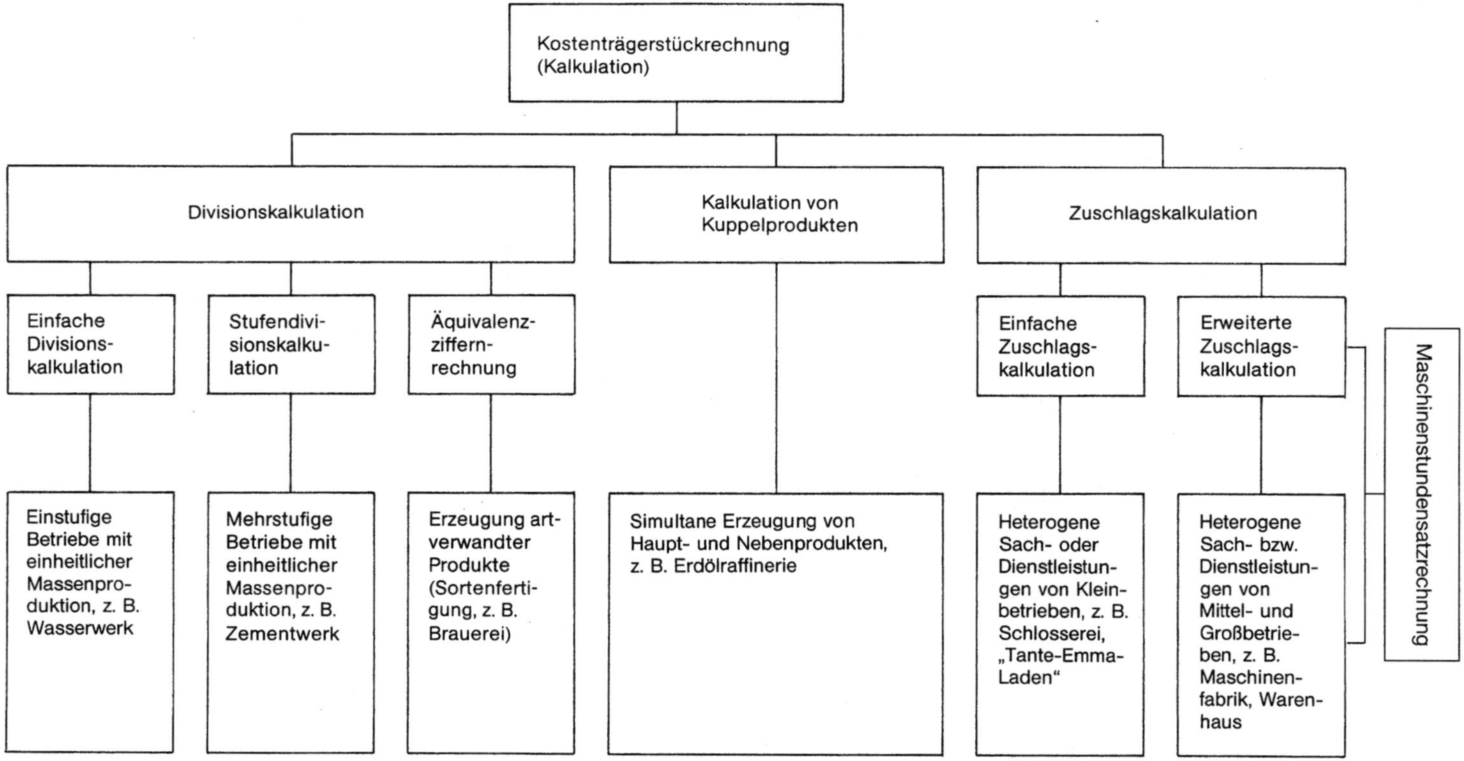

Abb. 46: Formen der Kostenträgerstückrechnung und Betriebstyp

als auch die Gemeinkosten als Sollwerte angegeben werden, wobei als Sollwerte wiederum Normal- oder Standard- bzw. Plankosten eingesetzt werden können. Die ermittelten erwarteten Selbstkosten sind dann das Produkt aus Sollverbrauchsmengen und Sollpreisen.

Eine *Zwischenkalkulation* ist erforderlich bei *Kostenträgern mit langer Produktionsdauer* (z. B. Luftfahrtindustrie, Anlagenbau, Schiffbau). Weil die Zwischenkalkulation auch für Bilanzierungszwecke erforderlich ist, wird sie auch gelegentlich als »Nachkalkulation von Halberzeugnissen« bezeichnet. Die in die Zwischenkalkulation eingehenden Werte stellen eine Mischung von Ist- und Sollwerten dar, wobei für die fertiggestellten Teilleistungen Istwerte vorliegen (oder zumindest vorliegen können), während für die noch zu erbringenden Teilleistungen lediglich Sollkosten in Ansatz gebracht werden können.

Eine *Nachkalkulation* ist erst *nach Leistungserstellung* und -abwicklung möglich. Die dann zur Verfügung stehenden Istinformationen betreffen grundsätzlich sämtliche Isteinzelkosten. Dagegen kann mit Istgemeinkosten erst gerechnet werden, wenn die entsprechende Abrechnungsperiode abgeschlossen ist und im Betriebsabrechnungsbogen die entsprechenden Istzuschlagsätze ermittelt sind.

Mit der *Nachkalkulation* werden in erster Linie *Kontrollzwecke* erfüllt, indem die Sollwerte der Vorkalkulation mit den tatsächlich angefallenen Kosten (Istkosten) verglichen werden, um damit letztlich wertvolle Unterlagen auch für künftige Vorkalkulationen zu schaffen. Im einzelnen werden folgende Informationen ermittelt:

- Grundlagen für die Erfolgskontrolle innerhalb der kurzfristigen Ergebnisrechnung
- Unterschiede gegenüber der Vorkalkulation (sie stellt evtl. fest, daß die Vorkalkulation mit falschen Kostensätzen arbeitet)
- Beurteilung des Vorkalkulationsverfahrens
- Überprüfung der Leistungen einzelner Kostenstellen
- Wirtschaftlichkeitsüberlegungen (erkennt evtl. Unwirtschaftlichkeiten und Schwachstellen)

Eventuelle Abweichungen zwischen Soll und Ist bedürfen einer *sorgfältigen Kostenanalyse*, deren Ergebnisse wiederum Informationen für eine verbesserte Gestaltung des Betriebsablaufs liefern können.

Nach diesen prinzipiellen Überlegungen zum Zeitpunkt der Kalkulation können nun die einzelnen Kalkulationsverfahren aufgezeigt werden.

8.4.3 Divisionskalkulation

Die *Divisionskalkulation* in ihrer reinen Form ist nur *im Einproduktbetrieb* anwendbar, d. h. in Unternehmen mit einheitlicher, gleichbleibender Massenfertigung (z. B. Wasserwerk, Zementfabrik). Alle Varianten der Divisionskalkulation basieren auf dem in seiner Handhabung überaus einfachen *Grundprinzip der Division* von *(Gesamt-)Kosten durch* die erzeugte bzw. verkaufte *Leistungsmenge:*

$$\text{(Gesamt-)Kosten je Leistungseinheit} = \frac{\text{(Gesamt-)Kosten einer Abrechnungsperiode}}{\text{Leistungsmenge derselben Periode}}$$

8.4.3.1 Einfache Divisionskalkulation (einstufige Divisionskalkulation)

Die einstufige Divisionskalkulation bezieht den gesamten Prozeß der betrieblichen Leistungserstellung *summarisch* in die *Abrechnung* ein, wobei ein kontinuierlich fortschreitender Produktionsprozeß unterstellt ist. Damit erfolgt die Abrechnung »in einem Zug«.

Voraussetzungen:
- Einproduktunternehmen,
- einstufiger Produktionsprozeß,
- einheitliche Leistungen, ausdrückbar in reinen Mengeneinheiten, und
- keine Zwischenlagerbildung.

Die Voraussetzungen für eine Anwendung der einstufigen Divisionskalkulation sind nur im *seltenen Fall der einstufigen Einproduktbetriebe* erfüllt, z. B. bei der Stromerzeugung oder beim Wasserwerk.

Vorgehensweise:
Erfassung der Gesamtleistung und der Gesamtkosten einer Abrechnungsperiode, dann gilt:

$$\text{Kosten je Leistungseinheit} = \frac{\text{Gesamtkosten einer Abrechnungsperiode}}{\text{Gesamtleistung derselben Periode}}$$

Häufig stimmen die hergestellten und abgesetzten Mengen einer Abrechnungsperiode nicht überein, so daß, wenn die Kosten je verkaufte Leistungseinheit ermittelt werden sollen, *Bestandsveränderungen* in der Berechnung mit berücksichtigt werden müssen; Kalkulationsmodell in diesem Fall:

$$\text{Kosten je verkaufte Leistungseinheit} = \frac{\text{Gesamtkosten} \pm \text{Bestandsveränderungen}}{\text{verkaufte Leistungseinheiten einer Abrechnungsperiode}}$$

Beispiele zur einfachen Divisionskalkulation

a) In einem Wasserwerk wurden im letzten Monat 360.000 m^3 Wasser erzeugt. Die Gesamtkosten beliefen sich auf € 338.400,—.
Somit betragen die Kosten je m^3:

$$\frac{338.400}{360.000} = 0{,}94 \quad (\text{€ pro } m^3)$$

b) Am Betrag von 0,94 € je m^3 darf sich nichts ändern, wenn etwa nur 300.000 m^3 verkauft wären. Der aufgetretene Bestand ist mit € 56.400,— (aus 0,94 x 60.000) anzusetzen, und es würde gelten:

$$\frac{338.400 - 56.400}{300.000} = 0{,}94 \quad (\text{€ je } m^3)$$

Übungsbeispiel:

Ermitteln Sie die Selbstkosten je Flasche Apfelsaft aufgrund der folgenden Angaben!

Eine Apfelsaftfabrik erzeugt den Obstsaft »Goldapfel«. Dafür fielen in der letzten Abrechnungsperiode folgende Kosten an:

Materialbereich:
- 200 t Fallobst für € 0,12 pro kg
- 190.000 Flaschen für € 0,10 pro Stück

Fertigungsbereich:	€
– Presserei	30.000,--
– Abfüllanlage	26.000,--
– Sonstige	13.000,--

Verwaltung und Vertrieb: € 40.000,—

Erzeugt und verkauft wurden 190.000 Flaschen.

Die Lösung zum Übungsbeispiel finden Sie auf Seite 232.

8.4.3.2 Mehrstufige Divisionskalkulation (Stufendivisionskalkulation)

Die *mehrstufige Divisionskalkulation (Stufendivisionskalkulation* oder fraktionierte Divisionskalkulation) ist für mehrstufig gegliederte Betriebe der Massenproduktion mit nichtkontinuierlichem Fertigungsablauf, in dem Zwischenläger auftreten können, gedacht. Deshalb werden in diesem Fall nicht wie bei der einfachen Divisionskalkulation die Gesamtkosten durch die gesamte Leistungsmenge dividiert, sondern es sind *je Fertigungsstufe* die dort angefallenen *Kosten (Stufenkosten) durch* die erbrachte *Leistung (Stufenleistung)* zu teilen. Die ermittelten Quotienten (Stufenkostensätze) müssen dann auf die folgenden Stufen bis zur Endleistung weiterverrechnet werden.

Voraussetzungen der Stufendivisionskalkulation:
- Erzeugung nur eines Kostenträgers
- Mehrere Produktionsstufen mit entsprechenden Zwischenlägern

Vorgehensweise:
- Prinzipiell kein Unterschied zur einfachen Disvisionskalkulation
- Problem: Die Leistungsinhalte der Vorstufen müssen auf die Endleistung bezogen werden
- Formel zur Ermittlung der Selbstkosten je Leistungseinheit

$$k = \frac{K_1}{L_1} f_1 + \frac{K_2}{L_2} f_2 + \ldots\ldots + \frac{K_m}{L_m} f_m$$

k = Stückkosten (Kosten je Kostenträger)

$K_1, K_2, \ldots, K_m$ = Kosten der Fertigungsstufen 1, 2, ..., m in einer Abrechnungsperiode

$L_1, L_2, \ldots, L_m$ = Leistungsmenge in Stufe 1, 2, ..., m

Ermittlung der Umrechnungsfaktoren $f_1, f_2, \ldots, f_m$:

$$f_m = 1$$

$$f_{m-1} = f_m \frac{\text{Einsatz aus Stufe } m-1 \text{ in Stufe } m}{\text{Leistungsmenge Stufe } m}$$

$$f_{m-2} = f_{m-1} \frac{\text{Einsatz aus Stufe } m-2 \text{ in Stufe } m-1}{\text{Leistungsmenge Stufe } m-1}$$

,

,

$$f_1 = f_2 \frac{\text{Einsatz aus Stufe 1 in Stufe 2}}{\text{Leistungsmenge Stufe 2}}$$

Im einzelnen sind bei Anwendung der Stufendivisionskalkulation folgende Abrechnungsschritte je Fertigungsstufe notwendig (vgl. S. 177 Lösungsschema zur Übungsaufgabe):

1. Ermittlung der Stufenkosten und Stufenleistung je Fertigungsstufe und Quotientenbildung (Stufenkostensatz).
2. Bestimmung der kumulierten Stufenkosten als Summe der Stufenkosten und den aus der Vorstufe übernommenen Kosten.
3. Errechnen der kumulierten Stufenkosten je Stufenleistungseinheit (Selbstkosten je Einheit).
4. Multiplikation des Lagerbestandes mit den Selbstkosten je Einheit zur Bestimmung des Lagerwertes.
5. Ermittlung des verbleibenden Anteils der kumulierten Stufenkosten, der zum Einsatz in der nächsten Fertigungsstufe wird (Lagerwert + Einsatz nächste Stufe = kumulierte Stufenkosten).
6. Umrechnung des Stufenkostensatzes mit Hilfe von Umrechnungsfaktoren (vgl. oben) zum Anteil an den Selbstkosten der Endleistung.
7. Kumulation der Selbstkostenanteile.

Anwendungsbeispiele für die Stufendivisionskalkulation finden sich z. B. im Zementwerk, bei der Zigarettenherstellung oder im Bergwerk.

Übungsbeispiel:

Die Nikotin-AG stellt die Zigarettenmarke »Smoke« her. Für die letzte Abrechnungsperiode wurden die folgenden Zahlen ermittelt:

Fertigungsstufe	Stufeneinsatz	Stufenleistung	Stufenkosten
1 Tabakeinkauf und Lager		130 t Tabak	1.248.000
2 Mischung und Verarbeitung	100 t Tabak	120 Mio Zigaretten	360.000
3 Verpackung, Verwaltung und Vertrieb	100 Mio Zigaretten	5 Mio Schachteln	500.000
			2.108.000

1. Wie hoch sind die Kosten für eine Schachtel Zigaretten
   a) in den einzelnen Stufen und
   b) insgesamt?
2. Wie hoch ist der Wert der Zwischenläger insgesamt?

Verwenden Sie zur Abrechnung das nachfolgende Formblatt!

Abrechnungsschema:

Stufe	Stufenleistung (Stück) L	Stufenkosten (€) K	kum. Stufenkosten (Selbstkosten) (€) (3) + (7) der letzten Zeile	Selbstkosten je Einheit (€/St.) (4) : (2)	Lagerwert (€)	Einsatz nächste Stufe (€)	Stufenkosten: Stufenleistung (€/St.) (3) : (2)	Selbstkosten der Endleistung pro Stufe (€/St.)	kum. Selbstkosten der Endleistung (€/St.)
(1)	(2)	(3)	(4)	(5)	(6)	(7)	(8)	(9)	(10)

Die Lösung zum Übungsbeispiel finden Sie auf Seite 233.

8.4.3.3 Äquivalenzziffernrechnung

Eine *Sonderstellung innerhalb der Divisionskalkulation* nimmt die *Äquivalenzziffernrechnung* ein, die für Betriebe anwendbar ist, deren Leistungsprogramm zwar aus verschiedenen Erzeugnissen besteht, die jedoch in enger Verwandtschaft zueinander stehen *(artverwandte Leistungen).* Um hier trotz der fehlenden Homogenität der Leistungen die Divisionskalkulation anwenden zu können, wird durch die Verwendung von *Umrechnungsfaktoren, den Äquivalenzziffern,* die Gleichgewichtigkeit im Sinne einer *Addierbarkeit der Leistungsmengen abrechnungstechnisch herbeigeführt.*

Die Äquivalenzziffernrechnung findet insbesondere dort Anwendung, wo entweder aus gleichen Rohstoffen unterschiedliche, aber ähnliche Produkte gefertigt werden (z. B. Kupfer, aus dem verschiedene Rohre und Drähte gefertigt werden) oder wo an unterschiedlichen Rohstoffen gleiche Produktionsvorgänge erfolgen. Die erstellten Sorten weichen dann in einem oder in mehreren für die Kostenverursachung maßgebenden Faktoren voneinander ab (z. B. Zeitbedarf, Energieverbrauch, spezifisches Gewicht, Oberflächengestaltung, Größe der Produkte); wobei nun die Äquivalenzziffern die Aufgabe haben, diese Abweichungen kalkulatorisch umzusetzen. Somit sind die *Äquivalenzziffern Mengenumrechnungsfaktoren,* die *unterschiedliche Kostenverhältnisse bei der Produktion einzelner Sorten ausdrücken* sollen.

Voraussetzungen der Äquivalenzziffernrechnung:
- Es liegt Sortenerzeugung (Produktion artverwandter Erzeugnisse) vor
- Um die Divisionskalkulation anwenden zu können, wird durch Verwendung von Umrechnungsfaktoren (Äquivalenzziffern) die Gleichgewichtigkeit der Erzeugnismengen erreicht
- Die Äquivalenzziffern müssen dem Verursachungsprinzip entsprechen oder zumindest nahekommen

Vorgehensweise:
- *Bildung von Äquivalenzziffern*

Äquivalenzziffern lassen sich *analytisch* (exakte Rechnung) oder aufgrund von *Erfahrungswerten* (Schätzung) bilden. Dabei können die Äquivalenzziffern beruhen auf:
- technisch bedingten Zahlenwerten (z. B. Abmessungen, physikalischen Größen)
- zeitlich bedingten Zahlenwerten (z. B. Arbeitszeiten, Maschinenzeiten)
- wertbedingten Zahlenwerten (z. B. Markt- oder Beschaffungspreisen)

Die gewählten, für die Kostenverursachung repräsentativen Zahlenwerte je Sorte beinhalten zunächst vorläufige Äquivalenzziffern (z. B. Brenndauer Sorte 1 fünf Stunden; Sorte 2 acht Stunden). Im folgenden wird dann in der Regel die mengenmäßig bedeutsamste Sorte als Basissorte gewählt und erhält die Äquivalenzziffer 1. Alle anderen Äquivalenzziffern werden gebildet, indem die vorläufigen Äquivalenzziffern für die einzelnen Sorten durch die vorläufige Äquivalenzziffer der Basissorte dividiert werden.

– *Bestimmung der Selbstkosten je Sorte*

Nachdem für die betreffende Abrechnungsperiode die Leistungsmengen der einzelnen Sorten und die Gesamtkosten der Abrechnungsperiode festgestellt wurden, werden diese tatsächlichen Leistungsmengen durch Multiplikation mit der jeweils zugehörigen Äquivalenzziffer zu addierbaren Recheneinheiten umgeformt. Werden dann die Gesamtkosten der Abrechnungsperiode durch die Summe der Recheneinheiten dividiert, so lassen sich aus den Kosten je Recheneinheit die Sortenkosten und die Kosten je Leistungseinheit ausmultiplizieren.

Beispiel:

Papiersorten	Summe kg	Äquival. Ziffern	Leistungseinheiten (Rechnungseinheiten)	Gesamtkosten €	Kosten je kg €
A	6.000	0,5	3.000	6.000,—	1,—
B	20.000	1,00	20.000	40.000,—	2,—
C	4.000	0,25	1.000	2.000,—	0,50
Summen			24.000	48.000,—	Ø 2,—

48.000 : 24.000 = 2 (€ pro Recheneinheit)

Anwendungsbeispiele: Ziegeleien, Sägewerke, Zementfabriken, Walzwerke, Brauereien, Chem. Industrie, Steinbruch, Zuckerwarenfabrik, Papierfabrik

Übungsbeispiel:

In einem Blechwalzwerk werden 3 Blechsorten erzeugt:

Sorte	Menge	Äquivalenzziffer
1	4.000 t	0,7
2	6.000 t	0,9
3	12.000 t	1,0

Die Gesamtkosten betrugen € 80.800.000,—. Ermitteln Sie die Kosten für jede Blechsorte insgesamt und je Tonne!

Benutzen Sie für die Zusammenstellung der gegebenen und errechneten Werte untenstehende Tabelle.

Leistung	Leist.-menge t	Äquiv.-Ziffern	Rechn.-einheiten	Gesamtkosten	Kosten pro t
Sorte I	4.000	0,7	2800	11.200.000,-	2800,-
Sorte II	6.000	0,9	5400	21.600.000,-	3600,-
Sorte III	12.000	1,0	12.000	48.000.000,-	4.000,-
			20.200	80.800.000,-	Ø 4000,-

Die Lösung zum Übungsbeispiel finden Sie auf Seite 234.

8.4.4 Kalkulation bei Kuppelproduktion

Von Kuppelproduktion (verbundener Produktion) spricht man bei Fertigungsprozessen, in denen *zwangsläufig und gleichzeitig aus dem Ausgangsmaterial mehrere Produkte (Haupt- und Nebenprodukte)* freigesetzt werden. Dabei sind die

- *Hauptprodukte* = Stoffe, deren Erzeugung gewollt wird und die dem Betriebszweck entsprechen, während die
- *Nebenprodukte* = Stoffe sind, deren Erzeugung (Anfall) zwangsläufig hingenommen werden muß.

Die Einordnung eines Produktes in die Kategorie Haupt- oder Nebenprodukt kann im Zeitablauf Veränderungen unterworfen sein (Beispiel: Sägespäne, die früher als Nebenprodukt (Abfall) behandelt wurden und die heute zu einem begehrten Grundstoff der Spanplattenindustrie geworden sind).

Typisch ist das Auftreten von Kuppelproduktion in Betrieben, die der Natur unmittelbar gegenübertreten und Rohstoffe erschließen; Beispiele: Erdölraffinerie, Gaswerk, Zuckerfabrik, Sägewerk, Schlachthof). Daneben tritt das Problem der Kuppelproduktion im Grunde in fast jedem Betrieb in abgeschwächter Form auf, z. B. bei der spanabhebenden Fertigung in einer Dreherei, wo als Hauptprodukt das Drehteil, als Nebenprodukt die Späne angesehen werden können. Wegen der untergeordneten Bedeutung der Abfälle (Nebenprodukte) verzichtet man jedoch in diesen Fällen auf die Anwendung der Methoden zur Kalkulation von Kuppelprodukten.

Voraussetzungen der Kalkulation von Kuppelprodukten:
- Produktionsprozeß mit simultaner und weitgehend zwangsläufiger Freisetzung mehrerer Produkte
- Auftreten von mindestens zwei Haupt- bzw. Nebenprodukten

Vorgehensweise:

Zur Kalkulation von Kuppelprodukten wurden einige *Kalkulationsverfahren* entwickelt, die zumeist zur Divisionskalkulation (einschließlich Äquivalenzziffernrechnung) zurückführen. Im einzelnen sollen hier die *Restwertrechnung*, die *technische Verteilungsmethode* und die *Marktpreismethode* erwähnt werden.

Die *Restwertrechnung (Subtraktionsmethode)* ist als eigenständige Methode nur anwendbar, wenn lediglich ein Hauptprodukt vorliegt. Sind zwei oder mehrere Produkte vorhanden, muß die Restwertrechnung mit einem der anderen Verfahren kombiniert werden. Für die Restwertrechnung gilt folgendes Abrechnungsschema:

	Kosten des Kuppelprozesses
./.	Erlöse für Nebenprodukte
+	Kosten für die Aufbereitung der Nebenprodukte
	Restwert

Der ermittelte Restwert wird bei nur einem Hauptprodukt durch Division auf die Leistungseinheiten verteilt; bei mehreren Hauptprodukten kommt eine der folgenden Methoden zur Anwendung.

Beide *Verteilungsrechnungen (technische Verteilungsmethode und Marktpreismethode)* haben eine dem *Prinzip der Äquivalenzziffernrechnung* entsprechende Vorgehensweise. Bei der *technischen Verteilungsmethode* werden die *Gesamtkosten* (bei Auftreten von Nebenprodukten über die Restwertrechnung bereinigt) *auf die Hauptprodukte* mit Hilfe von *technischen Daten* verrechnet. Beispiel: Kalkulation im Gaswerk, bei der die Kostenverrechnung über den Heizwert der Hauptprodukte erfolgen kann.

Kommt die *Marktpreismethode* zur Anwendung, so wird die Kostenverrechnung aufgrund von Marktpreisen für die Leistung vorgenommen, d. h. die *Gesamtkosten* des Kuppelprozesses werden *im Verhältnis der ermittelten Erlöse* auf die verschiedenen Kuppelprodukte verteilt. Diese *Methode entspricht* sicherlich nicht dem Kostenverursachungsprinzip, sondern nähert sich dem *Kostentragfähigkeitsprinzip*, denn Produkte mit hohem Marktpreis müssen einen hohen Teil der Kosten des Kuppelprozesses tragen.

Da auch die beiden anderen Methoden im Widerspruch zum Kostenverursachungsprinzip stehen und ursächliche Informationen über Kostenbeziehungen nicht damit gewonnen werden können, haben die klassischen Verfahren der Kalkulation von Kuppelprodukten als Informationsquelle für den betrieblichen Entscheidungsprozeß nur eine geringe Bedeutung. Statt dessen wird heute in vielen Betrieben versucht, eine *entscheidungsorientierte Kostenbewertung (nicht nur bei Kuppelproduktion)* einzuführen. Dazu werden anstehende betriebliche Entscheidungen dahingehend untersucht, wie viele Kosten durch sie verursacht werden und wieviel Nutzen (Erlöse, Kosteneinsparungen) an anderer Stelle dadurch entsteht. Auf diese Weise entwickelt sich die Kostenrechnung von einer strukturellen oder Substanzrechnung zur dynamischen oder Änderungsrechnung.

Zusammenfassendes Übungsbeispiel zur Kalkulation von Kuppelprodukten:

In einem Gaswerk sind in einer Periode € 500.000,–– an Kosten angefallen. Erzeugt wurden:
3.000 t Koks
1,0 Mio m³ Gas

a) Wie hoch sind die Selbstkosten für 1 t Koks und 1 cbm Gas, wenn
   1 m³ Gas 4.000 kcal und
   1 t Koks 7 Mio kcal Heizwert besitzt?

b) Wie nennt man diese Kostenverteilungsmethode bei der Kuppelproduktion?

---

c) Welche anderen Möglichkeiten der Ermittlung der Selbstkosten im Bereich der Kuppelproduktion kennen Sie?

---

d) Entsprechen diese Methoden dem Verursachungsprinzip der Kostenrechnung?

	ja	nein
– alle		
– nur die oben angewandte Methode		
– keine		

Die Lösung zum Übungsbeispiel finden Sie auf Seite 234.

8.4.5 Zuschlagskalkulation

Die *Zuschlagskalkulation* wird dort angewandt, wo die *Leistung* eines Betriebes *nicht* durch *addierbare Mengen von Kostenträgern* ausgedrückt werden kann. Weil in der überwiegenden Zahl der Betriebe derartige Leistungsverhältnisse gegeben sind, dominiert diese Abrechnungsform in der Praxis. Dabei erstreckt sich das Spektrum der Betriebe, die die Zuschlagskalkulation anwenden, von kleinen »Tante-Emma-Läden« über Handwerksbetriebe im Sachleistungsbereich (z. B. Möbeltischlerei) oder Dienstleistungsbereich (z. B. Friseur) bis hin zu industriellen Großbetrieben (z. B. Automobilfabrik) oder Dienstleistungsbetrieben im Handelsbereich (z. B. Warenhaus) bzw. im abstrakten Bereich (z. B. Wirtschaftsprüfer).

Während bei der *Divisionskalkulation alle Kosten* den Leistungen *direkt zugerechnet* werden können, sind bei der *Zuschlagskalkulation nur* bestimmte Kosten, die *Einzelkosten* (vgl. oben), den Kostenträgern direkt zurechenbar. Die *Gemeinkosten* (nicht direkt zurechenbare Kosten) fallen für mehrere oder für alle Kostenträger *gemeinsam* an. Um auch die Gemeinkosten den Kostenträgern anteilig zurechnen zu können, wird in der Zuschlagskalkulation eine *Beziehung zwischen* angefallenen *Einzelkosten und* zu verteilenden *Gemeinkosten konstruiert,* indem entweder durch *Zuschlagsätze auf Basis von Einzelkosten oder* durch *Verrechnungssätze auf Basis anderer direkter Bezugsgrößen* (z. B. auf Zeitbasis) die Gemeinkosten in die Abrechnung einbezogen werden.

Abhängig vor allem von der Art der Leistungserstellung und der Betriebsgröße, haben sich verschiedene Formen der Zuschlagskalkulation entwickelt, die sich im wesentlichen darin unterscheiden, daß sie

– *mit einer oder mehreren Bezugsgrößen* arbeiten, und daß sie
– den *Betrieb insgesamt abrechnen oder* auf einer *Kostenstellenrechnung* aufbauen.

Aus den verschiedenen *Kombinationsmöglichkeiten,* die sich hieraus ergeben, sind *zwei wesentliche Varianten* hervorgegangen: die *einfache Zuschlagskalkulation,* die ohne Differenzierung bei den Zuschlagsbasen und ohne Kostenstellengliederung arbeitet, und die *erweiterte Zuschlagskalkulation,* bei der verschiedene Zuschlagsbasen und eine Kostenstellengliederung vorliegen. Diese beiden Hauptformen der Zuschlagskalkulation sollen im folgenden näher erläutert werden.

8.4.5.1 Einfache Zuschlagskalkulation

Hauptmerkmal der *einfachen Zuschlagskalkulation* ist, daß alle *Gemeinkosten mit nur einem Zuschlags- oder Verrechnungssatz* auf die Kostenträger verrechnet werden. Diese Verteilungsgrundlagen sind nach Branche und Betriebsstruktur verschieden. So können in Sachleistungsbetrieben folgende Größen einzeln oder kombiniert eingesetzt werden: z. B. bei materialintensiver Fertigung: Fertigungsmaterial; bei lohnintensiver Fertigung: Fertigungslohn oder Fertigungszeit; bei maschinenintensiver Fertigung: Betriebsmittelzeit. In Handelsbetrieben wird dagegen auf Wareneinstandspreisen aufgebaut, und im engeren Dienstleistungsbereich finden etwa direkte Leistungszeiten (z. B. Beratungszeiten) Anwendung.

Je nachdem, ob die einfache Zuschlagskalkulation als Rechnung über Zuschlagsätze oder über Verrechnungssätze erfolgt, ergibt sich eine unterschiedliche Vorgehensweise:

Einfache Zuschlagskalkulation mit Zuschlagsätzen auf Einzelkostenbasis – Vorgehensweise
- Bestimmung einer geeigneten Einzelkostenbasis
- Ermittlung der Einzel- und Gemeinkosten einer Abrechnungsperiode
- Ermittlung eines Gemeinkostenzuschlagsatzes aus:

$$\frac{\text{Gemeinkosten einer Abrechnungsperiode}}{\text{Einzelkosten derselben Periode}} \times 100 = \text{Gemeinkosten-zuschlagsatz in \%}$$

- Für die Kalkulation gilt dann:
  1. Einzelkosten eines Kostenträgers
  2. + Gemeinkostenzuschlag (% – Satz von 1.)
  3. Selbstkosten für diesen Kostenträger
  4. + Gewinnzuschlag (% – Satz von 3.)
  5. Verkaufspreis

- Beispiel: Wenn in einer Teppichhandlung in der letzten Abrechnungsperiode € 74.000,–– Gemeinkosten und € 92.500,–– Einzelkosten (Einstandspreise der Teppiche) angefallen sind, beträgt der Gemeinkostenzuschlagsatz 80 %. Glaubt der Händler, einen Gewinnzuschlag von 30 % auf die Selbstkosten realisieren zu können, so muß er einen für € 7.000,–– eingekauften Teppich für € 16.380,–– verkaufen (Selbstkosten € 12.600,––; plus 30 % Gewinn ergibt 16.380,––).

Einfache Zuschlagskalkulation mit Verrechnungssätzen (Zeitbasis) – Vorgehensweise
- Suche nach einer geeigneten Zeitbasis (Arbeitsstunden, Maschinenstunden)
- Ermittlung der Gesamtkosten und Gesamtleistungszeit einer Abrechnungsperiode

- Ermittlung des Verrechnungssatzes (Lohnstundensatz oder Maschinenstundensatz) durch:

$$\frac{\text{Gesamtkosten einer Abrechnungsperiode}}{\text{Leistungszeit derselben Periode}} = \frac{\text{Verrechnungssatz}}{\text{je Zeiteinheit}}$$

(Leistungszeiten sind direkte, der Erstellung von Kostenträgern dienende Zeiten.)

- Für die Kalkulation gilt dann:
  Leistungszeit für einen Kostenträger x Verrechnungssatz je Zeiteinheit
  = Selbstkosten für diesen Kostenträger
  \+ Gewinnzuschlag (% – Satz der Selbstkosten)
  Verkaufspreis

- Beispiel: In einer Schweißerei fielen im letzten Abrechnungsmonat € 27.900,— Gesamtkosten an. Die Leistungszeiten betrugen insgesamt 620 Stunden. Damit ergibt sich ein Stundensatz von € 45,— pro Stunde, der in diesem Fall noch um einen geplanten Gewinn von 20 % zu erhöhen ist und dann € 54,— je Stunde beträgt. Ein Auftrag, der 2 1/2 Stunden in Anspruch nimmt, wird somit durch einen Verkaufspreis von € 135,— belastet (die MwSt. als außerhalb der Kostenrechnung stehender durchlaufender Posten kommt regelmäßig hinzu).

Gerade anhand der *einfachen Zuschlagskalkulation* mit Verrechnungssätzen auf Zeitbasis kann verdeutlicht werden, wie *problematisch* die einfache Zuschlagskalkulation ist. Werden die verrechneten Kosten nur auf die Zeitbasis bezogen, so bedeutet dies, daß

- die *unterschiedlichen Leistungsgeschwindigkeiten* der Arbeitskräfte oder Maschinen unberücksichtigt bleiben,
- die *unterschiedliche Qualifikation* der Arbeitskräfte (Meister- oder Lehrlingsarbeit) nicht berücksichtigt wird,
- dem *unterschiedlichen Einsatz von Sachmitteln* nicht Rechnung getragen wird (Handarbeit im einen, Maschinenarbeit im andern Fall),
- der *unterschiedliche Materialverbrauch* (z. B. Silberlot oder einfacher Schweißdraht) nicht in die Rechnung eingeht.

Eine Reihe von Betrieben hat versucht, diese unterschiedlichen Einflußfaktoren dadurch in den Griff zu bekommen, daß in einem Katalog von Leistungsarten jeweils die realen Anteile der genannten Faktoren eingebracht werden. Die dadurch entstehenden komplizierten künstlichen Bezugsgrößen (z. B. Arbeitszeitwerte – AZW – in Kraftfahrzeugreparaturwerkstätten) bedeuten jedoch im Grunde bereits ein Vorgehen gemäß der erweiterten Zuschlagskalkulation.

8.4.5.2 Erweiterte Zuschlagskalkulation

Um den Mängeln der einfachen Zuschlagskalkulation abzuhelfen, werden in der *erweiterten Zuschlagskalkulation* (verfeinerte, differenzierte Zuschlagskalkulation) bei prinzipiell gleicher Vorgehensweise (Einzelkostenbasis oder Verrechnungssätze)

(1) *differenzierte Verrechnungsgrundlagen,*
(2) *Sondereinzelkosten* und
(3) *Marktfaktoren (Rabatt und Skonto)*

in die Rechnung einbezogen.

Die *Differenzierung der Verrechnungsgrundlagen* erfolgt dabei sowohl im Hinblick auf *qualitative Unterschiede* (getrennte Sätze für Material-, Lohn- sowie Verwaltungs- und Vertriebskosten bzw. -gemeinkosten) als auch in bezug auf den *Fertigungsablauf* (bzw. die Abteilungsgliederung, in Form einer Kostenstellenrechnung).

Die Berücksichtigung von *Sondereinzelkosten* bedeutet, daß auch solche Kosten in die Rechnung eingehen, die zwar den Leistungen direkt zugerechnet werden können, aber aus verschiedenen Gründen (spezifischer Charakter, fehlende Planbarkeit, vgl. dazu oben) nicht zur Verrechnung von Gemeinkosten geeignet erscheinen. Beispiele für Sondereinzelkosten sind in der *Fertigung:* besondere Betriebsmittel und Modelle, im *Vertrieb:* Zölle und Vertreterprovisionen.

Schließlich werden in der erweiterten Zuschlagskalkulation noch *marktnahe Faktoren* einbezogen, d. h. es erfolgt eine Verrechnung von *Rabatt-* (kunden- oder leistungsbezogene Preisnachlässe, z. B. Großhandelsrabatt, Einführungsrabatt) und *Skontobeträgen* (Preisnachlässe für Barzahlung; da es sich hierbei um einen rein finanzwirtschaftlichen Vorgang handelt, ist die häufige Bezeichnung *»Barzahlungsrabatt« falsch).* Um ein kundenspezifisches Verrechnen zu ermöglichen, muß in jeder *Angebotskalkulation mit durchschnittlichen Rabatt- und Skontobeträgen* gerechnet werden, damit dann den *Kunden eine individuelle Verringerung des Rechnungsbetrags* eingeräumt werden kann. Beispiel: Bestehen in einem Betrieb drei Rabattgruppen (40 %, 20 %, 0 %) mit ungefähr gleich großem Kundenanteil, so muß in jedem Verkaufspreis zunächst ein durchschnittlicher Rabatt von 20 % eingerechnet werden, der dann dem Kunden, abhängig von seiner Kundengruppe, gar nicht, vollständig oder über den verrechneten Betrag hinaus effektiv gewährt wird.

Bei der Anwendung der erweiterten Zuschlagskalkulation ist im folgenden zwischen der Kalkulation in Industriebetrieben und in Dienstleistungsbetrieben zu unterscheiden.

8.4.5.2.1 Erweiterte Zuschlagskalkulation in der Industrie

Die *erweiterte Zuschlagskalkulation* wird *im Industriebetrieb* in zwei wesentlichen Varianten eingesetzt, und zwar entweder als Kalkulation *auf Einzelkostenbasis oder* als Kalkulation *auf Basis von Verrechnungssätzen* (Bezugsgrößenkalkulation).

Eine erweiterte Zuschlagskalkulation auf *Einzelkostenbasis* beginnt mit der Abrechnung der *Materialkosten.* Dann werden die *Fertigungskosten* bestimmt; beide zusammen ergeben die *Herstellkosten,* auf welche die *Verwaltungs- und Vertriebsgemeinkosten* zu verrechnen sind. Bei Betrieben mit schwankenden Beständen an Halb- und Fertigfabrikaten kann – vgl. oben – auch zwischen Verwaltungs- und Vertriebsgemeinkosten getrennt werden, indem Herstellkosten und Verwaltungsgemeinkosten die Herstellungskosten ergeben, zu denen die Vertriebsgemeinkosten hinzukommen. Die so ermittelten Selbstkosten sind die Basis für den *individuellen Gewinnzuschlag.* Da in der Kostenrechnung der gesamte Wertverzehr so eingesetzt ist, daß bei Realisation dieser Beträge am Markt der Fortbestand des Unternehmens gesichert ist, kann der Gewinnzuschlag als eine Art Korrekturfaktor zur Wahrnehmung von Markt- und Wachstumschancen interpretiert werden.

Der *Barverkaufspreis* als Summe von Selbstkosten und Gewinn ist der Betrag, den ein Unternehmen für sich nach Leistungsabwicklung in der Kasse haben möchte; *Skonto* und *Rabatt* werden als Prozentsatz des Verkaufspreises im Grunde nur deshalb verrechnet, um sie an die Kunden differenziert zurückgeben zu können bzw. um einen späteren Zahlungseingang zu finanzieren (Skonto). Nach dem *Verkaufspreis* sind noch mögliche *Sondereinzelkosten* den Kunden gesondert in Rechnung zu stellen. Zwar werden diese Sondereinzelkosten vielfach bereits früher in das Kalkulationssystem eingeordnet, d. h. man verrechnet auf diese Kosten teilweise auch Gemeinkosten, dies hat aber zur Folge, daß regelmäßig dadurch eine Gemeinkostenüberdeckung als verdeckter Gewinn entsteht, da die Sondereinzelkosten bei der Ermittlung der Zuschlagsätze nicht in der Einzelkostenbasis enthalten sind.

In Industriebetrieben endet der Kalkulationsprozeß regelmäßig mit dem *Zuschlag der Mehrwertsteuer,* die zwar kostenrechnerisch nicht von Bedeutung ist, aber selbstverständlich in einer normalen Rechnung auszuweisen ist.

Damit ergibt sich für das Kalkulationsschema zur erweiterten Zuschlagskalkulation auf Einzelkostenbasis in Industriebetrieben folgende Gestalt:

1. Fertigungsstoffe
2. Materialgemeinkosten
3. Materialkosten (1 + 2)

4. Fertigungslöhne
   Kostenstelle I
5. Fertigungsgemeinkosten
   Kostenstelle I
6. Fertigungskosten Kostenstelle I (4 + 5)
7. Fertigungslöhne
   Kostenstelle II
8. Fertigungsgemeinkosten
   Kostenstelle II
9. Fertigungskosten Kostenstelle II (7 + 8)
10. Fertigungskosten (6 + 9)

11. Herstellkosten (3 + 10)

12. Verwaltungsgemeinkosten (%-Satz von 11)
13. Vertriebsgemeinkosten (%-Satz von 11)
14. Selbstkosten (11 + 12 + 13)

15. Gewinnzuschlag (%-Satz von 14)
16. Barverkaufspreis (14 + 15)

17. Skonto (%-Satz von 18)
18. Zielverkaufspreis (16 + 17)

19. Durchschnittlicher Rabatt (%-Satz von 20)
20. Verkaufspreis (18 + 19)

21. Sondereinzelkosten der Fertigung (oft auch nach Fertigungskosten angesetzt)
22. Sondereinzelkosten des Vertriebs (oft auch unmittelbar nach Vertriebsgemein-Kosten angesetzt; siehe nachfolgendes Beispiel)
23. Verkaufspreis (mit Sondereinzelkosten)

24. Mehrwertsteuer (aus 23)
25. Bruttopreis

Zeile	Kostenträgerbezeichnung	Einzelkosten	Gemeinkosten	Gesamtkosten
1	Fertigungsmaterial			
2	Materialgemeinkostenzuschlag (in % von 1)			
3	Materialkosten (1 + 2)			
4	Fertigungslöhne der Kostenstelle			
5	FGK der Kostenstelle (in % von 4)			
6	Fertigungskosten der Kostenstelle . . . (4 + 5)			
7	Fertigungslöhne der Kostenstelle . . .			
8	FGK der Kostenstelle . . . (in % von 7)			
9	Fertigungskosten der Kostenstelle . . . (7 + 8)			
10				
11				
12				
13				
14				
15	Fertigungskosten Gesamt (6, 9, 12)			
16	Sondereinzelkosten der Fertigung			
17	Herstellkosten (3 + 15 + 16)			
18	Verwaltungsgemeinkosten (in % von 17 oder 15)			
19	Vertriebsgemeinkosten (in % von 17 oder 15)			
20	Sondereinzelkosten des Vertriebs			
21	Selbstkosten (17 + 18 + 19 + 20)			
22	Gewinnzuschlag (in % von 21)			
23	Barverkaufspreis (21 + 22)			
24	Skonto (in % von 25)			
25	Zielverkaufspreis (23 + 24)			
26	Rabatt (in % von 27)			
27	Verkaufspreis o. MwSt. (25 + 26)			
28	Mehrwertsteuer (in % von 27)			
29	Bruttoverkaufspreis (27 + 28)			

Kalkulationsschema erweiterte Zuschlagskalkulation

Übungsbeispiel:

Eine Maschinenfabrik soll ein Angebot zur Lieferung einer Spezialmaschine abgeben. Dazu wurden folgende Informationen ermittelt.

Fertigungsmaterial:	€ 5.000,--
Fertigungslöhne Kostenstelle V	€ 8.000,--
Fertigungslöhne Kostenstelle IX	€ 7.000,--

Es gelten folgende Gemeinkostenzuschläge:

Materialgemeinkosten:	6 %
Fertigungsgemeinkosten Kostenstelle V	110 %
Fertigungsgemeinkosten Kostenstelle IX	180 %
Verwaltungs- und Vertriebsgemeinkosten	33 1/3 %
Gewinn	12,5 %
Rabatt	20 %

Wie hoch ist der Verkaufspreis o. MwSt. anzusetzen?

Die Lösung zum Übungsbeispiel finden Sie auf Seite 235.

Kritik an der Zuschlagskalkulation auf Einzelkostenbasis

Die erweiterte Zuschlagskalkulation steht und fällt damit, inwieweit es gelingt, geeignete Zuschlagsbasen für die Verrechnung der Gemeinkostenzuschläge zu finden. Ein *Beispiel* soll die Problematik verdeutlichen:

Ein Unternehmen bearbeitet einen Kleinauftrag und einen Großauftrag zur gleichen Zeit. Die Kalkulation sieht dann meist wie folgt aus:

	Kleinauftrag	Großauftrag
Fertigungsmaterial MGK 5 %	€ 100,-- € 5,--	€ 100.000,-- € 5.000,--
Materialkosten	€ 105,--	€ 105.000,--
Fertigungslöhne FGK 100 %	10 Std. á 10,-- € 100,-- € 100,--	10000 Std. á 10,-- € 100.000,-- € 100.000,--
Fertigungskosten	€ 200,--	€ 200.000,--
Herstellkosten	€ 305,--	€ 305.000,--
Verwaltungs- und Vertriebs-GK 20 %	€ 61,--	€ 61.000,--
Selbstkosten	€ 366,--	€ 366.000,--

Betrachtet man zunächst die Materialgemeinkosten, so ist zu fragen, inwieweit tatsächlich der Verwaltungsaufwand im Lager bei einem Großauftrag das 1000fache im Vergleich zum Kleinauftrag ausmacht. Besonders problematisch erscheinen auch die Fertigungsgemeinkostenzuschläge, die heute in den Firmen aufgrund des immer stärkeren Einsatzes von Maschinen teilweise 600 % und mehr betragen. Da die Fertigungsgemeinkosten in hohem Maße auftragsbezogene Einmalkosten (Vorbereitungskosten) enthalten, werden Kleinaufträge, bei denen der Anteil der Einmalkosten relativ hoch ist, im Vergleich zum Großauftrag unterbelastet.

Ebenso fragwürdig ist die Verrechnung der Verwaltungs- und Vertriebsgemeinkosten, da nicht einzusehen ist, daß ein Großauftrag mit € 61.000,— Verwaltungs- und Vertriebsgemeinkosten belastet wird, dagegen ein Kleinauftrag nur mit € 61,—. Analysiert man die Kosten in diesem Bereich, so stellt man fest, daß für € 61,— ein Kleinauftrag kaum bearbeitet werden kann (Fakturierung, Einbuchung, Mahnung, Telefonate). Andererseits sind € 61.000,— für Verwaltung und Vertriebsgemeinkosten sicherlich zu hoch. Somit wird auch hier das Kostenverursachungsprinzip als Grundprinzip der Kostenrechnung in hohem Maße verletzt.

Selbstverständlich sind diese Schwierigkeiten dem Kostenrechner seit langem bekannt, und man hat über den Einsatz der betrieblichen Rabattpolitik auch ein Mittel zur Hand, die Kalkulationsfehler bei Großaufträgen in gewissem Umfang zu korrigieren. Es sollte jedoch möglichst vermieden werden, einen Fehler durch einen anderen zu korrigieren, zumal wenn dadurch der Gesamtüberblick verloren geht.

Erweiterte Zuschlagskalkulation auf Basis von Verrechnungssätzen (Bezugsgrößenkalkulation)

Man versucht deshalb, in der erweiterten Zuschlagskalkulation auf Basis von Verrechnungssätzen auf direktem Weg zu einer *genaueren Abrechnung* zu gelangen. Dabei sind es in erster Linie *Maschinenstundensätze,* die statt der Fertigungsgemeinkosten direkt je Auftrag verrechnet werden können (zur Bestimmung dieser Sätze vgl. oben). Hinzu kommen z.B. *Verrechnungsbeträge auftragsspezifischer Art*, wie etwa ein *Festbetrag je Auftrag* an Verwaltungskosten. Weil hierdurch bereits Aspekte weiterführender Kostenrechnungsverfahren, wie Deckungsbeitragsrechnung, Plankostenrechnung und Prozeßkostenrechnung, angesprochen werden, sollen die genannten Beispiele an dieser Stelle genügen.

Für eine *Bezugsgrößenkalkulation* kann dann folgendes Schema gelten:

1. Fertigungsmaterial
2. Materialgemeinkosten
3. Materialkosten (1 + 2)
4. Maschinenkosten Fertigungsstelle A
5. Fertigungslohn A
6. Restgemeinkostenzuschlag A (%-Satz von 5)
7. Fertigungskosten A (4 + 5 + 6)
8. Fertigungskosten B
9. Fertigungskosten C
10. Fertigungskosten (7 + 8 + 9)
11. Sondereinzelkosten der Fertigung
12. Herstellkosten (3 + 10 + 11)
13. Auftragsbezogene Verwaltungskosten
14. Verwaltungsrestgemeinkosten (%-Satz v. 12)
15. Vertriebsgemeinkosten (%-Satz von 12)
16. Sondereinzelkosten des Vertriebs
17. Selbstkosten (12 + 13 + 14 + 15 + 16)
18. Kalk. Gewinn
19. Barverkaufspreis (17 + 18)
20. Skonto (in % von 21)
21. Zielverkaufspreis (19 + 20)
22. Durchschnittlicher Rabatt (in % von 23)
23. Verkaufspreis (21 + 22)

Übungsbeispiel:

Für einen Auftrag wurden in einer Maschinenfabrik folgende Zahlenwerte ermittelt:
Fertigungsmaterial: € 8.000,–– (Gemeinkostenzuschlagsatz 5 %)
Fertigungsstelle A:
- Maschinenstunden A_3: 4,5 Std. (Maschinenstundensatz 84,–– €/Std.)
- Fertigungslöhne € 900,–– (Restgemeinkostenzuschlag 30 %)

Fertigungsstelle B:
- Maschinenstunden B_2: 2,0 Std. (Maschinenstundensatz 32,–– €/Std.)
- Fertigungslöhne € 300,–– (Restgemeinkostenzuschlagsatz 70 %)

Auftragsbezogene Verwaltungskosten € 200,––
Verwaltungs- und Vertriebsgemeinkosten 12,5 %

Ermitteln Sie die Selbstkosten für diesen Auftrag!

Die Lösung zum Übungsbeispiel finden Sie auf Seite 235.

8.4.5.2.2 Erweiterte Zuschlagskalkulation im Dienstleistungsbereich

In *Großbetrieben der Dienstleistungsproduktion* wird wegen der Heterogenität der Leistungen ebenfalls die *erweiterte Zuschlagskalkulation* angewandt. Je nach Art der Dienstleistung kommen dabei unterschiedliche Verfahren zum Einsatz. Während in *Handelsbetrieben* eine Form der Zuschlagskalkulation eingesetzt wird, die der industriellen Zuschlagskalkulation auf Einzelkostenbasis entspricht, müssen *Dienstleistungsbetriebe im engeren Sinn*, die immaterielle Dienstleistungen erbringen (z. B. Verkehrsbetriebe, Beratungsunternehmen), eine eher an der Bezugsgrößenkalkulation orientierte Kostenträgerstückrechnung einsetzen.

Die Besonderheiten der *Handelskalkulation* können anhand des folgenden Schemas abgeleitet werden:

Kalkulationsarten / Kalkulationsschema	Progressive	Retrograde	Differenz
Einkaufspreis + Bezugskosten	↓	gesucht ↑	↓
Einstandspreis + Handlungskosten	↓	↑	gesucht
Selbstkosten + Gewinn	↓	↑	↑
Barverkaufspreis + Skonto	↓	↑	↑
Zielverkaufspreis + Rabatt	↓	↑	↑
Verkaufspreis	gesucht	↑	↑

Die Kalkulation beginnt, wenn nach einem Verkaufspreis gesucht wird, mit dem *Einkaufspreis der Ware*, der als *Rechnungspreis* sich als Differenz zwischen *Listen- oder Warenpreis und dem erzielten Rabatt* ergibt. Zuzüglich zum Einkaufspreis fallen *Bezugskosten* (Fracht, Rollgeld) an, ehe die Waren zum *Einstandspreis (Bezugspreis)* im Unternehmen zur Verfügung stehen.

Die *innerbetrieblichen Handlungskosten* werden nach Warengruppen differenziert verrechnet. Handlungskosten enthalten:

- *Kosten der Betriebsbereitschaft* (Kapital-, Raum- und Personalkosten sowie sonstige Sachkosten),
- *allgemeine Handlungskosten* (Kosten der Absatzvorbereitung, -abwicklung und -sicherung sowie Wagnisse) und

- *Distributionskosten* (Kosten für Verpackung und Versand).

Nach Verrechnung der Handlungskosten sind die *Selbstkosten* bestimmt; danach wird in bereits bekannter Weise bis zur Ermittlung des *Verkaufspreises* in der Kalkulation fortgefahren.

Das Kalkulationsschema macht die funktionsbedingten *Besonderheiten* der Handelskalkulation deutlich. Aufgrund der *Mittlerfunktion des Handels* sind oftmals nicht die Kosten der Ausgangspunkt der Rechnung, sondern erzielbare Erlöse. Ist von diesen auszugehen, so spricht man, im Gegensatz zur »normalen« *progressiven,* von einer *retrograden* Kalkulation. Wird danach gefragt, was bei einem Vermittlungsgeschäft für das Unternehmen übrigbleibt, geschieht dies in der *Differenzkalkulation.*

Zur Vereinfachung und Beschleunigung der Kalkulation wurden im Handel verkürzte Rechnungen entwickelt, und zwar mit Hilfe

- von *Handelsspanne* und
- *Kalkulationszuschlag* (bzw. Kalkulationsfaktor).

Ausgehend von folgender Grundgleichung

  Einstandspreis
+ Rohgewinn (Handlungskosten + Gewinn)

  Verkaufspreis

bestimmt sich der Kalkulationszuschlag als Differenz zwischen Einstandspreis und Verkaufspreis (= Rohgewinn), die auf den Einstandspreis bezogen wird (Kalkulationsfaktor als entsprechender Multiplikator). Dagegen ist die Handelsspanne dieselbe Differenz, jedoch bezogen auf den Verkaufspreis.

Beispiele Handelsspanne, Kalkulationszuschlag und Kalkulationsfaktor:

	Einstandspreis	€ 100,--	Kalkulationszuschlag 50%
Rohgewinn	Handlungskosten incl. Gewinn	€ 50,--	Kalkulationsfaktor 1,5
	Verkaufspreis:	€ 150,--	→ Handelsspanne $33\,^1/_3$%

	Einstandspreis	€ 60,--	Kalkulationszuschlag 50%
	Handlungskosten Gewinn	€ 30,--	Kalkulationsfaktor 1,5
	Verkaufspreis	€ 90,--	Handelsspanne $33\,^1/_3$%
	= Rohgewinn		

Beispiel Handelskalkulation mit Varianten bei der Handelsspanne:

	€	
Listen- oder Warenpreis für 125 kg Farbe	500,--	
./. 15% Rabatt	75,--	
Rechnungspreis (Einkaufspreis)	425,--	HS 3 ┐
+ Verpackung DM 6,30		
+ Fracht DM 6,50	12,80	
Bezugspreis (Einstandspreis)	437,80	HS 1 ┐ HS 2 ┐
+ 17% Handlungskosten (Manipulationskosten)	74,43	
Selbstkosten	512,23	
+ 6% Gewinn	30,73	
Barverkaufspreis	542,96	HS 1 ┘
+ 3% Skonto (im Hundert)	16,79	
Zielverkaufspreis	559,75	
+ 10% Rabatt (im Hundert)	62,19	
Verkaufspreis (ohne Mehrwertsteuer)	621,94	HS 2 ┘ HS 3 ┘

(HS = Handelsspanne)
Analog könnten auch Kalkulationszuschlag und Kalkulationsfaktor variiert werden.

Kontrollfrage:

Der Verkaufspreis einer Ware beträgt 200,-- €, die Handelsspanne 60 %.
Wie hoch sind
- Einstandspreis?
- Kalkulationszuschlagsatz?
- Kalkulationsfaktor?

Die Lösung dieser Kontrollfrage finden Sie auf Seite 236.

Umfassendes Beispiel zur Handelskalkulation:

Wir haben als Frankfurter Diamantenhändler in Amsterdam zwei Prachtdiamanten für € 145.000,— erstanden. Für den Transport bis Frankfurt im Sicherheitsfahrzeug fallen € 5.000,–– an.

1. Für welchen Bruttopreis können wir die Steine unseren Kunden anbieten, wenn wir mit 5 % Skonto, 20 % Handlungskosten, 20 % Rabatt, 16 % MwSt. und 90 % Gewinn rechnen?
2. Auf welchen Betrag (prozentual und absolut) beläuft sich unser Gewinn bzw. Verlust, wenn ein befreundeter Makler uns gegen eine Provision von 20 % des Verkaufspreises einen Käufer vermittelt, der einen Bruttoverkaufspreis von € 580.000,–– akzeptiert? Berücksichtigen Sie dabei, daß wir auf derartige Provisionen selbst keinen Gewinn verrechnen und daß unser Makler den Provisionsbetrag ohne jeden Abzug verlangt.

Die Lösung zum Übungsbeispiel finden Sie auf Seite 236.

Kompensationskalkulation (Ausgleichskalkulation)

Insbesondere in Handelsbetrieben ist es aufgrund der Kundenwünsche oder zu Werbezwecken häufig unerläßlich, *Waren* im Sortiment zu führen, die *keine oder zumindest keine zufriedenstellenden Erlöse und Gewinne* bringen. Um insgesamt doch einen zufriedenstellenden Gewinn zu erzielen, wird versucht, die *Mindererlöse bei den einen durch Mehrerlöse bei den anderen Waren zu kompensieren.* Der Ermittlung der in Hinblick auf den zufriedenstellenden Gesamtgewinn erforderlichen Mehrerlöse bei bestimmten Waren dient die Ausgleichs- oder Kompensationskalkulation. Die *Vorgehensweise* ergibt sich aus dem Lösungsschema des folgenden Übungsbeispiels.

Übungsbeispiel

Ein Einzelhändler muß u. a. die Artikel A, B, C und D führen. Die Einstandspreise und die geschätzten Verkaufsmengen für alle Artikel sowie die durchschnittlich für erzielbar gehaltenen Verkaufspreise für die Produkte B und C sind aus folgender Tabelle ersichtlich:

Artikel	Einstandspreis €	Absatzmenge Stück	Verkaufspreis €
A	20,––	300	?
B	18,––	500	24,––
C	20,––	300	25,60
D	80,––	250	?

Der Händler kalkuliert mit 20 % Handlungskosten und einem Gewinnzuschlag von 15 %. Im Falle eines Mindererlöses bei den Artikeln B und C soll dieses Defizit zu 25 % vom Artikel A und zu 75 % vom Artikel D gedeckt werden.

Ermitteln Sie aufgrund obiger Angaben die in nachstehendem Lösungsschema geforderten Informationen.

Lösungsschema

Kosten/Erlöse	Summe	A	B	C	D
Einstandskosten Handlungskosten 20 %					
Selbstkosten Plangewinn 15 %					
Sollerlöse					
Erzielbare Erlöse B + C Erlösdifferenzen					
Verteilung					
Berichtigte Sollerlöse					
Erlös/Einheit					

Die Lösung zum Übungsbeispiel finden Sie auf Seite 237.

Kalkulation immaterieller Dienstleistungen

Die *Kalkulation immaterieller Dienstleistungen* ist aufgrund eben der fehlenden Stofflichkeit und des stark subjektiven Wertes der Leistung mit *besonderen Schwierigkeiten* verbunden. So ist z. B. die Leistung eines privaten Linienbusbetriebes deshalb besonders schwer zu kalkulieren, weil einerseits für den Leistungsempfänger (Fahrgast) die Transportleistung einen völlig unterschiedlichen Wert bedeuten kann (Vergnügungsreise zum Kinobesuch oder Fahrt, um eine wichtige Arbeitsaufgabe zu erledigen) und andererseits für den Unternehmer die Fahrtkosten unabhängig von der Anzahl der Fahrgäste in gleicher Höhe und unausweichlich (nach Fahrplan) anfallen.

Um dennoch in Betrieben des engeren Dienstleistungsbereichs Kalkulationen sinnvoll durchführen zu können, wurden ähnliche *Bezugsgrößen* entwickelt, wie sie bereits für die industrielle Zuschlagskalkulation vorgestellt wurden. Sie orientieren sich entweder an Leistungszeiten oder an Leistungsart und -menge.

Als Beispiel sollen genannt werden für:

Unternehmen	Bezugsbasis der Kostenverrechnung
Transportunternehmen	Leistungszeit (z. B. Flugzeit oder fester Grundbetrag zuzüglich von Leistungsart und -menge abhängiger Einzelleistung (z. B. Taxifahrt 20 km bei Nacht)
Bank, Versicherung, Makler	Leistungsart und -menge (z. B. Kredithöhe, Policenbetrag)
Beratungen	Qualitativ gewichteter Stundensatz oder Leistungsarten- und -mengenkatalog (z. B. Rechtsanwalt)

Persönliche Dienste	Qualitativ und zeitlich gewichtete Verrechnungssätze (z. B. Friseur)
Versorgung und Entsorgungsbetriebe	Leistungsart und -menge (z. B. m^3 Sondermüll)

8.5 Übungen und Testaufgaben zum achten Lehrabschnitt

1. Die einfache Zuschlagskalkulation mit Verrechnungssätzen auf Zeitbasis	ja	nein
– bezieht die Gesamtkosten einer Abrechnungsperiode auf die Leistungszeit derselben Periode		
– ist vorwiegend in Kleinbetrieben anzutreffen		
– kann in den Verrechnungssatz auch Gewinne einbeziehen		
– benötigt eine kostenträgerspezifische Erfassung der Leistungszeit		
– setzt eine Kostenstellenbildung voraus		

2. Eine retrograde Kalkulation	ja	nein
– gibt es nur im Handel		
– ist nur im Rahmen einer Zuschlagskalkulation möglich		
– ist bei jeder Kostenträgerrechnung möglich		
– läßt Sondereinzelkosten immer außer Ansatz		
– kann auch kalkulatorische Kosten enthalten		

3. Die Kalkulation von Kuppelprodukten	ja	nein
– erlaubt bei Anwendung der technischen Verteilungsmethode eine ursächliche Kostenzurechnung		
– kann sich als Aufgabe auch im Handelsbetrieb stellen		
– kann sinnvoll als Einzelkostenrechnung durchgeführt werden		
– ermittelt Marktpreise für Haupt- und Nebenprodukte		
– ist nur als Nachkalkulation durchführbar		

4. Eine Kostenträgerrechnung	ja	nein
– ist eine Zeit- oder eine Stückrechnung		
– ist z. B. die Divisionskalkulation		
– kann auf dem Verursachungsprinzip basieren		
– ist auch ohne Kostenstellenrechnung möglich		
– wird nur für Hauptkostenträger durchgeführt		

5. Das Betriebsergebnis einer Abrechnungsperiode	ja	nein
– ist die Differenz zwischen Kosten und Leistung dieser Periode		
– ergibt zusammen mit dem neutralen Ergebnis das Gesamtergebnis		
– läßt sich dem Betriebsabrechnungsbogen entnehmen		
– wird auch in Handelsbetrieben ermittelt		
– wird in die Bilanz übernommen		

6. Bei der Zuschlagskalkulation in der Industrie

	ja	nein
– setzen sich die Herstellkosten aus den Fertigungskosten und den Sondereinzelkosten der Fertigung und des Vertriebes zusammen		X
– wird der Gewinnzuschlag auf die Selbstkosten bezogen	X	
– ergibt die Summe aller Fertigungslöhne in den einzelnen Kostenstellen die Fertigungskosten		X
– werden die Sondereinzelkosten des Vertriebes wahlweise entweder nach den Herstellkosten oder nach den Selbstkosten hinzugerechnet		X
– wird die Mehrwertsteuer als Prozentsatz des Bruttoverkaufspreises berechnet		X

4/5

7. Bei der Kalkulation im Handel

	ja	nein
– werden die Einstandspreise mit dem Kalkulationsfaktor multipliziert	X	
– wird die Handelsspanne auf den Bezugspreis bezogen		X
– kann man den Kalkulationszuschlag aus der Handelsspanne ermitteln	X	
– ist bei einem Kalkulationsfaktor von 1,5 die Handelsspanne gleich dem Kalkulationsfaktor, nämlich 50 %		X
– ist die Divisionskalkulation vorherrschend		X

4/5

8. Die einfache Zuschlagskalkulation

	ja	nein
– ist mit der Stufendivisionskalkulation identisch		X
– kann auf eine Kostenstellenbildung verzichten	X	
– ist für den Kleinhandel typisch	X	
– kann auch retrograd durchgeführt werden	X	
– verzichtet auf die Verrechnung kalkulatorischer Kosten		X

2/5

9. Bei der Stufendivisionskalkulation

	ja	nein
– werden die Selbstkosten je Einheit durch Division der Kosten einer Abrechnungsperiode durch die Ausbringungsmenge ermittelt		
– bleiben nur die Kosten des Fertigungsmaterials für diejenigen Bestände, die auf Zwischenlägern liegenbleiben, bei der Selbstkostenermittlung unberücksichtigt		
– gehen die Halbfabrikate stets mit dem halben Wiederbeschaffungswert in die Kalkulation ein		
– ist die Summe aller Stufenkosten gleich den Selbstkosten der erzeugten Fertigprodukte zuzüglich der Veränderung des Lagerwertes in dieser Periode		
– werden die Leistungsinhalte der einzelnen Stufen auf die Endleistung bezogen		

10. Von Kuppelproduktion spricht man, wenn

	ja	nein
– nur ein einziges Produkt erzeugt wird (z. B. Wasserwerk)		X
– mehrere verschiedene, unabhängige Produkte erzeugt werden (z. B. Haushaltsgerätewerk)		X
– ein Hauptprodukt erzeugt wird und gleichzeitig ein oder mehrere Nebenprodukte anfallen (z. B. Silberscheideanstalt)	X	
– nacheinander mehrere Produkte erzeugt werden, die in ihrer Fertigung ähnlich bzw. vergleichbar sind (z. B. Blechwalzwerk)		X
– zwei oder mehrere Produkte simultan in einem Produktionsprozeß erzeugt werden (z. B. Gaswerk)	X	

5/5

11. Äquivalenzziffern beruhen auf

	ja	nein
– technisch bedingten Zahlenwerten	x	
– Verhältnis von Einzelkosten zu Gemeinkosten		x
– Relationen von Fertigungslöhnen der einzelnen Fertigungsstellen		x
– Verbrauchs- und Beschäftigungsabweichung		x
– zeitlich bedingten Zahlenwerten	x	

12. Eine Stufendivisionskalkulation ist durchführbar

	ja	nein
– in einem Einproduktbetrieb mit einstufiger Fertigung		
– im Maschinenbau		
– im Einproduktbetrieb mit mehrstufiger Fertigung und Zwischenlagerung von Halbfabrikaten.		
– im Einproduktbetrieb mit mehrstufiger Fertigung **ohne** Zwischenlagerung von Halbfabrikaten.		
– bei jeder Sortenfertigung		

13. Die Zwergen-GmbH betreibt eine Erzgrube. Im Vorjahr förderte man 10.000 t Gestein, aus dem in einem Trennprozeß 100 kg Gold, 500 kg Silber und 80.000 kg Blei gewonnen wurden. Die Gesamtkosten betrugen € 1.071.000,––, für Nebenprodukte konnte ein Überschuß von € 25.500,–– erzielt werden. An Preisen wurden durchschnittlich je kg erzielt:

Gold	10.000 €
Silber	300 €
Blei	1 €

Wenden Sie zur Verteilung der Restkosten die Marktpreismethode an!

14. Das neugebaute Stahlwerk der FERROSTAHL AG fertigt Eisenbahnschienen für mehrere ausländische Abnehmer. Die Produktion wird in drei Stufen durchgeführt:
1. Stufe: Einkauf von Roheisen und Schrott
2. Stufe: Erschmelzen des Stahles und Abgießen zu Blöcken
3. Stufe: Auswalzen der Blöcke zu Eisenbahnschienen

Nach Ablauf des ersten Produktionsjahres wurden folgende Daten festgehalten:

Einkauf: 10.000 t Roheisen und Schrott
Stufenkosten: 7.000.000 €

Schmelzbetrieb: Abguß von 7.000 t Blöcke
Stufenkosten: 700.000 €

Walzwerk: Walzung von 5.000 t Eisenbahnschienen
Stufenkosten: 1.000.000 €

Lagerbestand am Ende des Produktionsjahres:

– Roheisen und Schrott	2.000 t
– Blöcke	1.000 t
– Eisenbahnschienen	0 t

(Sowohl beim Erschmelzen als auch beim Walzen entsteht ein Materialverlust in Form von Abbrand bzw. Verschnitt!)

a) Wie hoch sind die Selbstkosten je Tonne Eisenbahnschienen?
b) Welcher Wert ist im Lager gebunden?

15. Ein Großhändler kann 10 t einer Ware verkaufen, wenn er sie zum Bruttopreis von 928,–– € je t abgibt. Er kann die Ware für 640,–– € je t (ohne MwSt.) einkaufen und erhält 10 % Rabatt von diesem Preis. Der Händler kalkuliert mit 16 % MwSt., 2 % Skonto und 25 % Handlungskostenzuschlag.

a) Wie hoch ist der erzielbare Gewinn (prozentual und absolut)?
b) Wieviel Prozent Rabatt müßte der Großhändler erhalten, wenn er bei diesem Geschäft 22,5 % Gewinn erwirtschaften wollte?

16. Ein Maschinenhersteller hat eine Großanlage zum Bruttopreis von € 110.200,-- ausgeliefert (MwSt. 16 %). Dem Kunden wurden, außer auf die Transportversicherung in Höhe von € 4.500,—, 20 % Rabatt und 3 % Skonto gewährt.
    Ermitteln Sie den tatsächlich erzielten Gewinn (prozentual und absolut), wenn für den Auftrag folgende Informationen gelten:
    Fertigungsmaterial: € 35.000,--
    Materialgemeinkostenzuschlagsatz: 8 %
    Fertigungslöhne Kostenstelle A: € 4.800,--
    Fertigungsgemeinkostenzuschlagsatz Kostenstelle A: 180 %
    Maschinenstunden in Kostenstelle B an Maschine 5: 16,5 Std.
    Maschinenstundensatz B_5: € 92,-- pro Std.
    Fertigungslöhne Kostenstelle B: € 1.300,--
    Restgemeinkostenzuschlagsatz Kostenstelle B: 40 %
    Auftragsfixe Kosten: € 500,--
    Verwaltungs- und Vertriebsrestgemeinkostenzuschlagsatz: 15 % der Herstellkosten

17. Ein Hersteller von Einrichtungsgegenständen liefert seinem Auftraggeber 500 Schreibtische und 1.000 Schreibtischstühle. Die Selbstkosten betragen € 78,40 je Schreibtischstuhl und € 235,20 je Schreibtisch. Es wird mit einem Gewinnzuschlag von 20 %, Skonto von 2 % und Rabatt von 25 % gerechnet. Wegen eines Konkurrenzangebotes darf der Verkaufspreis eines Tisches € 350 nicht übersteigen; der Preis für den Stuhl dagegen ist frei kalkulierbar.
    Errechnen Sie den Verkaufspreis je Stuhl unter der Berücksichtigung, daß der angestrebte Gewinn insgesamt erreicht werden muß!

Die Lösungen zu den Aufgaben zum achten Lehrabschnitt finden Sie auf Seite 237 ff.

Neunter Lehrabschnitt: Lösungshinweise

9.0 Eingangstest

1. Die Kosten- und Leistungsrechnung	ja	nein
– ist Bestandteil des Rechnungswesens	X	
– kann auch als Aufwands- und Ertragsrechnung bezeichnet werden		X
– umfaßt Betriebsabrechnung und Kalkulation	X	
– wird auch als internes Rechnungswesen bezeichnet	X	
– ist auf Industrie- und Handelsbetriebe beschränkt		X

2. Ein Kostenstellenausgleich ist vorzunehmen:	ja	nein
– bei wechselseitigem Leistungsaustausch zwischen verschiedenen Hauptkostenstellen	X	
– wenn eine Kostenstelle einseitig Leistungen für eine andere Stelle erbringt		X
– immer dann, wenn mit Kostenplätzen gearbeitet wird		X
– bei wechselseitigem Leistungsaustausch zwischen zwei Hilfskostenstellen	X	
– wenn sich fixe und variable Kosten nicht trennen lassen		X

3. Die verrechneten Gemeinkosten für Verwaltung und Vertrieb sind zu errechnen auf Basis der	ja	nein
– Ist-Herstellkosten		X
– Kalkulierte Herstellkosten	X	
– Ist-Selbstkosten		X
– Soll-Selbstkosten		X
– Fertigungslöhne		X
– Materialgemeinkosten		X

4. Nennen Sie drei Hauptbestandteile des traditionell gegliederten Rechnungswesens!

1. Kosten- und Leistungsrechnung
2. Betriebsstatistik
3. Planungsrechnung

5. Zu den kalkulatorischen Kosten gehören

	ja	nein
– kalkulatorischer Gewinn		X
– kalkulatorische Abschreibungen	X	
– alle Zusatzkosten	X	
– kalkulatorische Miete	X	
– Zusatzleistungen		X

6. Kosten und Aufwand einer Periode

	ja	nein
– sind bei der Divisionskalkulation identisch		X
– sind Begriffe des Rechnungswesens	X	
– haben als Schnittmenge Grundkosten bzw. Zweckaufwand	X	
– ergeben zusammen das Betriebsergebnis		X
– werden immer in Geldeinheiten angegeben	X	

7. Kostenstellen

	ja	nein
– sind abgegrenzte Bereiche, in denen Kosten anfallen	X	
– können in Kostenstellenbereiche unterteilt werden		X
– sind immer kalkulatorisch selbständig		X
– sind grundsätzlich als Verantwortungsbereiche zu gestalten	X	
– können nach Produkten oder Produktgruppen gegliedert sein	X	
– werden bei Einführung der Plankostenrechnung überflüssig		X
– sind in jedem BAB enthalten	X	
– sind auf industrielle Betriebe beschränkt		X

8. Ausgaben einer früheren Periode können jetzt

	ja	nein
– zu Abschreibungen führen	X	
– neutralen Aufwand bewirken	X	
– zu Grundkosten führen	X	
– direkt kalkulatorische Kosten bewirken		X
– zu einer Auszahlung führen	X	

9. Gemeinkosten

	ja	nein
– können Sondereinzelkosten enthalten		X
– werden in Kostenarten untergliedert	X	
– können kalkulatorische Kosten sein	X	
– können zum Teil den Kostenstellen direkt zugerechnet werden	X	
– sind in der Divisionskalkulation widersinnig	X	

10. Der Verkaufspreis einer Ware beträgt € 1.050,––, der Kalkulationszuschlag 250 %. Wie hoch sind Bezugspreis, Handelsspanne und Kalkulationsfaktor?

Bezugspreis € 300,––

Handelsspanne 71,43 %

Kalkulationsfaktor 3,5

9.1 Erster Lehrabschnitt

1. Kosteninformationen müssen folgenden Kriterien genügen

	ja	nein
– Objektivität	X	
– Wirtschaftlichkeit	X	
– Vollständigkeit	X	
– Legalität		X
– Bilanzwahrheit		X

2. Der betriebliche Güter- und Werteumlauf

	ja	nein
– soll durch Kosten- und Leistungsinformationen optimiert werden	X	
– besteht aus einem leistungswirtschaftlichen und einem gegenläufigen finanzwirtschaftlichen Strom	X	
– ist ein selbststeuernder Prozeß		X
– ist im Zeitablauf Veränderungen unterworfen	X	
– wird allein durch die Finanzierungsfunktion gelenkt		X

3. Nennen Sie sechs unternehmensexterne Stellen (Institutionen), die Informationen aus der Kosten- und Leistungsrechnung erhalten!

(1) Lieferanten
(2) Öffentliche Auftraggeber
(3) Finanzbehörde
(4) Presse
(5) Banken
(6) Kartellamt

4. Nennen Sie je zwei spezielle Zwecke der Kostenrechnung im

- Beschaffungsbereich: Preisobergrenze festlegen; opt. Bestellzeitpunkt bestimmen
- Fertigungsbereich: Fertigungsverfahren auswählen; Eigenfertigung oder Fremdbezug entscheiden
- Absatzbereich: Mindestpreise errechnen; Transportwege planen

5. Wo liegen die Grenzen für die Informationsgewinnung durch die Kostenrechnung?

Einmal können durch die Kostenrechnung nur quantitative Wertgrößen zum Ausdruck gebracht werden, d. h. nicht direkt in Geldgrößen ausdrückbare Phänomene bleiben unberücksichtigt. Andererseits gibt es auch eine interne Grenze der KLR, die Wirtschaftlichkeit der Informationsgewinnung, bei der das besondere Problem in der Prognose des Nutzens von zu erarbeitenden Kosteninformationen liegt.

6. Erläutern Sie vier Grundfunktionen der Kostenrechnung!

Planungsfunktion: Unterstützung des Planungsprozesses durch Informationen für die Suche und Auswahl von Alternativen für die zukünftige betriebliche Entwicklung.
Vorgabefunktion: Unterstützung des Prozesses der Umsetzung und Weiterleitung der gewählten Handlungsalternative an die von der Ausführung Betroffenen.
Istermittlungsfunktion: Liefern von quantitativen Informationen über das realisierte Betriebsgeschehen.
Kontrollfunktion: Schaffen der Grundlage für effiziente Soll/Ist-Vergleiche und Abweichungsanalysen, mit deren Hilfe verbesserte Entscheidungen möglich werden.

7. Erläutern Sie vier Kriterien, denen die Kosten- und Leistungsrechnung gerecht werden muß!

Objektivität: Dieses Kriterium verlangt, daß bei der Bewertung von betrieblichen Besonderheiten abstrahiert werden muß und man sich am Branchenüblichen ausrichtet.
Normalität: Darunter ist zu verstehen, daß außergewöhnliche Schwankungen und Veränderungen, die im Zeitablauf auftreten können, ausgeglichen werden.
Einheitlichkeit: Dieses Kriterium verlangt, daß bestimmte Tatbestände nicht unterschiedlich behandelt werden dürfen, da dadurch die Vergleichbarkeit von Kosteninformationen verloren gehen würde.
Aktualität: Ein hoher Neuigkeitsgrad der Kosteninformation ist für die Qualität der betrieblichen Entscheidungen unerläßlich.

9.2 Zweiter Lehrabschnitt

1. Zur Geschäftsbuchhaltung zählen regelmäßig	ja	nein
– Rechnungsprüfung	X	
– Materialabrechnung		X
– Betriebsabrechnung		X
– Kalkulation		X
– Sachkontenbuchhaltung	X	
– Anlagenbuchhaltung	X	
– Finanzen		X
– Steuern		X
– Lohn- und Gehaltsabrechnung		X
– Betriebsbuchhaltung		X

2. Vervollständigen Sie folgendes Schema zur hierarchischen Einordnung der Kosten- und Leistungsrechnung!

Hierarchiestufe bzw. Ebene	Organisationsebene
(1) Vorstandsebene	Kaufmännische Leitung
(2) Bereichsleiterebene	Finanz- und Rechnungswesen
(3) Abteilungsebene	Kosten- und Leistungsrechnung
(4) Kostenstellenebene	z. B. Betriebsabrechnung

3. Geben Sie eine Definition der KLR!

Kosten- und Leistungsrechnung = der Bereich des Betrieblichen Rechnungswesens, in welchem die verschiedenen Formen des betrieblichen Wertverzehrs erfaßt, ihrer Höhe nach bestimmt und direkt oder indirekt den im Betrieb erzeugten Sach- oder Dienstleistungen zugerechnet werden.

4. Geben Sie die traditionelle Gliederung des Rechnungswesens wieder!

Betriebliches Rechnungswesen:

- Finanzbuchhaltung
- Kosten- und Leistungsrechnung
- Statistik
- Planungsrechnung

9.3 Dritter Lehrabschnitt

1. Kalkulatorische Kosten

	ja	nein
– dienen der Objektivierung der Kostenrechnung	X	
– sind Zusatzkosten	X	
– entsprechen dem Zweckaufwand		X
– sind Kostenarten	X	
– mindern den steuerpflichtigen Gewinn		X
– erfassen z. B. den Zinsaufwand		X

2. Sofort erfolgswirksam sind

	ja	nein
– Lohnzahlungen	X	
– Zinserträge	X	
– Darlehensrückzahlungen		X
– Darlehenshingaben		X
– Wareneinkäufe		X

3. Eine Ausgabe

	ja	nein
– kann bestandswirksam sein	X	
– kann erfolgswirksam sein	X	
– kann mit der Auszahlung zusammenfallen	X	
– führt immer zu Kosten		X
– führt immer zu Aufwand		X

4. Der Zweckaufwand einer Abrechnungsperiode

	ja	nein
– entspricht den Grundkosten derselben Periode	X	
– ist die Differenz zwischen Kosten und Leistung		X
– ist die Differenz zwischen Kosten und Zusatzkosten	X	
– ist die Differenz zwischen Zweckaufwand und neutralem Aufwand		X
– enthält nur Gemeinkosten		X

5. Zum Neutralen Aufwand zählen

	ja	nein
– betriebsfremde Erträge		X
– Zusatzkosten		X
– betrieblicher Aufwand		X
– betriebsfremder Aufwand	X	
– alle Ausgaben		X

6. Kosten

	ja	nein
– sind Wertverzehr	X	
– müssen den Kriterien der Bilanzwahrheit entsprechen		X
– werden durch die Leistungserstellung bewirkt	X	
– enthalten Zweckaufwand und Zusatzkosten	X	
– sind Informationen	X	

7. Die Leistungen eines Betriebs

	ja	nein
– können zu Markt- oder Verrechnungspreisen bewertet werden	X	
– entsprechen dem Umsatz		X
– sind immer Sachleistungen		X
– entsprechen immer dem Betriebszweck	X	
– sind Kostenträger	X	

8. Zeigen Sie durch Ankreuzen der entsprechenden Sparte bzw. Sparten, welche der folgenden Vorgänge bestandswirksam und/oder jetzt bzw. später erfolgswirksam sind!

Vorgang	bestandswirksam	erfolgswirksam
Mietzahlung		X
Aufnahme eines Kredits	X	X
Einnahme von Zinsen		X
Kauf einer Maschine	X	X
Verkauf von Waren	X	X
Kundenanzahlungen	X	X

9. Kosten können beruhen auf

	ja	nein
– Ausgaben einer früheren Periode	X	
– Ausgaben der laufenden Periode	X	
– Ausgaben einer zukünftigen Periode	X	
– Privatentnahmen		X
– betriebsfremdem Aufwand		X
– periodenfremdem Aufwand		X
– Wertverzehr der gegenwärtigen Periode	X	

10. Zum betriebsfremden Aufwand gehören

	ja	nein
– anonyme Spenden	X	
– Privatentnahmen		X
– kalk. Unternehmerlohn		X
– außergewöhnlicher betrieblicher Aufwand		X
– Spekulationsverluste	X	

11. Kreuzen Sie bei den folgenden Positionen an, ob es sich um einen Zweckaufwand, einen neutralen Aufwand oder um Zusatzkosten handelt!

	neutraler Aufwand	Zweck-aufwand	Zusatz-kosten
Nachzahlung von Steuern	X		
außergewöhnlicher Schadensfall, z. B. Kesselexplosion	X		
Fertigungslöhne		X	
Unternehmerlohn (kalkulatorisch)			X
Fremdkapitalzinsen	X		
bilanzmäßige Abschreibung	X		

12. Wie werden Kosten bezeichnet, denen kein Aufwand gegenübersteht?

	ja	nein
– Sonderkosten		X
– neutrale Kosten		X
– Zusatzkosten	X	
– Hilfskosten		X
– kalk. Kosten	X	

13. Verdeutlichen Sie durch Komplettieren der beiden folgenden Darstellungen die Beziehung zwischen Aufwand und Kosten!

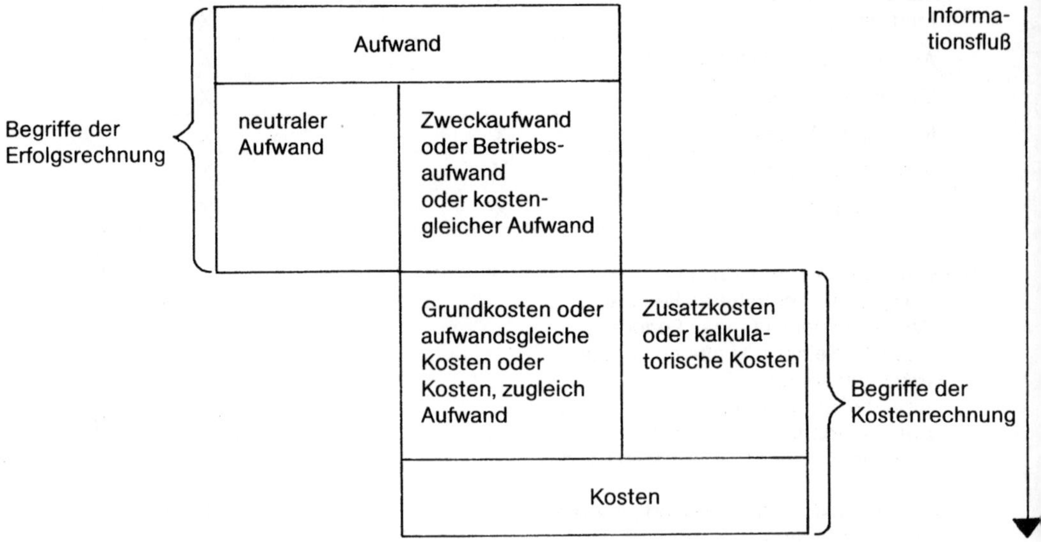

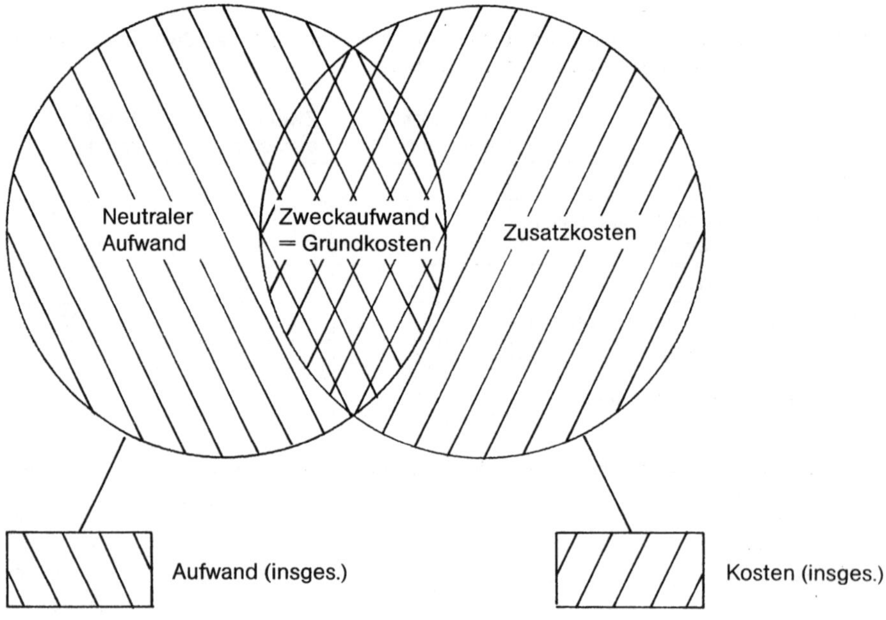

Vorgang	Auszahlung (Ausgabe) bestandswirksam		Auszahlung (Ausgabe)	Einzahlung (Einnahme) bestandswirksam		Einzahlung (Einnahme)	Aufwand	Aufwand / Kosten	Kosten	Ertrag	Ertrag / Leistung	Leistung
	nicht erfolgswirksam	später erfolgswirksam	erfolgswirksam	nicht erfolgswirksam	später erfolgswirksam	erfolgswirksam	Neutralaufwand	Zweckaufwand =Grundkosten	Zusatzkosten	Neutralertrag	Zweckertrag =Grundleistung	Zusatzleistung
1 Einlagen				1.000.000								
2 Kauf v. M. u. Abschr.		1.200.000	300.000				300.000		150.000	150.000		
3 Kreditaufn.				1.000.000								
4 Zinsen			75.000				75.000					
5 Löhne u. Gehälter			200.000					200.000				
6 Verl. a. Wertp.			50.000				50.000					
7 Werkstoffe		20.000	60.000					60.000				
8 LKW.-Vermietung						20.000				20.000		
9 Sonst. Zweckauf.			290.000					290.000				
10 Kalk. u. Lohn									50.000	50.000		
11 Darl. an C-Dorf	100.000											
12 Vorauszahlung					80.000							
13 Kalk. Zinsen									240.000	240.000		
14 Umsatz						1.440.000					1.440.000	
15 Lagerbestand											240.000	
16 Zusatzleistung							60.000					60.000
17 Summen	100.000	1.220.000	975.000	2.000.000	80.000	1.460.000	485.000	550.000	440.000	460.000	1.680.000	60.000
18		2.295.000			3.540.000							

Kassenbestand: 1.245.000

Bilanz

Maschinen	1.200.000,--	Kapital	1.000.000,--
Darlehen	100.000,--	Verbindlichkeiten	1.000.000,--
Bestand	240.000,--	Kundenanzahlung	80.000,--
Werkstoffe	20.000,--	Gewinn	725.000,--
Kasse	1.245.000,--		
Summe	2.805.000,--		2.805.000,--

V + G-Rechnung

Neutrales Ergebnis

Neutr. Aufwand	485.000	Neutr. Ertrag	460.000
		Neutr. Verlust	25.000
Summe	485.000	Summe	485.000

Betriebsergebnis

Grund-Kosten	550.000	Erlöse	1.440.000
Zusatz-kosten	440.000	Zusatz-leist.	60.000
Betriebs-gewinn	750.000	Bestands-mehrung	240.000
Summe	1.740.000	Summe	1.740.000

Gesamtergebnis

Neutraler Verlust	25.000,--	Betriebsergebnis	750.000,--
Bilanzgewinn	725.000,--		
Summe	750.000,--	Summe	750.000,--

9.4 Vierter Lehrabschnitt

1. Das Kostentragfähigkeitsprinzip	ja	nein
– verlangt, daß dem Kostenträger diejenigen Kosten vollständig zugerechnet werden, die er verursacht hat		X
– wird auch als Deckungsprinzip bezeichnet	X	
– verrechnet Kosten unter dem Aspekt erzielbarer Erlöse	X	
– dominiert in Betrieben mit Einzelfertigung		X
– findet insbesondere in der Kostenträgerrechnung Anwendung	X	

2. Die kurzfristige Erfolgsrechnung	ja	nein
– dient der Ermittlung von Angebotspreisen		X
– wird auch Kostenträgerzeitrechnung genannt	X	
– vergleicht immer die in einer Periode entstandenen Aufwendungen mit den Erlösen		X
– ermittelt, bezogen auf ein Jahr, das gleiche Ergebnis wie die Gewinn- und Verlustrechnung		X
– bezieht zur Ermittlung des Betriebsergebnisses Kosten und Leistungen ein	X	

3. Nennen Sie die Basisbausteine der Kostenrechnung in ihrer logischen Abfolge, zeigen Sie die dazugehörige Fragestellung und geben Sie inhaltliche Erläuterungen!

Basisbaustein	Fragestellung	Erläuterungen
Kostenartenrechnung	Welche Kosten in welcher Höhe?	Erfassen und Aufbereiten der verschiedenen Formen des betriebl. Wertverzehrs.
Kostenstellenrechnung	Wo sind die Kosten angefallen?	Orte der betrieblichen Leistungserstellung, zugleich Verantwortungsbereiche.
Kostenträgerrechnung	Wofür sind die Kosten angefallen?	Zurechnung der Kosten auf die betrieblichen Leistungen nach dem Verursachungsprinzip.

9.5 Fünfter Lehrabschnitt

1. Eine isolierte Kosten- und Leistungsrechnung

	ja	nein
– ist vollständig vom Rechnungswesen losgelöst		X
– ist für den Kleinbetrieb typisch		X
– steht in Wechselbeziehung zur Finanzbuchhaltung		X
– kann auf die Aufwandsinformationen verzichten	X	
– verzichtet auf die Informationsweiterleitung an die Entscheidungsträger		X

2. Nennen Sie vier Arten von Buchungsbelegen und ordnen Sie diesen jeweils eine typische Kostenart zu!

Belegart	Kostenart
Stempelkarte	Lohn
Anlagenkartei	Abschreibungen (kalk.)
Rechnung	Stromkosten (fremdbezogen)
Materialentnahmeschein	Betriebsstoffverbrauch

3. Entwerfen Sie einen Kontierungsbeleg, mit dem auch Kostenrechnungsbelangen Rechnung getragen wird!

<table>
<tr><td colspan="2">Buchungsbeleg Nr. ____________
Buchungsmonat ____________</td><td colspan="2">Verteiler:</td></tr>
<tr><td colspan="2">zu belastendes Konto</td><td colspan="2">zu erkennendes Konto</td></tr>
<tr><td>Konto Nr.</td><td>€</td><td>Konto Nr.</td><td>€</td></tr>
<tr><td colspan="2">Kostenstelle</td><td colspan="2">Kostenstelle</td></tr>
<tr><td colspan="2">Gesamt:</td><td colspan="2">Gesamt:</td></tr>
<tr><td colspan="4">Geschäftsvorgang:</td></tr>
<tr><td>Datum:</td><td colspan="2">Aussteller:</td><td>Gebucht:</td></tr>
</table>

9.6 Sechster Lehrabschnitt

9.6.1 Zwischentest

1. Direkt zurechenbare Kosten	ja	nein
– werden immer als Einzelkosten verrechnet	X	
– können nur variable Kosten sein		X
– gibt es auch bei der Handelskalkulation	X	
– sind z. B. das Fertigungsmaterial	X	
– sind immer primäre Kosten		X

2. Stimmen folgende Aussagen?	ja	nein
– Einzelkosten können fixe Kosten sein	X	
– Zusatzkosten sind immer Gemeinkosten		X
– Proportionale Kosten sind variable Kosten	X	
– Auch proportionale Kosten können Gemeinkosten sein	X	
– Alle Einzelkosten sind direkte Kosten	X	

3. Welcher der folgenden Begriffe steht für eine primäre Kostenart?	ja	nein
– Kalkulatorische Miete	X	
– Lizenzgebühren	X	
– Abschreibungen	X	
– Hilfslöhne	X	
– Kosten der Werkzeugausgabe		X
– Kosten der Hilfskostenstelle Fuhrpark		X
– Neutraler Aufwand		X
– Fertigungsmaterial	X	
– Telefongebühren	X	
– Kosten der Betriebsfeuerwehr		X

4. Verbraucherkosten

	ja	nein
– sind Zwangskosten		X
– sind typische Fixkosten		X
– können nur Einzelkosten sein		X
– sind z. B. Fertigungslöhne	X	
– sind nicht ausgabewirksam		X

5. Nennen Sie je drei Arten von Sondereinzelkosten

der Fertigung	des Vertriebs
besonderes Betriebsmittel	tropenfeste Verpackung
spezielle Lizenz	Expreßversand
besondere Modelle	Zölle

6. Die Gesamtkosten einer Abrechnungsperiode können unterteilt werden nach den Kriterien:

1. »Abhängigkeit von der Beschäftigung« in:	Fixe Kosten	und	Variable Kosten
2. »Zurechenbarkeit auf die Kostenträger« in:	Einzelkosten	und	Gemeinkosten
3. »Beziehung zum Aufwand« in:	Grundkosten	und	Zusatzkosten

7. Nennen Sie zehn verschiedene Kostenarten, die zugleich Aufwand sind!

1. Löhne
2. Hilfsstoffe
3. Soz. Kosten
4. Büromaterial
5. Stromkosten
6. Reisekosten
7. Telefongebühren
8. Gehälter
9. Rohstoffe
10. Frachten

9.6.2 Übungen und Testaufgaben

1. Welche der folgenden Werte können sinnvoll als Basis für die Errechnung der kalkulatorischen Abschreibung herangezogen werden?

	ja	nein
– Wiederbeschaffungsneuwert	X	
– Niederstwert		X
– Schrottwert		X[1]
– Tageswert	X	
– Restbuchwert		X

[1] Hinweis: Wert wird vom Wiederbeschaffungswert abgezogen

2. Welche Aussage ist richtig?

	ja	nein
– Variable Kosten sind immer proportional		X
– Proportionale Kosten sind immer variabel	X	
– Einzelkosten sind immer direkte Kosten	X	
– Gemeinkosten sind immer fixe Kosten		X
– Zweckaufwand ist identisch mit Grundkosten	X	

3. Die Personalnebenkosten

	ja	nein
– enthalten freiwillige Sozialkosten	X	
– müssen in der Kostenrechnung normalisiert werden	X	
– schließen die nicht produktiven Gehälter ein		X
– sind in vielen Betrieben zum »zweiten Lohn« geworden	X	
– sind vollständig den Gemeinkosten zuzuschlagen		X

4. Welche der folgenden Kosten sind Sondereinzelkosten der Fertigung?

	ja	nein
– Kosten der Modellherstellung	X	
– Kalkulatorische Miete		X
– Hilfsstoffe		X
– Lizenzgebühren in Mehrproduktunternehmungen	X	
– Sonderverpackung		X

5. Kalkulatorische Zinsen

	ja	nein
– werden auf der Basis von Wiederbeschaffungswerten für das betriebswendige Vermögen angesetzt	X	
– dienen der Verringerung des steuerpflichtigen Gewinns		X
– sind Zusatzkosten	X	
– sind immer höher als der Zinsaufwand		X
– werden auf die Kostenstellen weiterverrechnet	X	

6. Ein Unternehmen hat eine Maschine für € 120.000,–– angeschafft. Die Nutzungsdauer wird auf 10 Jahre geschätzt. Als kalkulatorische Abschreibung werden im 3. Jahr 10 % vom Wiederbeschaffungswert (= € 130.000,––) also € 13.000,–– verrechnet. Würde sich die kalkulatorische Abschreibung ändern, wenn:

	ja	nein
– der Anschaffungswert € 122.000,–– betragen hätte		X
– die steuerrechtlich zulässige Abschreibungsdauer von 8 auf 6 Jahre verkürzt würde		X
– der landesübliche Zinsfuß von 7 % auf 9 % steigt		X
– der Wiederbeschaffungswert auf € 100.000,–– sinken würde	X	
– die Betriebskosten der Maschine um 20 % ansteigen würden		X

7. Der kalkulatorische Unternehmerlohn entspricht

	ja	nein
– den Privatentnahmen		X
– dem Jahresgewinn		X
– der Verzinsung des investierten Kapitals		X
– dem Gehalt eines vergleichbaren Angestellten	X	
– dem durchschnittlichen Deckungsbeitrag		X

8. Die Ermittlung kalkulatorischer Zinsen

	ja	nein
– erfolgt für Zwecke der Handels- bzw. Steuerbilanz		X
– ist nur für das Fremdkapital erforderlich		X
– erfolgt in der Kostenartenrechnung	X	
– basiert bei der Maschinenstundensatzrechnung auf dem halben Wiederbeschaffungswert	X	
– erfolgt ohne Berücksichtigung des Abzugskapitals		X

9. Nennen Sie vier Einzelwagnisse, die als kalkulatorische Wagnisse verrechnet werden können!

1. Anlagewagnis
2. Beständewagnis
3. Fertigungswagnis
4. Forderungswagnis

10. Kalkulatorische und buchhalterische Abschreibungen unterscheiden sich

	ja	nein
– durch verschiedene Bemessungsgrundlagen	X	
– durch verschiedene Zielsetzungen	X	
– durch verschiedene Abschreibungssätze	X	
– überhaupt nicht (sind immer identisch)		X

11. Der Materialverbrauch einer Periode kann mit Hilfe folgender Methoden zuverlässig festgestellt werden:

	ja	nein
– man erfaßt jede Verbrauchsmenge auf einem gesonderten Beleg und addiert die auf eine Periode entfallenden, belegmäßig erfaßten Verbrauchsmengen	X	
– man subtrahiert den Endbestand der Periode vom Anfangsbestand und erhält auf diese Weise den Mengenverbrauch		X
– man verfährt nach folgender Gleichung: Anfangsbestand + Zugänge – Endbestand = Verbrauch während der Periode	X	
– man verfährt nach folgender Gleichung: Endbestand – Anfangsbestand = Verbrauch während der Periode		X
– man verfährt nach folgender Gleichung: Endbestand – Zugänge + Anfangsbestand = Verbrauch während der Periode		X

12. Sekundäre Kostenarten sind

	ja	nein
– Kosten des Werkschutzes	X	
– die Herstellkosten		X
– kalkulatorischer Unternehmerlohn		X
– gezahlte Bankzinsen		X
– selbsterzeugte Energie	X	

13. Fixkosten

	ja	nein
– sind beschäftigungsabhängig		X
– werden immer als Gemeinkosten weiterverrechnet		X
– können kalkulatorische Kosten sein	X	
– verringern sich bei einem Beschäftigungsrückgang		X
– können von Preisschwankungen betroffen sein	X	

14. Zeigen Sie im folgenden Schema anhand von drei Kriterien, wie sich bilanzmäßige und kalkulatorische Abschreibung unterscheiden!

Kriterien	bilanzielle Abschreibung	kalkulatorische Abschreibung
Bezugsgröße	Anschaffungs- oder Buchwert	Wiederbeschaffungswert
Abschreibungsdauer	möglichst kurz (AfA-Tabellen)	erwartete Nutzungsdauer
Abschreibungsmethode	degressiv oder linear	linear

15. Zum Gemeinkostenmaterial zählen

	ja	nein
– Betriebsstoffe	X	
– Hilfsstoffe	X	
– bezogene Teile		X
– Fertigungsmaterial		X
– Handelswaren		X

16. Das allgemeine Unternehmerwagnis

	ja	nein
– wird im Rechnungswesen überhaupt nicht als Wertverzehr erfaßt	X	
– gilt als durch den Gewinn abgegolten	X	
– kann über spezielle Einzelwagnisse abgerechnet werden		X
– zählt zu den kalkulatorischen Kosten		X
– kann z. B. mit der »Seifenformel« ermittelt werden		X

17. Folgende Beschäftigte erhalten im Normalfall Gemeinkostenlöhne

	ja	nein
– Werkstattschreiber	X	
– Fräser		X
– Pförtner	X	
– Gabelstaplerfahrer	X	
– Dreher		X

18. Eine Maschine wurde für € 120.000,–– angeschafft. Die wirtschaftliche Lebensdauer wurde zum Anschaffungszeitpunkt auf 10 Jahre geschätzt. Auf welchen Betrag beläuft sich die kalkulatorische Abschreibung im Jahr, wenn nach 5 Jahren Nutzungsdauer (bei unverändertem Wiederbeschaffungsneuwert) festgestellt wird, daß das Aggregat noch weitere

a) 10 Jahre genutzt werden kann?

$$\frac{120.000}{15} = 8.000 \text{ (€/Jahr)}$$

b) 3 Jahre genutzt werden kann?

$$\frac{120.000}{8} = 15.000 \text{ (€/Jahr)}$$

19. (Aufgabe kalkulatorische Zinsen und Abschreibungen)
(1) Kalkulatorische Zinsen
Maßgeblich sind die Wiederbeschaffungswerte des betriebsnotwendigen Vermögens (nicht betriebsnotwendig ist hier allein die Bankbeteiligung), die bei abnutzbaren Vermögensgegenständen zur Hälfte, sonst voll anzusetzen sind:

	€
Grundstücke	200.000,––
Maschinen	250.000,––
Kfz	25.000,––
Kasse	15.000,––
Forderungen	80.000,––
Betriebsnotwendiges Vermögen	570.000,––

Vom betriebsnotwendigen Vermögen 8 % ergibt € 45.600,––.

(2) Kalkulatorische Abschreibungen auf Grundstücke, Maschinen und Kraftfahrzeuge
Grundstücke sind in einer Maschinenfabrik grundsätzlich nicht abnutzbar, folglich gibt es auch keine Abschreibung.
Für Maschinen und Kraftfahrzeuge ergibt sich der Abschreibungsbetrag, indem die Wiederbeschaffungsneuwerte durch die Nutzungsdauer dividiert werden:

– Maschinen: $\frac{500.000}{10} = 50.000$ (€/Jahr)

– Kraftfahrzeuge: $\frac{50.000}{5} = 10.000$ (€/Jahr)

9.7 Siebenter Lehrabschnitt

9.7.1 Kostenstellenausgleich und -umlage

Betriebsabrechnungsbogen für Monat ....

Kostenstellen / Kostenarten	Gesamt	Allgem. Kosten-stelle	Fert.-Hilfs-stelle	Fert.-Hauptstellen I	Fert.-Hauptstellen II	Material-stelle	Verw.- u. Vertriebs-stelle
Summe I	88.150,––	13.800,––	9.000,––	33.500,––	21.900,––	2.800,––	7.150,––
Stellenausgleich	–	(15.000)	(12.000)	–	–	–	–
Umlage Allgemeine Kosten	–	→	[3.000]	4.500	3.000	1.500	3.000
Umlage Fertigungshilfsstellen	–	[1.200]	→	6.000	4.800	–	–
Summe II	88.150,––	–	–	44.000	29.700	4.300	10.150

Lösungshinweise:

x' = Kosten der Allgemeinen Kostenstelle ohne Entlastung
y' = Kosten der Fertigungshilfsstelle ohne Entlastung
Dann gilt:

$x' = 13.800 + 0,1\ y'$

$y' = 9.000 + 0,2\ x'$

bzw.:

$x' = 13.800 + 0,1\ (9.000 + 0,2\ x')$

$\underline{\underline{x' = 15.000}}$

und für y':

$y' = 9.000 + 0,2\ (15.000)$

$\underline{\underline{y' = 12.000}}$

Da hier ein Kostenstellenausgleich mit anschließender Weiterverrechnung vorliegt, brauchen die Werte für x' und y' nicht entlastet zu werden, sondern es ergeben sich durch die Umlage direkt die Belastungsbeträge für die Hauptkostenstellen (in eckiger Klammer: als statistische Größen die jeweiligen Beträge der in Ausgleich stehenden Kostenstellen).
Wichtige Kontrollmöglichkeit: Durch Kostenstellenausgleich und -umlage darf die Gemeinkostensumme (hier: € 88.150) nicht verändert werden.

9.7.2 Betriebsabrechnungsbogen

BAB
Werte in €/Monat

Kostenarten / Kostenstellen	Gesamt	Allgem. Kosten-stelle	Fertigungsbereich: Fert. Hilfsst. I	Fert. Hilfsst. II	Fert. st. A	Fert. st. B	Fert. st. C	Mat. stelle	Verwal. tung u. Vertrieb
Hilfslöhne	3.000	300	150	150	450	600	750	450	150
Strom	520	40	40	40	80	80	80	80	80
kalk. Zinsen	980	60	120	80	280	210	140	20	70
Sonst. Kosten	1.600	200	200	200	200	200	200	200	200
Summe I	6.100	600	510	470	1.010	1.090	1.170	750	500
Umlage Allgemeine Kosten	–	→	50	100	100	150	50	50	100
Umlage Fertigungshilfsst. I	–	–	(560)	80	160	80	240	–	–
Umlage Fertigungshilfsst. II	–	–	–	(650)	300	200	150	–	–
Summe II	6.100	–	–	–	1.570	1.520	1.610	800	600
	–	–	–	–	–	–	–	–	–
	–	–	–	–	–	–	–	–	–
Fertigungslohn	2.500	–	–	–	1.000	800	700	–	–
Fertigungsmaterial	4.000	–	–	–	–	–	–	4.000	–
Herstellkosten	12.000	–	–	–	–	–	–	–	12.000
Zuschlagsätze (Ist) i. %	–	–	–	–	157	190	230	20	5
Zuschlagsätze (Soll) i. %	–	–	–	–	150	200	250	10	10
Verrechnete Gem. Kosten	6.425	–	–	–	1.500	1.600	1.750	400	1.175
Abweichungen	+ 325	–	–	–	./. 70	+ 80	+ 140	./. 400	+ 575

Verrechnete Herstellkosten = Summe Einzelkosten + Summe Verrechnete Material- und Fertigungsgemeinkosten = € 11.750

9. 7. 3 Übungen und Testaufgaben

1. Ein BAB hat folgende Aufgaben:	ja	nein
– Verteilung der Gemeinkosten auf die Kostenstellen	X	
– Errechnung der Rentabilität		X
– Umlage von Hilfskostenstellen	X	
– Umlage der Hauptkostenstelle Material		X
– Ermittlung von Zuschlagsätzen	X	
– Ermittlung des Periodenaufwandes		X

2. Haupt- und Hilfskostenstellen unterscheiden sich dadurch, daß	ja	nein
– nur Hilfskostenstellen mit Gemeinkosten belastet werden		X
– nur Hauptkostenstellen mit kalk. Kosten belastet werden		X
– nur für die Hauptkostenstellen ein Zuschlagsatz für die Kostenträger ermittelt wird	X	
– in Hilfskostenstellen nur Hilfskräfte tätig sind		X
– in den Hilfskostenstellen anteilige Fertigungslöhne erfaßt werden		X
– nur die Materialhauptstelle auf die anderen Kostenstellen umgelegt wird		X

3. Welche der folgenden Schlüssel sind zur Verteilung der Stromkosten auf Fertigungsstellen geeignet?	ja	nein
– Anzahl der Beschäftigten je Kostenstelle		X
– Anschlußwerte	X	
– Raumgröße		X
– gebundenes Kapital in den einzelnen Abteilungen		X
– installierte Kilowatt	X	

4. Nach welchen Gesichtspunkten kann eine Kostenstellenbildung erfolgen?	ja	nein
– Umlageschlüsseln		X
– Kostenarten		X
– räumlichen Gesichtspunkten	X	
– Grundfunktionen	X	
– gesetzlichen Vorschriften		X
– gleichen Verrichtungen	X	
– Einheitskontenrahmen		X
– Verantwortungsbereichen	X	

5. Herstellkosten	ja	nein
– sind im Betriebsabrechnungsbogen die Basis des Gewinnzuschlages		X
– enthalten sekundäre und kalkulatorische Kosten	X	
– sind die Bezugsgröße bei Errechnung des Soll-Gemeinkostenzuschlagsatzes für die Kostenstelle Verwaltung	X	
– setzen sich aus Material-, Fertigungs- und Verwaltungskosten zusammen		X
– ergeben zusammen mit den Verwaltungsgemeinkosten die Selbstkosten		X

6. Gemeinkostenzuschlagsätze

	ja	nein
– werden im Betriebsabrechnungsbogen nur zwecks Kostenkontrolle ermittelt		X
– basieren auf der Annahme proportionalen Verhaltens von Kostenträgergemeinkosten zu Kostenträgereinzelkosten	X	
– sind zur Durchführung der Vorkalkulation erforderlich	X	
– ermöglichen eine direkte Zurechnung der Gemeinkosten auf die Kostenträger		X
– werden ausschließlich auf der Basis von Einzelkosten ermittelt		X

7. Ein Kostenstellenausgleich muß vorgenommen werden, wenn

	ja	nein
– im BAB eine Hilfskostenstelle enthalten ist		X
– zwei Kostenstellen in einem wechselseitigen Leistungsaustausch stehen	X	
– im BAB mehrere Hilfskostenstellen auftauchen		X
– die Kostenstelle A eine Leistung für die Kostenstelle B erbringt		X

8. Die Bildung von Kostenstellen

	ja	nein
– kann unter räumlichen Aspekten erfolgen	X	
– ist in Einproduktbetrieben überflüssig		X
– ist Voraussetzung für die Erstellung von Betriebsabrechnungsbögen	X	
– ist auch in den meisten Kleinbetrieben anzutreffen		X
– kann nach Einführung von Sollzuschlagsätzen aufgegeben werden		X

9. Die Einzelkosten einer Abrechnungsperiode

	ja	nein
– werden im BAB ausgewiesen	X	
– sind Basis für die Verrechnung der Gemeinkosten	X	
– können kalkulatorische Kosten enthalten	X	
– werden geschlüsselt den Hilfskostenstellen zugerechnet		X
– werden auch in der Aufwands- und Ertragsrechnung ermittelt		X

10. Aus der Kostenartenrechnung werden in den Betriebsabrechnungsbogen übernommen

	ja	nein
– die Ist-Gemeinkostenzuschlagsätze		X
– nur die Einzelkosten		X
– primäre und sekundäre Kostenarten		X
– die primären Kostenträgergemeinkosten	X	
– immer der gesamte Aufwand der Abrechnungsperiode		X

11. Eine Kostenstellenumlage ist erforderlich

	ja	nein
– wenn Kostenstellen in wechselseitigem Leistungsaustausch stehen		X
– wenn im BAB Hilfskostenstellen enthalten sind	X	
– immer nach einem Kostenstellenausgleich		X
– nur zwischen Hilfs- und Hauptkostenstellen		X
– zur Aufteilung der sekundären Kosten auf die Kostenstellen	X	

12. Eine Hilfskostenstelle

	ja	nein
– wird von allen Kostenträgern durchlaufen		X
– ist z. B. die »Allgemeine Kostenstelle«	X	
– wird im BAB immer umgelegt auf alle anderen Kostenstellen		X
– ist z. B. die »Fertigungshilfsstelle«	X	
– sind z. B. Stromkosten		X
– entspricht einem »Kostenplatz«		X
– ist z. B. der »Vertrieb«		X
– erfaßt auch anteilige Fertigungslöhne		X
– erfaßt auch Kostenträgereinzelkosten		X
– wird in Form eines Zuschlagssatzes direkt auf die Kostenträger umgelegt		X

13. Die Restgemeinkosten einer Kostenstelle können wie folgt ermittelt werden:

	ja	nein
– Gemeinkosten minus Einzelkosten		X
– Gesamtkosten minus Einzelkosten		X
– fixe Kosten plus Zusatzkosten		X
– als Differenz zwischen den gesamten Gemeinkosten und den über Maschinenstundensätze verrechneten Gemeinkosten	X	
– als Differenz zwischen den Einzelkosten und den über Maschinenstundensätze verrechneten Gemeinkosten		X
– als Summe der einer Kostenstelle im Wege der Umlage zugerechneten Kosten		X
– als Summe von Grundkosten und Zusatzkosten		X
– als Summe der Zusatzkosten		X
– nur auf der Grundlage einer Plankostenrechnung		X
– als Summe derjenigen Gemeinkosten, die nicht über Maschinenstundensätze abgerechnet werden konnten	X	

14. Die Aufgliederung eines Betriebes in Kostenstellen

	ja	nein
– ist auf Industriebetriebe beschränkt		X
– ist Voraussetzung für die Erstellung von Betriebsabrechnungsbögen	X	
– wird durch eine Kostenplatzbildung verfeinert	X	
– kann nach Verrichtungen erfolgen	X	

14a. Wie teilen Sie folgende Kostenstellen einer Brauerei ein? (bitte ankreuzen)

	Haupt-KS	Neben-KS	Hilfs-KS
Sudhaus	X		
Kraftstation			X
Abfallverwertung		X	
Eigene Quelle	X		
Flaschenkeller	X		
Hofkolonne			X

15. Nennen Sie für eine Maschinenfabrik je ein Beispiel für:

einen Kostenstellenbereich Vertrieb

eine Hauptkostenstelle Dreherei

eine Nebenkostenstelle Kistenmacherei

eine Hilfskostenstelle Arbeitsvorbereitung

16. (Maschinenstundensatzrechnung)

	€ pro Jahr
1. Kalkulatorische Abschreibung (Ermittelt entweder aus Wiederbeschaffungsneuwert : Gesamtlaufzeit oder aus Gebrauchtwert : Restlaufzeit)	30.000,--
2. Kalk. Zinsen	6.000,--
3. Miete	2.700,--
4. Druckluft	900,--
5. Instandhaltung	2.550,--
6. Summe	42.150,--

Der Maschinenstundensatz beträgt 28,10 €/h
(42.150 €, bezogen auf die Laufzeit von 1.500 h)

17. (BAB)

Werte in €

Betriebsabrechnungsbogen für Monat . . . .

Kostenarten \ Kostenstellen	Gesamt	Allgem. Hilfs-Kosten-Stelle	Fertig. Hilfs-Kosten-Stelle	Fertigungshaupt-Kostenstellen I	Fertigungshaupt-Kostenstellen II	Material-Kosten-Stelle	Verw.- u. Vertriebs-Kosten-Stelle
Hilfslöhne	9.000,--	1.600,--	2.800,--	1.000,--	1.200,--	2.000,--	400,--
Sozialer Aufwand	12.500,--	800,--	1.400,--	3.500,--	5.600,--	1.000,--	200,--
Wasser	800,--	80,--	–	270,--	450,--	–	–
Miete	3.300,--	420,--	180,--	780,--	900,--	720,--	300,--
Sonstige Kosten	2.900,--	460,--	410,--	840,--	700,--	240,--	250,--
Summe I	28.500,--	3.360,--	4.790,--	6.390,--	8.850,--	3.960,--	1.150,--
Umlage Allgem. Kostenstelle	–		210,--	910,--	1.050,--	840,--	350,--
Umlage Fertigungshilfsstelle	–	–	(5.000,--)	2.000,--	3.000,--	–	–
Summe II	28.500,--	–	–	9.300,--	12.900,--	4.800,--	1.500,--
	–	–	–	–	–	–	–
Fertigungslöhne	16.000,--	–	–	6.000,--	10.000,--	–	–
Fertigungsmaterial	32.000,--	–	–	–	–	32.000,--	–
Herstellkosten	75.000,--	–	–	–	–	–	75.000,--
Gemeinkostenzuschlagsätze	–	–	–	155 %	129 %	15 %	2 %

18. (Kostenstellenausgleich)

BAB für Monat ______ Werte in €

Kostenstelle / Kostenart	Gesamt	Allgem. K'stelle	Fertigungsstellen A	Fertigungsstellen B	Material-stelle	Verw. u. Vertr.-S.
Summe I	15.400	200	8.700	4.900	1.000	600
Umlage Allgem. Kostenstelle	–	→	100	100	–	–
Summe II	15.400	–	8.800	5.000	1.000	600
Ausgleich	–	–	+ 200	./. 200	–	–
Summe III	15.400	–	9.000	4.800	1.000	600
Fertigungslohn	14.100	–	4.500	9.600	–	–
Fertigungsmaterial	20.000	–	–	–	20.000	–
Herstellkosten	48.900	–	–	–	–	48.900
Zuschlagsätze in %	–	–	200 %	50 %	5 %	1,2 %

19. (BAB)

Werte in € Betriebsabrechnungsbogen für Monat ....

Kostenstellen / Kostenarten	Gesamt	Allgem. Kosten-stelle	Fert.-hilfs-stelle A	Fert.-hilfs-stelle B	Fert.-haupt-stelle I	Fert.-haupt-stelle II	Mat. stelle	Verw. u. Vertr.-stelle
Hilfsl./Gehälter	63.000	4.000	2.000	6.000	12.000	8.000	3.000	28.000
Soziale Kosten	54.000	2.000	1.000	3.000	18.500	14.000	1.500	14.000
Hilfs- u. Betr. stoffe	27.000	300	4.500	6.000	7.500	4.200	2.700	1.800
Energie	12.000	–	2.000	2.000	4.000	4.000	–	–
Sonstige Kosten	9.800	1.400	1.400	1.400	1.400	1.400	1.400	1.400
Summe I	165.800	7.700	10.900	18.400	43.400	31.600	8.600	45.200
Umlage Allgem. Kostenstelle	–		1.200	800	2.400	2.200	500	600
Summe II	165.800	–	12.100	19.200	45.800	33.800	9.100	45.800
Kostenstellenausgleich	–	–	(19.000)	(23.000)	–	–	–	–
Umlage Fertigungshilfsst. I	–	–	↳	(3.800)	6.650	8.550	–	–
Umlage Fertigungshilfsst. II	–	–	(6.900)	↳	8.050	8.050	–	–
Summe III	165.800	–	–	–	60.500	50.400	9.100	45.800
Fertigungslöhne	45.000	–	–	–	25.000	20.000	–	–
Fertigungsmaterial	35.000	–	–	–	–	–	35.000	–
Herstellkosten (Ist)	200.000	–	–	–	–	–	–	200.000
Zuschlagsätze (Ist)	–	–	–	–	242 %	252 %	26 %	22,9 %
Zuschlagsätze (Soll)	–	–	–	–	250 %	213,5 %	28 %	24 %
Verrechn. Gemeinkosten	161.800	–	–	–	62.500	42.700	9.800	46.800
Abweichungen	./. 4.000	–	–	–	+ 2.000	./. 7.700	+ 700	+ 1.000

9.8 Achter Lehrabschnitt

9.8.1 Kurzfristige Erfolgsrechnung

a) Umsatzkostenverfahren:

		A	B
	Erlöse	420.000,--	680.000,--
./.	Herstellungskosten		
	– September 324.000,--		
	– August 64.800,--		
	insgesamt	388.800,--	578.000,--
./.	Vertriebsgemeinkosten	36.000,--	170.000,--
	Ergebnis	./. 4.800,--	./. 68.000,--
	Ergebnis insgesamt	./. 72.800,--	
	Bestände:		
	100 kg à 324 €	32.400,--	
	400 kg à 340 €		136.000,--

b) Gesamtkostenverfahren

		A	B
	Erlöse	420.000,--	680.000,--
	Bestandsänderungen	./. 64.800,--	+ 102.000,--
	Gesamtleistung	355.200,--	782.000,--
./.	Gesamtkosten	360.000,--	850.000,--
	Betriebsergebnis	./. 4.800,--	./. 68.000,--
	Betriebsergebnis (insgesamt)	./. 72.800,--	
	Bestände:		
	100 kg à 324 €	32.400,--	
	400 kg à 340 €		136.000,--

9.8.2 Divisionskalkulation

	€/Abrechnungsperiode
Material	
– Fallobst	24.000,--
– Flaschen	19.000,--
Fertigung	
– Presserei	30.000,--
– Abfüllung	26.000,--
– Sonstige	13.000,--
Verwaltung und Vertrieb	40.000,--
Summe	152.000,--

Bezogen auf die Leistung der Abrechnungsperiode ergeben sich aus 152.000 : 190.000 Kosten von € *0,80 je Flasche.*

9.8.3 Stufendivisionskalkulation

Abrechnungsschema:

Stufe	Stufenleistung (Stück) L	Stufenkosten (€) K	kum. Stufenkosten (Selbstkosten) (€) (3) + (7) der letzten Zeile	Selbstkosten je Einheit (€/St.) (4) : (2)	Lagerwert (€)	Einsatz nächste Stufe (€)	Stufenkosten: Stufenleistung (€/St.) (3) : (2)	Selbstkosten der Endleistung pro Stufe (€/St.)	kum. Selbstkosten der Endleistung (€/St.)
(1)	(2)	(3)	(4)	(5)	(6)	(7)	(8)	(9)	(10)
Einkauf u. Lager	130 t Tab.	1.248.000	1.248.000	9.600 (€/t)	288.000	960.000	9.600 (€/t)	0,16	0,16
Misch. u. Verarb.	120 Mio. Zig.	360.000	1.320.000	11.000 (€/10^6 St.)	220.000	1.100.000	3.000 (€/10^6 St.)	0,06	0,22
Verp., Verw., Vertrieb	5 Mio Sch.	500.000	1.600.000	320.000 (€/10^6 Sch.)	–	–	100.000 (€/10^6 Sch.)	0,10	0,32
					508.000			0,32	

Umrechnungsfaktoren:

$$f_3 = 1$$

$$f_2 = 1 \cdot \frac{100 \cdot 10^6}{5 \cdot 10^6} = 20 \left[\frac{\text{Stück Zigaretten}}{\text{Schachtel}}\right]$$

$$f_1 = 20 \cdot \frac{100}{120 \cdot 10^6} = \frac{1}{6} \cdot 10^{-4} \left[\frac{\text{t Tabak}}{\text{Schachtel}}\right]$$

Antwort:

Zu 1. a) + 1. b) vgl. Spalte 9

zu 2) vgl. Spalte 6

9.8.4 Äquivalenzziffernrechnung

Leistung	Leist.-menge	Äquiv.-Ziffern	Rechn.-einheiten	Gesamtkosten	Kosten pro t
Sorte I	4.000	0,7	2.800	11.200.000,--	2.800,--
Sorte II	6.000	0,9	5.400	21.600.000,--	3.600,--
Sorte III	12.000	1,0	12.000	48.000.000,--	4.000,--
			20.200	80.800.000,--	

80.800.000 : 20.200 = 4.000 (€/Recheneinheit)

9.8.5 Kuppelproduktion

a)

Sorte	Menge	Recheneinheiten (kcal)	Sortenkosten	Selbstkosten
Koks	3.000 t	$21 \cdot 10^9$	420.000	140 (€/t)
Gas	1,0 Mio m^3	$4 \cdot 10^9$	80.000	0,08 (€/m^3)
		$25 \cdot 10^9$	500.000	

$500.000 : 25 \cdot 10^9 = 20 \cdot 10^{-6}$ (€/kcal)

b) Wie nennt man diese Kostenverteilungsmethode bei der Kuppelproduktion?

Technische Verteilungsmethode

c) Welche anderen Möglichkeiten der Ermittlung der Selbstkosten im Bereich der Kuppelproduktion kennen Sie?

Restwertrechnung, Marktpreismethode

d) Entsprechen diese Methoden dem Verursachungsprinzip der Kostenrechnung?

	ja	nein
– alle		X
– nur die oben angewandte Methode		X
– keine	X	

9.8.6 Zuschlagskalkulation (Einzelkostenbasis)

			€	
1. Fertigungsstoffe			5.000,--	
2. Stoffgemeinkosten			300,--	
3. Stoffkosten				5.300,--
4. Fertigungslöhne	V	8.000,--		
5. Fertigungsgemeinkosten	V	8.800,--		
6. Fertigungskosten	V		16.800,--	
7. Fertigungslöhne	IX	7.000,--		
8. Fertigungsgemeinkosten	IX	12.600,--		
9. Fertigungskosten	IX		19.600,--	
10. Summe Fertigungskosten				36.400,--
11. Herstellkosten				41.700,--
12. Verwaltungs- und Vertriebsgemeinkosten				13.900,--
13. Selbstkosten				55.600,--
14. Gewinn				6.950,--
15. Barverkaufspreis				62.550,--
16. Rabatt				15.637,50
17. Verkaufspreis o. MwSt.				78.187,50

9.8.7 Bezugsgrößenkalkulation

		€	
1. Fertigungsmaterial		8.000,--	
2. Materialgemeinkosten		400,--	
3. Materialkosten			8.400,--
4. Maschinenkosten A_3	378,--		
5. Fertigungslöhne A	900,--		
6. Restgemeinkosten A	270,--		
7. Fertigungskosten A		1.548,--	
8. Maschinenkosten B_2	64,--		
9. Fertigungslöhne B	300,--		
10. Restgemeinkosten B	210,--		
11. Fertigungskosten B		574,--	
12. Fertigungskosten			2.122,--
13. Herstellkosten			10.522,--
14. Auftragsbezogene Verwaltungskosten			200,--
15. Verwaltungsrestgemeinkosten			1.315,25
16. Selbstkosten			12.037,25

9.8.8 Handelsspanne – Kalkulationszuschlag

Der Verkaufspreis einer Ware beträgt 200,-- €, die Handelsspanne 60 %.
Wie hoch sind
- Einstandspreis? € 80,-- (200 ./. 200 x 0,6)
- Kalkulationszuschlagsatz? 150 % ($\frac{60}{100 - 60}$ x 100)
- Kalkulationsfaktor? 2,5 (1 + $\frac{150}{100}$)

9.8.9 Handelskalkulation

	€ 1.	2	
Einkaufspreis	145.000		
+ Bezugskosten	5.000		
Einstandspreis	150.000		
+ Handlungskosten	30.000		
Selbstkosten	180.000	180.000 ▼	
+ Gewinn	162.000	100.000	= 55,55 %
Barverkaufspreis	342.000	280.000 ▲	
+ (Provision)	–	100.000	
+ (Skonto)	18.000	20.000	
Zielverkaufspreis	360.000	400.000	
+ Rabatt	90.000	100.000	
Verkaufspreis	450.000	500.000	
+ MwSt. (16 %)	72.000	80.000	
Bruttopreis	▼ 522.000	580.000	

9.8.10 Kompensationskalkulation

Kosten/Erlöse	Summe	A	B	C	D
Einstandskosten Handlungskosten 20 %	41.000 8.200	6.000 1.200	9.000 1.800	6.000 1.200	20.000 4.000
Selbstkosten Plangewinn 15 %	49.200 7.380	7.200 1.080	10.800 1.620	7.200 1.080	24.000 3.600
Sollerlöse	56.580	8.280	12.420	8.280	27.600
Erzielbare Erlöse B + C Erlösdifferenzen	– ./. 1.020	– –	12.000 ./. 420	7.680 ./. 600	– –
Verteilung	+ 1.020	+ 255	–	–	+ 765
Berichtigte Sollerlöse	56.580	8.535	12.000	7.680	28.365
Erlös/Einheit	–	28,45	24,--	25,60	113,46

9.8.11 Übungen und Testaufgaben zum achten Lehrabschnitt

1. Die einfache Zuschlagskalkulation mit Verrechnungssätzen auf Zeitbasis	ja	nein
– bezieht die Gesamtkosten einer Abrechnungsperiode auf die Leistungszeit derselben Periode	X	
– ist vorwiegend in Kleinbetrieben anzutreffen	X	
– kann in den Verrechnungssatz auch Gewinne einbeziehen	X	
– benötigt eine kostenträgerspezifische Erfassung der Leistungszeit	X	
– setzt eine Kostenstellenbildung voraus		X

2. Eine retrograde Kalkulation	ja	nein
– gibt es nur im Handel		X
– ist nur im Rahmen einer Zuschlagskalkulation möglich		X
– ist bei jeder Kostenträgerrechnung möglich	X	
– läßt Sondereinzelkosten immer außer Ansatz		X
– kann auch kalkulatorische Kosten enthalten	X	

3. Die Kalkulation von Kuppelprodukten	ja	nein
– erlaubt bei Anwendung der technischen Verteilungsmethode eine ursächliche Kostenzurechnung		X
– kann sich als Aufgabe auch im Handelsbetrieb stellen		X
– kann sinnvoll als Einzelkostenrechnung durchgeführt werden	X	
– ermittelt Marktpreise für Haupt- und Nebenprodukte		X
– ist nur als Nachkalkulation durchführbar		X

4. Eine Kostenträgerrechnung	ja	nein
– ist eine Zeit- oder eine Stückrechnung	X	
– ist z. B. die Divisionskalkulation	X	
– kann auf dem Verursachungsprinzip basieren	X	
– ist auch ohne Kostenstellenrechnung möglich	X	
– wird nur für Hauptkostenträger durchgeführt		X

5. Das Betriebsergebnis einer Abrechnungsperiode

	ja	nein
– ist die Differenz zwischen Kosten und Leistung dieser Periode	X	
– ergibt zusammen mit dem neutralen Ergebnis das Gesamtergebnis	X	
– läßt sich dem Betriebsabrechnungsbogen entnehmen		X
– wird auch in Handelsbetrieben ermittelt	X	
– wird in die Bilanz übernommen		X

6. Bei der Zuschlagskalkulation in der Industrie

	ja	nein
– setzen sich die Herstellkosten aus den Fertigungskosten und den Sondereinzelkosten der Fertigung und des Vertriebes zusammen		X
– wird der Gewinnzuschlag auf die Selbstkosten bezogen	X	
– ergibt die Summe aller Fertigungslöhne in den einzelnen Kostenstellen die Fertigungskosten		X
– werden die Sondereinzelkosten des Vertriebes wahlweise entweder nach den Herstellkosten oder nach den Selbstkosten hinzugerechnet		X
– wird die Mehrwertsteuer als Prozentsatz des Bruttoverkaufspreises berechnet		X

7. Bei der Kalkulation im Handel

	ja	nein
– werden die Einstandspreise mit dem Kalkulationsfaktor multipliziert	X	
– wird die Handelsspanne auf den Bezugspreis bezogen		X
– kann man den Kalkulationszuschlag aus der Handelsspanne ermitteln	X	
– ist bei einem Kalkulationsfaktor von 1,5 die Handelsspanne gleich dem Kalkulationsfaktor, nämlich 50 %		X
– ist die Divisionskalkulation vorherrschend		X

8. Die einfache Zuschlagskalkulation

	ja	nein
– ist mit der Stufendivisionskalkulation identisch		X
– kann auf eine Kostenstellenbildung verzichten	X	
– ist für den Kleinhandel typisch	X	
– kann auch retrograd durchgeführt werden	X	
– verzichtet auf die Verrechnung kalkulatorischer Kosten		X

9. Bei der Stufendivisionskalkulation

	ja	nein
– werden die Selbstkosten je Einheit durch Division der Kosten einer Abrechnungsperiode durch die Ausbringungsmenge ermittelt		X
– bleiben nur die Kosten des Fertigungsmaterials für diejenigen Bestände, die auf Zwischenlägern liegenbleiben, bei der Selbstkostenermittlung unberücksichtigt		X
– gehen die Halbfabrikate stets mit dem halben Wiederbeschaffungswert in die Kalkulation ein		X
– ist die Summe aller Stufenkosten gleich den Selbstkosten der erzeugten Fertigprodukte zuzüglich der Veränderung des Lagerwertes in dieser Periode	X	
– werden die Leistungsinhalte der einzelnen Stufen auf die Endleistung bezogen	X	

10. Von Kuppelproduktion spricht man, wenn

	ja	nein
– nur ein einziges Produkt erzeugt wird (z. B. Wasserwerk)		X
– mehrere verschiedene, unabhängige Produkte erzeugt werden (z. B. Haushaltsgerätewerk)		X
– ein Hauptprodukt erzeugt wird und gleichzeitig ein oder mehrere Nebenprodukte anfallen (z. B. Silberscheideanstalt)	X	
– nacheinander mehrere Produkte erzeugt werden, die in Ihrer Fertigung ähnlich bzw. vergleichbar sind (z. B. Blechwalzwerk)		X
– zwei oder mehrere Produkte simultan in einem Produktionsprozeß erzeugt werden (z. B. Gaswerk)	X	

11. Äquivalenzziffern beruhen auf

	ja	nein
– technisch bedingten Zahlenwerten	X	
– Verhältnis von Einzelkosten zu Gemeinkosten		X
– Relationen von Fertigungslöhnen der einzelnen Fertigungsstellen		X
– Verbrauchs- und Beschäftigungsabweichung		X
– zeitlich bedingten Zahlenwerten	X	

12. Eine Stufendivisionskalkulation ist durchführbar

	ja	nein
– in einem Einproduktbetrieb mit einstufiger Fertigung		X
– im Maschinenbau		X
– im Einproduktbetrieb mit mehrstufiger Fertigung und Zwischenlagerung von Halbfabrik.	X	
– im Einproduktbetrieb mit mehrstufiger Fertigung **ohne** Zwischenlagerung von Halbfabrik.	X	
– bei jeder Sortenfertigung		X

13. (Kuppelproduktion)

Restwertrechnung	(in €)
Gesamtkosten	1.071.000,--
Überschuß Nebenprod.	25.500,--
Restwert	1.045.500,--

Marktpreismethode

Sorte	Menge in kg	Äq. zi.	Recheneinh. (1.000)	Sortenkosten (€)
Gold	100	10.000	1.000	850.000
Silber	500	300	150	127.500
Blei	80.000	1	80	68.000
			1.230	1.045.500

14. (Stufendivisionskalkulation)

Stufe	Stufenleistung	Stufenkosten	Lagerbestand	Lagerwert	Einsatz nächste Stufe	kum. Stufenkosten	kum. Stufenkosten: Stufenleist.
Einkauf	10.000 t R. + S.	7.000.000 €	2.000 t R. + S.	1.400.000	5.600.000	7.000.000	700
Schmelzb.	7.000 t Bl.	700.000 €	1.000 t Bl.	900.000	5.400.000	6.300.000	900
Walzwerk	5.000 t Eis. S.	100.000 €	0	–	–	5.500.000	1.100,––
				2.300.000			

Antworten:

a) Die Selbstkosten je Tonne Eisenbahnschienen betragen € 1.100,––.

b) Der Lagerwert beträgt € 2.300.000,––.

15. (Zuschlagskalkulation – Handel)

		€		
	Rechnungspreis	640,--		640,--
./.	Rabatt	64,--		20 % ≙ 128,--
	Einstandspreis	576,—		512,--
+	Handlungskosten	144,—		128,--
	Selbstkosten	720,--		640,--
+	Gewinn	64,-- ≙ 8,9 %		144,--
	Barverkaufspreis	784,--		784,--
+	Skonto	16,--		16,--
	Zielverkaufspreis	800,—		800,—
+	MWSt.	128,—		128,—
	Bruttopreis	928,—		928,—

Der Gesamtgewinn beläuft sich auf € 640,--
(aus € 64,-- pro m² multipliziert mit 10 m²).

16. (Bezugsgrößenkalkulation)

		€		
1. Fertigungsmaterial		35.000,--		
2. Materialgemeinkosten		2.800,--		
3. Materialkosten			37.800,--	
4. Fertigungslöhne A	4.800,--			
5. Fertigungsgemeinkosten A	8.640,--			
6. Fertigungskosten A		13.440,--		
7. Maschinenkosten B_5	1.518,--			
8. Fertigungslöhne B	1.300,--			
9. Restgemeinkosten B	520,--			
10. Fertigungskosten B		3.338,--		
11. Fertigungskosten			16.778,--	
12. Herstellkosten			54.578,--	
13. Auftragsfixe Kosten			500,--	
14. Verwaltungs- und Vertriebsrestgemeinkosten			8.186,70	
15. Selbstkosten			63.264,70	
16. Gewinn			6.963,30	≙ 11 %
17. Barverkaufspreis			70.228,--	
18. Skonto			2.172,--	
19. Zielverkaufspreis			72.400,--	
20. Rabatt			18.100,--	
21. Verkaufspreis			90.500,--	
22. Sondereinzelkosten (Versicherung)			4.500,--	
23. Verkaufspreis (mit Sondereinzelkosten)			95.000,—	
24. MWSt.			15.200,—	
25. Bruttopreis			110.200,—	

17. (Zuschlagskalkulation/Kompensationskalkulation)

		€	
	Tische		Stühle
Selbstkosten	117.600,--		78.400,--
+ Gewinn	23.520,--		15.680,--
Barverkaufspreis	141.120,--		94.080,--
+ Skonto 2 %	2.880,--		1.920,--
Zielverkaufspreis	144.000,--		96.000,--
+ Rabatt	48.000,--		32.000,--
Verkaufspreis (Soll)	192.000,--		128.000,--
Verkaufspreis (Ist) für Tische	175.000,--		
Differenz	./. 17.000,--		+ 17.000,--
Verkaufspreise (Ist)	175.000,--		145.000,--

Der Verkaufspreis für einen Stuhl ist somit mit € 145,-- anzusetzen.

Literaturverzeichnis

Bestmann, U.; Preißler P.	Übungsbuch zur Betriebswirtschaftslehre, München 1991.
Bockholt u.a.	Praktisches Lehrbuch Rechnungswesen, Landsberg 1986.
Buggert, W.	Technik der Kosten- und Leistungsrechnung, Darmstadt 1975.
Coenenberg, A.	Kostenrechnung und Kostenanalyse, 3. Aufl., Landsberg 1997.
Dörrie, U.; Kicherer, H. P.	Grundlagen der Kostenrechnung, Arbeitsunterlagen, Nürnberg 1981.
Götzinger, M. K.; Michael, H.	Kosten- und Leistungsrechnung, 6. Aufl., Heidelberg 1993.
Haas, P.	Kosten, Investition, Finanzierung mit Excel, Bonn u.a. 1994.
Haberstock, L.	Kostenrechnung I, 8. Aufl., Wiesbaden 1987.
Huch, B.	Einführung in die Kostenrechnung, 8. Aufl., Würzburg und Wien 1986.
Hummel, S.; Männel, W.	Kostenrechnung I, 4. Aufl., Wiesbaden 1990.
Kicherer, H.-P.	Kosten- und Leistungsrechnung, München 1998.
Kilger, W.	Einführung in die Kostenrechnung, 3. Aufl., Wiesbaden 1992.
Männel, W. (Hrsg.)	Handbuch Kostenrechnung, Wiesbaden 1992.
Moellers, P.	Kosten- und Leistungsrechnung, 5. Aufl., Opladen 1988.
Preißler, P.	Controller Lexikon, München 1997.
Preißler, P.	Controlling, 10. Aufl., München 1998.
Preißler, P. (Hrsg.)	Controlling, 6., durchgesehene Auflage, Landsberg 1997.
Preißler, P.	Entscheidungsorientierte Kosten- und Leistungsrechnung, 2. Aufl., Landsberg 1999.
Schönfeld, H. M.	Kostenrechnung, Bd. 1 und 2, 8. Aufl., Stuttgart 1995.
Schweitzer u. a.	Systeme der Kostenrechnung, 7. Aufl., München 1998.
Stehle, H.; Sanwald, W.	Grundriß der industriellen Kosten- und Leistungsrechnung, 22. Aufl., Rinteln 1981.
Zimmermann, G.	Grundzüge der Kostenrechnung, Bd. 1 und 2, 7. Aufl., Stuttgart 1997.

Stichwortverzeichnis